贵州省退耕还林工程

绩优模式

主　　编◎杨永艳　宋　林

执行主编◎侯拥军　周　军

中国林業出版社
CFPH China Forestry Publishing House

图书在版编目（CIP）数据

贵州省退耕还林工程绩优模式 / 杨永艳等主编．
北京 ： 中国林业出版社，2024. 12. -- ISBN 978-7
-5219-3022-1
Ⅰ． F326.277.3
中国国家版本馆 CIP 数据核字第 20241LG641 号

责任编辑 于晓文

出版发行 中国林业出版社
（100009，北京市西城区刘海胡同 7 号，电话 010-83143549）
电子邮箱 cfphzbs@163.com
网　　址 https://www.cfph.net
印　　刷 北京博海升彩色印刷有限公司
版　　次 2024 年 12 月第 1 版
印　　次 2024 年 12 月第 1 次印刷
开　　本 889mm×1194mm 1/16
印　　张 18.25
字　　数 472 千字
定　　价 128.00 元

《贵州省退耕还林工程绩优模式》

编 委 会

张熙恒（兴义市林业局）
陈明慧（惠水县林业局）
明小兵（务川县林业局）
周　红（贵州省退耕还林工程管理中心）
周明成（关岭县林业局）
项　俊（正安县林业局）
赵英启（桐梓县林业局）
段龙忠（望谟县林业局）
姜　霞（贵州省林业科学研究院）
聂　跃（大方县林业局）
黄金甘（望谟县林业局）
蒋爱民（石阡县林业局）
曾　青（兴仁市林业局）
谢早桂（瓮安县林业局）
陈光德（印江车家河管理局）
范正满（播州区林业局）
周　华（贵州省林业科学研究院）
周　娟（修文县自然资源局）
郑　娜（贵州省退耕还林工程管理中心）
赵文君（贵州省林业科学研究院）
胡　松（胡家湾乡林业环保站）
侯贻菊（贵州省林业科学研究院）
秦　亮（赫章县林业局）
党　毅（贵州省林业科学研究院）
梅　钢（赤水市林业局）
覃欧换（荔波县林业局）
谢　涛（贵州省林业科学研究院）
蔡明俊（赤水市林业局）

前言

退耕还林工程是从保护生态环境出发，将水土流失严重，沙化、盐碱化、石漠化严重以及粮食产量低的耕地，有计划、有步骤地停止耕种，因地制宜地造林种草，恢复植被。退耕还林工程是全国乃至世界上投资最大、政策性最强、涉及面最广、群众参与程度最高的一项重大生态工程。

贵州省上一轮退耕还林工程（2000—2013年）累计完成退耕还林建设任务2003万亩，其中退耕地造林657万亩，宜林荒山荒地造林1123万亩，封山育林223万亩。实施范围涉及全省87个县（市、区）197.4万农户823.8万人。2014年，国家启动了新一轮退耕还林工程，2014—2020年贵州省新一轮退耕还林工程完成造林1619.33万亩，是全国完成任务量最大的省份。其中，退耕地造林1609万亩，宜林荒山荒地造林10.33万亩。实施范围涉及全省90个县（市、区、特区、管委会）295万农户（其中贫困户63万户）1088万人（其中贫困人口224万人）。截至2023年年底，中央财政已累计安排贵州省退耕还林工程资金519亿元。工程建设24年来，取得了显著的生态、经济和社会效益，不仅加快了贵州省石漠化治理进程，促进了生态环境改善，而且进一步调整了贵州省山地农业种植结构和促进农户脱贫增收，是一项重要的巩固脱贫攻坚成果和推进乡村振兴工程。

退耕还林工程的实施，使贵州省森林覆盖率提高约11个百分点。经监测及评估，2023年贵州省退耕还林工程生态服务功能总价值量达1874.39亿元，物质量分别是涵养水源29.78亿m^3；固土6392.97万t、保肥513.44万t；固碳741.82万t、释氧1739.36万t；林木固持氮9.01万t、磷1.09万t、钾4.61万t；吸收污染物36.93万t、阻滞降尘5901.63万t、产生负氧离子2291.20×10^{22}个。

退耕还林工程自实施以来，贵州省各县积极探索，发展出了许多适宜本地自然条件，具有良好生态、经济和社会效益的退耕模式。这些成功模式和好的经验做法为退耕还林工程高质量发展起到了积极的示范作用。为了进一步推进后续退耕还林工程建设和成果巩固，有必要对现有工程模式进行归纳、总结，筛选出好的模式进行推广，为退耕还林工程提质增效打好基础。

本书通过对贵州省退耕还林工程建设的各种技术模式进行调查、分析、总结，筛选出50种成效好的退耕还林工程模式。全书分为四篇，分别是退耕还林工程发展特色经果林绩优模式、退耕还林工程助力林业产业发展绩优模式、退耕还林工程石漠化治理绩优模式及退耕还林工程发展林下经济绩优模式。每种模式以模式地概况、退耕还林情况（或林下经济发展情况）、栽培技术、模式成效、经验启示、模式特点及适宜推广区域6个板块来进行构建，内容翔实，具有较强的实用性和可参考性。希望通过本书的出版，能够继续引起社会各界对退耕还林工程的关注和支持，为后续退耕还林工程建设、成果巩固及提质增效提供参考和借鉴。

成书，而不止于书。本书仅起到抛砖引玉的作用，因此各地在借鉴、运用和推广过程中务必坚持因地制宜原则，适地适树是根本。此外，不要囿于现有模式所取得的成效，还应加强资源挖掘工作，加强引种试验，做好技术储备，为退耕还林工程可持续发展打好基础。

本书在编撰过程中得到贵州省退耕还林工程管理中心、贵州省林业科学研究院、各县林业局和基层工作人员的大力支持和帮助，在此一并致谢！由于本书编写时间仓促，编者水平有限，难免有错漏不足之处，恳请各位读者批评指正。

编　者

2024年6月

目录

第三篇　退耕还林工程石漠化治理绩优模式

第四篇　退耕还林工程发展林下经济绩优模式

第一篇

退耕还林工程
发展特色经果林绩优模式

贵州省是全国唯一没有平原支撑的省份，其地形以高原、山地为主，高原、山地面积约占全省总面积的87%，丘陵占10%，盆地、河流阶地和河谷平原仅占3%。有山就有谷，独特的低热河谷气候为发展特色经果林创造了得天独厚的条件，如镇宁县六马蜂糖李模式、关岭县五星枇杷模式，借退耕还林东风，扩大规模并形成产业链，为促进当地经济发展、带动百姓脱贫致富做出了典范。同样，高原也有独特的高原气候，若能充分利用，也能打造出优秀的发展模式，如威宁县糖心苹果模式。在未来，贵州可以继续挖掘现有资源，加强引种试验，为退耕还林工程高质量发展筑牢根基。

威宁县退耕还林发展糖心苹果（威宁县林业局供图）

模式 1 镇宁县六马蜂糖李模式

六马镇秉承“创新、协调、绿色、开放、共享”的发展理念，坚持生态建设与脱贫致富有机结合，结合自身优势，抢抓发展机遇，大力发展蜂糖李种植，走出了一条“生态产业化、产业生态化”的绿色发展新路子。六马蜂糖李也以个大、肉厚、果脆、汁多、味甜等特质征服了消费者。蜂糖李产业已成为六马镇助力乡村振兴、决胜同步小康的主力军。因为蜂糖李，六马镇获得国家农产品地标认证，2020 年入选全国第十批“一村一品”示范村镇，2022 年被农业农村部评为“全国乡村特色产业超十亿元镇”，成为贵州省唯一的超十亿元小镇。

六马镇蜂糖李之乡（六马镇政府供图）

一 模式地概况

六马镇地处镇宁布依族苗族自治县（简称镇宁县）南部，距县城 63km，与关岭布依族苗族自治县（简称关岭县）、紫云苗族布依族自治县（简称紫云县）、望谟县交界，平均海拔 530m，最高海拔 1264m，最低海拔 421m。年平均气温 19.7℃，年平均无霜期 345 天，属中亚热带气候。年平均降水量 1025mm，年平均日照数 1327 小时，年平均日照率 30%，年平均相对湿度 80%，属典型的低热河谷气候。县域面积为 252km^2，耕地面积 102245 亩*。下辖 19 个村 2 个社区 131 个自然寨 156 个村民组，总户数 7231 户 30685 人。

六马镇退耕还林发展蜂糖李（六马镇政府供图）

二 退耕还林情况

基于六马镇特殊的气候条件和地理区位优势，其农业产业化建设主要是规模化、精品化种植六马蜂糖李为龙头的“六马”系列李子，在海拔 600m 以上发展种植四月李、蜂糖李，在海拔 600m 以下地区发展种植芒果，初步形成现代山地生态立体型农业发展模式，呈现“坡坡花果山、村村有果林、家家有果园、户户有收益”的生动局面。六马镇种植蜂糖李已覆盖全镇 21 个村（居），其中以弄袍、板乐、果园、板阳、双许等村种植较为集中，规模较大。截至 2023 年，全镇蜂糖李种植面积达 12 万亩，可采收面积 10 万亩，2023 年产值高达 13 亿元，覆盖带动贫困户 2720 户 11898 人。蜂糖李产业已成为六马镇脱贫致富的产业，为决战脱贫攻坚、决胜全面小康发挥了重要的产业发展支撑作用，助力农民增收致富。其主要做法如下：

（一）坚持因地制宜，抓好产业选择

六马镇属于典型的亚热带低热河谷气候，雨热同季，如同“天然温室”的气候以及特殊的土壤成分、酸碱度、伴生植物、微生物群落等，形成了蜂糖李特殊的生长环境。在这个区域种植生长的蜂糖李，外表包裹天然蜡粉、果实大、果顶平、核小离核、味甘甜如蜂蜜、果肉致密酥脆，香味浓郁、食之不忘。在专家多次实地考察和可行性论证后，最终选定以蜂糖李为主打品种。

（二）注重技术服务，按需培训农民

为产业发展注入科技含量，提高品牌影响力、竞争力和市场占有率。六马镇积极邀请技术专家开展种植示范及种植技术培训，培训内容主要包括品种选育、病虫害防治、果树栽培等。

（三）统筹资金筹措，筑牢发展基础

积极争取上级各项资金，修建县道长超 40km，实施 137.9km 组组通道路，实现 156 个自然寨庭院硬化和连户路全覆盖，解决了 70 个自然寨人畜饮水困难。争取到资金投入 3000 余万元建设配备电商交易平台的综合农贸市场，建设 200 个停车位和容量为 500t 的冷藏库，对李子进行保鲜，拓展利润空间。同时，加强园区之间的关联性，构建互联互通的园区网络，打造既具有观光性又有实效性的高效园区。随着基础设施建设工程落地，不但极大地改善了全镇 3 万余人的生产生活环境，更进一步补齐了六马产业发展的短板，推进李子产业健康快速发展。

（四）聚焦新型主体，优化组织方式

坚持培育壮大龙头企业，优化提升专业合作社，大力培养新型职业农民，不断推广“龙头企业＋合作社＋农户”组织方式。采用“龙头企业牵头、合作社参与、农户入股”方式，建设蜂糖李种植基地 200 余亩，取得了较好的社会、经济效益。蜂糖李基地的建设，不仅为群众提供了现实的致富榜样和学习机会，同时也是农业技术人

*1 亩 =667m^2

员理论实践的平台。自建设以来，接待省、市、县有关单位和领导组织参观考察200余人次，组织专业技术培训3000余人次。基地建设效益还体现在联合各村级支部领办农民专业合作社，积极争取项目，引导贫困户加入合作社，由合作社统一提供技术支持、保底代销，不断壮大产业规模，提质增效。对无劳动力的贫困户，引导其流转土地（或农户以土地入股）至合作社，由镇、村以财政扶贫资金入股，统一种植、统一管理、统一销售，贫困户通过务工及分红等形式获得收益。

（五）做好产销对接，拓宽销售渠道

六马镇在抓好直通、直供、直销工作的基础上，鼓励农户积极参与到合作社中，在保证“质”与“量”的基础上，吸引更多的外地客商进驻。积极引入农村淘宝平台，顺丰、“四通一达”等物流公司进驻，不断充实物流链，确保销售途径的多元化。2023年，通过电商平台销售李子总量达2569万斤*。同时，围绕蜂糖李的品牌效应，六马镇紧密结合实际，将宣传工作作为一项重要事项提上议事日程，通过电视、报纸等传统媒体和网络平台等新兴媒体渠道，不断提高蜂糖李的知名度。近年来，省、市、县各级媒体报道达200余次。2017年5月，镇宁蜂糖李通过国家农产品地理标志认证，并荣获“全国优质李金奖”荣誉称号。六马蜂糖李也以其生长环境独特不可复制、品种独特不可复制、口感独特不可复制征服了市场，成为大众追捧的明星水果，经济效益显著。

六马镇退耕种植蜂糖李基地（六马镇政府供图）

*1斤＝0.5kg

三 栽培技术

（一）园地选择

蜂糖李适合在年平均气温12~20℃、绝对最低温度不低于-5℃，年平均无霜期120天以上，年降水量600~1200mm，年日照时数1100小时以上且土壤质地良好、疏松肥沃、有机质含量达1.5%、土层厚度60cm以上、土壤pH值5.5~7.0及坡度在35°以下的坡耕地、荒山建园。

（二）苗木

1.嫁接苗

提倡使用以毛桃为砧木的嫁接苗，嫁接时间选在春季和夏季，可采用枝接和芽接两种方式。苗木质量和规格为嫁接口径不低于0.6cm，抽穗长不低于60cm，苗木无机械损伤和病虫害，根系发达。

2.根蘖苗

优树根部萌蘖苗木，要求地径不低于0.6cm，高不低于50cm，无机械损伤和病虫害。

（三）栽植

春梢萌芽前栽植，最佳时间为春节前。容器苗或带土移栽不受季节限制。嫁接苗以株行距3m×4m为宜，即56株/亩；根蘖苗以株行距5m×4m为宜，即33株/亩。立地条件差的地方可适当密植，土壤肥沃的地方适当稀植。

定植前挖60cm×60cm×60cm定植穴，挖定植穴时将表土和底土分开堆放，回填时，先将表土填入穴底，每穴施20~30kg农家肥（腐熟）或5~10kg复合肥，并将肥料与表土充分拌匀后

回填至定植穴内，然后踩实。回填达到原地面高度后，在穴面上筑 30cm 高的树盘待植苗。接着在树盘上挖 40cm × 40cm 的栽植穴，将苗木的根系和枝叶进行适度修剪后放入穴中央，舒展其根系，扶正苗木，填入细土。填土过程中轻轻向上提苗，踏实，浇足定根水，使根系与土壤紧密接触。栽植深度以嫁接口径露出地面为宜，提倡使用薄膜或草覆盖根部，提高植苗成活率。

（四）经营管理

1. 土壤管理

深翻扩穴，熟化土壤：采果后进行深翻扩穴改良土壤，在树冠外围滴水线处挖 50cm × 50cm 的环状扩穴沟，逐年向外扩展 40~50cm。在扩穴沟内回填绿肥、农家肥、饼肥等；回填时将表土放在底层，心土放在表层，干旱时对穴沟灌足水。

绿肥种植与耕作：幼龄果园全园种植绿肥或套种矮秆作物。投产期果园采取树盘清耕行间生草方式，绿肥选用紫花苜蓿、三叶草、豌豆、红小豆、饭豆等，在绿肥生物产量达到最大时及时刈割翻埋于土壤中。矮秆作物可种植大豆、辣椒、生姜等。

松土除草：对投产期果园而言，应在株行间进行多次松土除草，经常保持土壤疏松和无杂草状态，园内清洁，减少病虫害。

2. 施肥

（1）施肥时间和方法。按照少量多次的施肥原则，一般于果实采收后秋施基肥，以有机肥为主，并与磷钾肥混合施用，采用深 50cm 的沟施方法。萌芽前追肥以氮、磷为主，果实膨大期和转色期追肥以磷、钾为主。微量元素缺乏地区，依据缺素的症状增加追肥的种类或进行根外追肥。最后一次施肥应距采收期 20 天以上。

（2）施肥量。依据立地条件、树势和产量的不同确定施肥量。幼树年施肥量为农家肥（腐熟）5~10kg、复合肥 1~3kg；结果树年施肥量为农家肥（腐熟）20~50kg、复合肥 5~10kg。

3. 水分管理

萌芽期、果实膨大期和入冬前需要良好的水分供应。成熟期应控制浇水，在雨季容易积水的地区要注意排水。

（五）整形修剪

蜂糖李适用的树形为自然开心形。选择三大主枝向外斜生，内膛不留大枝及大型枝组。

1. 树形结构

干高约 30cm；树高 2.5~3.0m；冠径 3m 左右；主枝数目 3~4 个；主枝基角 40°~55°。

2. 整形过程

定植后距地面 50cm 处剪截定干，在剪口下 15~20cm 保留健壮的叶芽。萌芽后，保留 4~6 个错落着生的健壮新梢，每节留一个枝，其余的一律抹除。

3. 修剪时间

冬季修剪：根据树龄、产量等确定剪留强度及更新方式。幼树采取轻剪长放，老树采取更新复壮。夏季修剪：采用抹芽、定枝、新梢摘心、处理副梢等措施对树体进行控制。

（六）花果管理

冬季修剪时通过回缩和疏剪的方法来减少花量。回缩可以有效控制树冠大小和枝条长度，疏剪则能去除过密、交叉等不良花枝。进行花前复剪，要多保留有叶单花枝，疏剪无叶花枝。在坐果后 1 个月左右，需进行人工疏果。

（七）病虫害防治

1. 营林措施

实施翻土、修剪、清洁果园、排水、控梢等措施，减少病虫源，加强栽培管理，增强树势，提高树体自身抗病虫能力。

2. 物理及人工防治

用频振灯诱杀或驱避吸果夜蛾、金龟子、卷叶蛾等。人工捕捉吉丁虫、蚱蝉、金龟子等害虫。

3. 农药防治

提倡使用生物源农药和矿物源农药防治害虫。常用的矿物源药剂有预制或现配的波尔多液、石硫合剂、氢氧化铜等。

4. 化学防治

禁止使用剧毒、高毒、高残留、有“三致”（致畸、致癌、致突变）作用和无“三证”（农药登记证、生产许可证、生产批号）的农药，限制使用中等毒性以上的药剂。遇暴发性病虫害发生时方可采取化学防治措施。

（八）果实采收

根据市场需求采取硬熟期采收和充分成熟采收，提高采果质量，减少果实伤口，降低果实腐烂率。采收后需进行分级包装才能运输、销售。

四 模式成效

（一）生态效益

六马镇退耕还林实施以前，全镇植被稀少，生态环境恶化，属典型的生态环境脆弱带。通过实施退耕还林，促进地方经济与生态环境协调发展，既有金山银山，又保护了绿水青山，同时提高了森林覆盖率，增加了森林碳汇能力和森林资源总量，使生态环境得到极大改善，水土流失得到有效控制。

六马镇蜂糖李（六马镇政府供图）

（二）经济效益

六马镇在贵州省委“来一场振兴农村经济的深刻产业革命”的号召下，聚焦“八要素”，以组建产业化、专业性的产业党委为切入点，立足资源优势，探索建立绿水青山就是金山银山的“两山”绿色经济改革示范区，实现了家家有致富门路，户户有增收产业。2023 年，全镇蜂糖李总产值达 13 亿元，覆盖带动贫困户 2720 户 11898 人，同时，有效带动本镇及周边县乡（镇）农村剩余劳动力就业，种植、管护、采摘、运输等务工每人每天收入 120~300 元。2023 年，蜂糖李务工人数达 70 万余人次，劳务收入突破 1.6 亿元，走出了一条产业兴、生态美、农民富的新路子。

（三）社会效益

在蜂糖李产业带动下，六马镇相关产业链不断延长，农副业、农产品包装、物流运输、餐饮住宿业等相关产业日益兴起。镇宁县以核心产区六马镇为示范，围绕全产业发展体系、标准化建设、品牌创建、市场规范、数字赋能、供应链配套设施建设等方面发力，积极实施农旅融合政策，延长产业链，推动一二三产业融合发展，推动蜂糖李产业高质量发展，为决战脱贫攻坚、决胜全面小康提供产业发展支撑，助力农民增收致富。

五 经验启示

六马镇是贵州农村产业革命发展的一个生动缩影，是农村产业革命“八要素”破题“三农”发展的生动实践。其立足自身实际，紧扣“八要素”，实现了全镇产业兴旺，吹响了破题新时代“三农”发展的“革命性”之举。其主要启示如下：

（一）发挥农民主体地位

广大农民是脱贫攻坚和农业产业发展的受益

者，是脱贫攻坚和产业发展的力量源泉，尊重主体地位，发挥主体作用，激发调动主体的积极性、主动性和创造性，是脱贫致富和产业发展的基础和保障。六马镇在脱贫攻坚和产业发展中，始终坚持规划引领和产业扶持的导向、改善生活条件和生产条件相结合，以及主导产业与以短养长产业相结合原则，村级组织、致富能人引领带动，将农民组织起来，积极投身于脱贫攻坚和产业发展，短短 5 年，农民人均收入增长 4 倍，产业规模增长了 50 倍。

（二）因地制宜选择主导产业

六马镇是典型低热河谷区域，雨热同季，热量充沛，属于“天然温室”区域。其区域条件形成了适宜种植蜂糖李的最佳小环境：降水量少，光照时间长；土温回升快，退温快。这些优越的气候条件成就了六马镇蜂糖李的“特”，其生长环境独特不可复制、品种独特不可复制、口感独特不可复制。因此，蜂糖李作为六马镇的特色产业得以迅速壮大，独一无二的甜蜜“名片”越唱越响。

（三）因时因人选择产业生产经营模式

农业产业生产经营组织形式，要与区域农业农村经济社会发展水平、农民思想观念、认识水平、综合素质相适应，才能调动农民发展生产的积极性，有效促进农业产业发展。2014 年以前，六马镇基础设施建设严重滞后，交通、信息闭塞，经济社会发展水平低，农民思想观念、综合素质与较发达地区差距明显。针对实际困难，为有效把农民组织起来，调动农民发展产业的积极性，六马镇各部门多次组织召开群众会议，探讨产业发展的组织形式。在引导的基础上，充分尊重农民主体地位，把决定权交给农民，最终选择“合作社 + 农户”的组织形式发展产业。实践证明，这种因时因人选择产业生产经营的模式能有效调动农民发展产业积极性，短短几年，实现产业规模、收入倍增。

六 模式特点及适宜推广区域

（一）模式特点

六马镇属典型的中亚热带低热河谷地带，为发展林业产业，当地林业局进行了长期的探索，先后种植过油桐、桉树、竹子等经果林、用材林，但都因经济效益不好而逐渐放弃。蜂糖李原产地位于六马镇弄袍村（现有 72 株母株），该李子有果大、核小离核、味甘甜如蜂蜜、果肉致密酥脆、香味浓郁的特点。其市场价格非常可观，但一直因种植规模小，产值效益没有体现出来。2014 年新一轮退耕还林实施以来，六马镇紧紧抓住机遇，大力发展以蜂糖李为龙头的“六马”系列李子规模化、精品化种植。到 2023 年年底，全镇蜂糖李种植总面积达 12 万亩，总产值达 13 亿元。

化劣势为优势，六马镇以一个李子兴一方产业，富一方百姓，六马镇成功的模式给广大管理者、科技工作者提出了一个全新的课题，如何做到“一县一品，一谷一特”？贵州脱贫致富之窗，待一扇扇开启。

（二）适宜推广区域

适合种植蜂糖李的地区以海拔 600~900m，年平均气温 15℃以上，年降水量 800mm 以上，光照充足，环境暖和潮湿，土壤保肥、保水性好，土质疏松，土壤肥沃，土层深厚而透气的低热河谷地带为佳。蜂糖李原产地在贵州省镇宁县六马镇，目前在四川、广西等地区都有种植。

模式 2 威宁县糖心苹果模式

威宁彝族回族苗族自治县（简称威宁县）素有“阳光城”之称，具有低纬度、高海拔、强日照、大温差等得天独厚的气候优势，孕育出了含糖量高、肉质松脆、汁液丰富、香味浓郁、甜酸适口且拥有多种营养成分和功效的糖心苹果。威宁县因地制宜，抓住新一轮退耕还林工程实施 101.25 万亩的契机，全力打造集休闲、观光、采摘于一体的山地田园综合体发展特色产业。目前，全县苹果种植面积达 70 余万亩，苹果产业已成为威宁县调整农业产业结构、增加农民收入的重要支柱产业之一。

威宁县糖心苹果（威宁县林业局供图）

一 模式地概况

威宁县位于贵州西北部，地处低纬度（东经 103°36′07″~104°30′57″、北纬 26°30′57″~27°25′56″）、高海拔地区。平均海拔 2200m，最高海拔 2879m，最低海拔 1234m，中部开阔平缓，四周低矮。威宁县属亚热带季风性湿润气候，光照时数长，年平均日照时数 1812 小时，年平均无霜期 180 天，年平均降水量 926mm，年温差小，日温差大，冬暖夏凉，夏季平均气温 18℃，年平均气温 10~12℃。低纬度、高海拔、高原台地的地理特征，使这里的光能资源和风力资源成为“贵州之冠”，属于全国苹果优生区、西南冷凉高地苹果适宜区。威宁县县域面积 6298km^2，下辖 6 个街道、19 个镇、15 个乡、1 个民族乡，户籍人口 160 万人。森林植被主要是常绿针叶和落叶杂灌林，主要树种有华山松、云南松、山杨、高山栎、麻栎、茅栗、杜鹃、箭竹等。草本植物以低中型多年生的禾本科草类为主。

二　退耕还林情况

目前，全县苹果种植面积 70 余万亩，挂果面积达 30 余万亩，涉及农户约 12.1 万户，其中覆盖贫困户约 2.4 万户、贫困人口 10.3 万人，是农民增收致富的重要产业之一。

威宁县新一轮退耕还林实施任务 101.25 万亩，其中苹果实施面积 15.5 万亩。在退耕还林工作中，威宁县兼顾生态效益和经济效益，大力发展特色经果林、速生林和菌材林，以短养长，真正做到退得下来，能保存。努力提高退耕还林在脱贫攻坚中的贡献率，并动员贫困群众参与务工管理、流转土地，确保农户退耕能增收，退耕得实惠，对全县农业产业结构调整和农民增收起到巨大带动作用，今日种下片片青山，明天收获座座金山。具体做法如下：

（一）品种结构逐步优化

目前，全县苹果挂果面积 30 余万亩、产量约 25 万 t、产值 15 亿元以上。近年来，威宁县栽植的苹果品种结构逐步优化，从 7 月下旬至 11 月下旬均有苹果上市，基本可以满足不同上市时间的需求。

（二）产业优势基本形成

威宁苹果，南部以黑石头镇，北部以雪山镇，西北部以牛棚镇、迤那镇及中水镇为中心，已初步形成了 4 个万亩苹果生产优势区域，尤其是以牛棚镇、迤那镇及中水镇为中心，辐射斗古镇、玉龙镇和观风海镇，基本形成 10 万亩苹果产业带。

（三）经营主体不断壮大

目前，全县现有海升集团威宁超越农业有限公司、威宁乌蒙绿色产业有限责任公司、贵州宝峰冰心苹果公司、贵州苗品果业公司、威宁大生高原公司、威宁印落福地专业合作社等与苹果生产、销售相关的经营主体 100 余家、专业大户 400 多户。威宁超越农业有限公司和威宁乌蒙绿色产业有限责任公司是省级龙头企业。

（四）设备设施不断完善

目前，全县苹果分拣包装线有 2 条，其中一条分拣线分拣能力为 10t / 小时（4 通道），另一条是 3~5t / 小时，可对苹果大小、颜色、糖度、内部损伤情况等进行分拣，并配套包装平台。目前，全县共有 6 个苹果仓储保鲜库（含气调库），总库容量约 2.47 万 t。

（五）销售渠道不断增多

每年 7 月下旬至 11 月全县苹果不断上市。由于地处低纬度，威宁苹果比北方相同品种主产区提早 20 天左右成熟上市。近两年，威宁苹果远销北京、上海、广州等全国大中城市，部分远销香港、澳门，威宁糖心苹果在市场上供不应求。依托“威宁糖心苹果”“杨华苹果”“阳光威宁”“枝纯”“清谷田园”“宝峰冰心苹果”等品牌，提升了威宁苹果品牌价值，积极拓展大型商

威宁县糖心苹果（威宁县林业局供图）

超、连锁、电子商务等渠道，同连锁商超初步建立了合作关系。

（六）品牌打造不断升级

2021 年 12 月，威宁苹果荣登 2021 年果品区域公用品牌价值榜，品牌价值 6.13 亿元；2022 年 9 月，根据中国品牌建设促进会“中国品牌价值评价结果通知书”，地理标志区域品牌“威宁苹果”的品牌强度为 811，品牌价值为 12.50 亿元。

三 栽培技术

（一）园地选择

苹果树作为喜光树种，在生长过程中对光照条件需求量较大。充足的光照能促进苹果树生长和结果。在土壤方面，土层深厚、疏松，具有良好排灌条件、有机质含量高的砂质土壤非常适宜苹果树生长，特别是微酸性和中酸性的土壤条件对苹果树生长极为有利。另外，苹果树建园选址可以选择交通便利的平原、丘陵及山地等，不宜选择低洼地带、风口以及盐碱地、阴面等，其不利于苹果树生长。

为了有效提高建园质量，苹果园选址完成后，需合理地整地放线，全面清除园内杂草，开挖沟穴，施足底肥，基肥首选农家肥和有机肥。秋季 9~10 月进行施肥，提高果园土壤有机质含量，并合理地使用化学肥料，如氮肥和磷肥等。

（二）苹果品种选择

根据市场需求及土壤条件，威宁县苹果品种结构不断优化，逐步实现早熟、中熟、晚熟合理搭配，早、中熟品种有‘红露’‘鲁丽’‘华硕’‘嘎啦’‘米奇拉’‘黔选 2 号’‘金冠’‘富士 2001’‘红将军’等；晚熟品种有‘黔选 3 号’‘长富 2 号’‘烟富 3 号’‘烟富 6 号’‘天红 2 号’‘首富’‘福布瑞斯’等。

（三）苗木定植

为了保证苹果苗的成活率，必须确保苗木质量，同时将整地工作做好，以确保果园苹果苗大小一致、生长一致。选择苹果苗时，应选择抗逆性强、具有分枝的优质壮苗。苹果苗栽植之前，根据实际开挖定植坑，分开存放表土与底土。同时，合理设置株行距。苹果苗栽植的前 3~4 天，用 700 倍甲基托布津、500 倍多菌灵对苹果苗浸根 1 天，确保苹果苗根部充分吸水，同时做好苗木消毒工作。苹果苗浸根完成后，蘸取配置好的生根泥浆，之后进行栽植。栽植后应及时灌水，并进行地膜覆盖增加土壤湿度，促进苗木生根发芽。

（四）园地管理

苹果园地的管理对苹果树的生长和果实产量有着重要意义。苹果园地应适时进行深翻扩穴，以此实现土壤熟化。采果后进行深翻扩穴改良土壤。在树冠外围滴水线处挖 50cm × 50cm 的环状扩穴沟，逐年向外扩展 40~50cm。在扩穴沟内回填绿肥、农家肥和饼肥等。回填时表土放在底层，心土放在表层，干旱时对穴沟灌足水。

（五）整形修剪

在苹果种植的过程中，需要对苹果树的枝叶进行修剪，为苹果树生长提供所需的能量支持。修剪技术的运用需要综合考虑果树种植的物理条件，根据苹果品种的不同，采用不同的修剪方式，以此保证果树的健康生长。将 1 年生苹果树枝先端的部分剪去，从基部对多年生枝加以修剪，及时修剪枯枝、大枝，为苹果树的生长提供适宜的生长环境，有效地提高了苹果树的种植效率。另外，整形修剪果树的枝叶，有利于果树对土壤中营养成分的吸收，为果树的健康生长提供了物质基础。在整形修剪过程中，除注意总枝量外，还必须保持适宜的比例。长、中、短枝的比例以 1∶2∶7 为丰产树体的适宜枝类比。调整枝类比的主要方法是枝条中度短截，可增加长枝比例；枝条缓放、开张角度、抑顶促萌和刻芽等，可增加短枝比例。生产中可根据实际需要灵活掌握。

（六）控花疏果

苹果树开花、坐果需要消耗大量的树体贮藏营养，对果树年周期中的前期生长和器官形态建成影响较大。适时提早疏花、定果，既对提高坐果率、保证果实良好发育具有重要作用，也可减少不必要的树体营养消耗。疏花一般要求自显蕾期开始，盛花前结束。在花期遇异常天气，疏花时间越早越好。疏果、定果，应从落花后1周左右开始，在最短的时间内结束，最好不要迟于花后4周。一般分2次进行，第一次疏果，要根据适宜负载量和果实在冠层分布的要求，每花序留取单果，多余幼果疏除；第二次主要是进行定果，要细致周到，根据品种特性、坐果量和果实着生部位等因素，确定最终留果量。分次进行主要与气候因素有关。如果花后无明显气象灾害，且存在用工难以解决或成本较大的情况，目前可采用一次定果的疏果方法。

（七）病虫害防治

在苹果种植过程中，常会遭受各种病虫害的侵袭，苹果主要的病害有炭疽病、白粉病、黑星病，主要虫害有苹果蚜、苹果蛀果蛾、苹果食心虫等，威宁县种植苹果选择走绿色可持续发展之路，主要防治方法如下：

（1）选择抗病品种。在苹果品种选择上，优先选择抗病品种，如‘黔选2号’‘福布瑞斯’等。

（2）加强管理。及时清理果园内的落叶、枯枝、病树等，保持果园内的清洁卫生，减少病菌的滋生和繁殖，及时修枝整形，疏花疏果，加强栽培管理增强树势，提高树体抗病虫能力。

（3）合理施肥。合理施肥可以提高果树的免疫力，减少病害的发生。在施肥过程中，应注意控制氮肥的用量，避免过量施肥导致果树生长过旺，易感染病害。

（4）采用种草、生草、覆草方式进行耕作，在果树的株行间种植绿色草本覆盖植物，如白三叶、绿肥等。还可以增加果园内寄生蜂等虫害天敌进行防治，形成一个小型生物链。秋冬季翻耕也可增加土壤有机质，还可提升果树抗病能力。

（5）推广应用苹果套袋防治病虫害等实用技术。给苹果套袋不仅可有效避免害虫钻入果实内部，还有促进果实着色作用，最好在每年6月进行套袋，9月下旬至10月上旬解袋。

在防治过程中，注意综合治理，以生物防治为主，化学防治为辅，避免过度使用农药，对环境和人体健康造成危害。

（八）果实采收

苹果之所以形成糖心，是因为在高海拔地区，昼夜温差大、光照充足、土壤肥沃，致使苹果中含糖量高，经过聚集沉淀形成了糖心。正常苹果通常会在8~9月开始采摘，而如果将苹果控制在10~11月再采摘，延长苹果的生长期，让其充分自然成熟，并在低温状态下采摘，能保证苹果的水分特别充足。

四 模式成效

（一）生态效益

威宁县属典型的生态环境脆弱带，新一轮退耕还林工程实施后全县森林覆盖率进一步提高，生态环境明显改善，保蓝天、护碧水、守净土、促发展，为绿色威宁建设锦上添花，同时也将助推群众发展致富，为乡村振兴奠定坚实基础。

（二）经济效益

威宁县通过新一轮退耕还林工程实施，结合威宁苹果产业发展实际，2021年年初成立威宁县特色经果林产业发展中心，相关部门分工合作、形成合力，推进威宁苹果产业发展，威宁苹果种植面积达70余万亩，涉及农户约12.1万户

（其中贫困户约 2.4 万户、贫困人口 10.3 万人），已初步形成了 4 个万亩苹果生产优势区域。在产业经营主体方面，现有以威宁超越农业有限公司、威宁乌蒙绿色产业有限责任公司为主的苹果生产、销售相关的经营主体 100 余家、专业大户 400 多户，苹果品种结构逐步优化，基本可以满足不同上市时间的需求。2023 年，苹果总产量约 25 万 t，总产值约 15 亿元，预计今后 5 年年产量可达 30 万 t 左右，走出了一条山更青、水更绿、民更富的新路子。

（三）社会效益

威宁县充分依托区位和气候优势，积极探索发展之路，通过合作社带动村民种植苹果以及其他经济附加值高的经济作物，转变群众思想观念，调整农业产业结构，着力打造集休闲、观光、采摘于一体的山地田园综合体，村民切实从产业发展中获得了实惠，种植热情高涨。同时，随着产业发展的深入，村民在修枝、嫁接、病虫害防治等方面普遍得到提高。曾经粗放式种植、只种不管的现象消失不见了。这一系列变化标志着威宁县的产业正在转型升级，逐步实现一二三产业融合发展。提升第一产业：以迤那镇、牛棚镇、中水镇、雪山镇、黑石头镇、猴场镇为中心，以其周边和沿线乡镇为重点，重点充实提升苹果产业“1213”基地，“1”即 1 个产业带（7 万亩），“2”即 2 个示范区（8 万亩），“1”即 1 条产业长廊（50km），“3”即 30 个产业示范点。突破第二产业：以五里岗经济开发区为中心，招商引资和培育苹果系列产品加工优强企业，进行苹果冻干、果干、果脯、果酱、果汁、果醋等产品的加工，提高附加值、增加效益，解决小果、次果的问题，做强果品深加工。强化第三产业：在五里岗经济开发区完善和建设集果品交易、贮藏保鲜、分拣包装、质量检测、信息发布等为一体的苹果交易场地 2 个，在迤那镇、牛棚镇、中水镇、雪山镇、黑石头镇、猴场镇各建 1 个小型苹果交易集散点，提升苹果仓储、分拣、冷链物流、交易等社会化服务水平。以迤那和牛棚万亩苹果基地、雪山新街苹果示范园、猴场格寨苹果采摘观光园为基础，在苹果开花、采摘等时节，发展休闲观光、赏花采果、农耕体验等第三产业。

五 经验启示

威宁县立足独特的气候特点，以林业供给侧结构性改革为主线，扎实开展科技服务机制创新，有力促进了全县林业科技进步和林业产业高质量发展，其主要启示有：

（一）科学规划产业

威宁县立足独特的气候特点，打造出了威宁高海拔地区独一无二的苹果品牌，增加了当地农民收入，带动了地方经济发展。

（二）增加科技投入

自主创新、学习、引进和消化适宜威宁县的最新成果，将其运用于全县的林业生产实践中，加速了科技成果的转化进程，优化了树种结构，增加了林业建设的科技含量，提高了营造林质量，取得了良好的成效。

（三）塑造苹果品牌

威宁苹果以着色鲜艳、外形美观、肉质细脆、汁多、可溶性固形物含量高、口感好、风味浓在国内享有盛誉。通过宣传打造，威宁苹果荣获国家地理标志保护产品认证、国家知识产权局证明商标认证。这些认证使得威宁苹果品牌价值得以提升，增加了当地农民收入，带动了地方经济发展，实现了“兴林”与“富民”的有机结合，为产业发展培育了新的经济增长点。

（四）典型示范带动

通过加强管理，促进了林业示范工程的健康、持续、快速发展，示范项目取得了良好的示范效果，获得了国家林业和草原局、贵州省林业局等有关领导和专家的一致好评。

六　模式特点及适宜推广区域

（一）模式特点

威宁县自2002年实施退耕还林工程以来，退耕还林实施苹果15.5万亩，全县苹果种植面积达70余万亩，高标准示范、辐射带动作用明显，退耕还林取得了显著的生态、经济、社会效益。依托威宁苹果品牌效应，在苹果开花、采摘等时节，发展休闲观光、赏花采果、农耕体验，为威宁发展旅游产业发挥了不可替代的作用，促进全县各族人民共同富裕，奋力开创威宁党建强、产业兴、经济活、百姓富、生态美的新未来。

（二）适宜推广区域

糖心苹果对土壤的条件要求特别高，需要以沙壤土为主，pH值在5.0~7.0，以pH值为6.0~6.5的微酸性土壤为佳，有机质含量不可低于10g/kg，地下水位在1m以下。一些海拔较高、晚秋昼夜气温变化较大的地区均能产生糖心苹果，如甘肃静宁、云南昭通、贵州威宁、陕西洛川、西藏林芝等地区。

威宁县苹果基地（威宁县林业局供图）

模式 3 赫章县核桃模式

赫章县是“中国核桃之乡”，是南方泡核桃的分布中心之一，也是核桃生长的最适宜区之一。赫章核桃栽培历史悠久，在赫章县彝文古籍中记载，赫章原著居民 4000 多年前就有采食核桃的记录，明末清初开始人工栽培核桃。境内分布着许多原生的优质核桃种质资源，上百年的核桃古树遍布各乡镇。赫章县所产核桃因壳厚适中、核仁色浅、含油量高、口感细腻而深受消费者的喜爱。同时，还大力生产核桃糖、核桃油、核桃粉、核桃乳等系列产品，延长产业链。目前，核桃产业已成为助力赫章县乡村振兴、群众增收致富的重要产业之一。

赫章县退耕还林发展核桃产业（赫章县林业局供图）

一 模式地概况

赫章县隶属贵州省毕节市，位于贵州省西北部乌江北源六冲河和南源三岔河上游的滇东高原向黔中山地丘陵过渡的乌蒙山区倾斜地带，地处东经 104°10′28″~105°01′23″、北纬 26°46′12″~27°28′18″，县域面积 3250km²。全县最高峰（也是贵州最高点）小韭菜坪海拔 2900.6m，最低点刹界河海拔 1230m，平均海拔 1996m。共辖 30 个乡镇（其中 5 个街道、10 个镇、3 个乡、12 个民族乡），总人口 79.87 万人。

赫章县属暖温带温凉春干夏湿气候区，气温日差较大，年差较小，年平均气温 10~13.6℃，最高气温 33.6℃，最低气温 -3.0℃，年总积温

3650~4964℃，年降水量785.5~1068mm，日照时数1260.8~1548.3小时，无霜期206~255天。光照条件较好，太阳辐射较高。县内森林、草地覆盖面积比重大，有核桃、苦荞、樱桃、苦丁茶、马铃薯等多种产品。

二　退耕还林情况

截至2023年，全县累计种植核桃52万亩，其中退耕还林面积34.7万亩，挂果核桃32万亩，坚果产量3.84万t，年产值近15亿元。建设优质核桃采穗圃2600亩，每年能采集核桃优质穗条280万芽，为核桃生产基地建设提供真实、可靠的良种穗条和种苗保障。推广嫁接改良核桃品种22万亩（全省推广面积最大）。目前，核桃产业带动贫困户18059户贫困人口80735人脱贫。

三　栽培技术

（一）选地

选择交通便利、相对集中连片的坡耕地或平地。种植点海拔为1230~2100m（具有特殊小气候的地方可达2200m），背风向阳，坡度在35°以下。土壤保水、透气良好的壤土和沙壤土为宜，以疏松肥沃、有机质含量较高、土层深度在1m以上为佳，pH值5.5~7.0。最好选择有灌溉水源、雨季不积水或能排水的地块。

（二）整地

清除地里的杂草，打坑时将表土和心土分开堆放，将表土层放在穴上口，便于以后回填，心土堆放在穴的下口。整地时要保证穴底平整，规格为60cm×60cm×50cm，尤其保证穴底宽度不低于50cm。此外，每穴施用复合肥1~2kg，充分腐熟的农家肥20kg以上，并将肥料与表土混合拌匀后，回填到已挖好的定植穴内，提前一个月以上进行回填；回填时先填10~20cm表土，再用农家肥和表土混合后回填40cm，最后填入心土，回填高度略高于地面。

（三）选种选苗

建园时品种选择至关重要，应选择适合本地土壤与气候条件、优质丰产、抗逆性强的核桃优良品种。赫章县主要推广使用本县选育出的‘黔核5号’‘黔核6号’‘黔核7号’‘黔核8号’4个优良品种。栽植时选用造林苗木质量要达到国家或地方Ⅱ级苗以上标准，即实生苗苗高48cm以上，地径1.14cm以上；嫁接苗当年抽梢高度在20cm以上，嫁接口径0.9cm以上。

（四）规范种植

核桃苗木定植以前，用泥浆蘸根，使根系吸足水分，有利于成活。定植时根据苗木大小及根系情况在已整地回填种植穴中间挖一个适当的定植穴，然后按“三埋两踩一提苗”的栽植技术进行定植。即将苗木放于穴中，先回填表土，埋苗根达2/3时将苗木向上轻提几下，使苗根舒展，踩实，然后继续回填。当根系完全盖住时再踩实，然后再回填，最后回填高出地面10cm即可。苗木定植时要浇足定根水（水不下渗为止）。一般每株不低于25kg水。

（五）盖膜

在浇足定根水，或土壤水分充足的前提下，每株用约1m^{2}的地膜覆盖，达到增温保湿提高成活率的目的，盖地膜时先做一个内低外高的锅底状树盘，然后进行盖膜。具体盖膜方法可归纳为：“先做树盘后盖膜，树盘做成锅底状，盖好薄膜不漏气”。如果盖地膜后遭遇长时间干旱，应酌情浇水。

（六）施肥

核桃施肥是保障核桃树体生长发育并实现高产稳产的关键措施之一。核桃树体每年会从土壤中吸收大量的养分，特别是建园初期核桃幼树阶段，核桃处于生长旺盛时期，土壤养分被幼树快速吸收。如果施肥不当或不足，会造成营养失调，进而影响树体器官的生长发育，甚至导致“小老树”现象出现。只有充分了解当地的土壤结构，合理施肥，不断补充土壤中核桃树急需的养分，才能满足其生长发育的需要。当核桃进入盛果期后，其每年对各种元素的需求量更大。据资料介绍，每产出100kg坚果，核桃树需要从土壤中吸收氮1465g、磷187g、钾470g、钙155g、镁39g；再加上根、干、枝叶的生长，花芽分化等都需要消耗大量的养分。因此，如果不施肥，单靠土壤供应，显然是无法满足核桃树需要的。

一般来说，在生长季前半期（4~6月），以多种器官塑造为主，属扩大型代谢，对氮素需求较多，以氮肥为主；而在生长季中后期则以积累型代谢为主（7~9月），需要较多的磷肥和钾肥。1~3年生核桃树，每平方米树冠投影年施肥量为氮肥50g、五氧化二磷20g、氧化钾30g、有机肥（厩肥）10kg。

（七）修剪整形

为保证核桃构建出良好的丰产树形，促进早发分枝形成主枝，迅速扩大树冠，达到早产、高产、优质、低耗的目的，必须从幼树开始进行整形修剪。其主要操作过程归纳如下：

1. 一个主干一中心，定干高度一米上

在对核桃幼树进行整形修剪时，目标树形是具有一个主干和一个中心干的有主干形。主干是指树从地面到第一主枝之间的树干，干高50cm以上。中心干是指第一层主枝的最上一个主枝以上的中心干。定干是指树苗定植生长达到一定高度后，为促发分枝形成主枝而进行的短截修剪。核桃幼树定干高度常在1m以上，并且要保留5~6个饱满芽进行修剪。

2. 主枝长度一米剪，剪口芽上两公分*

主枝是着生在主干上的骨干枝，当主枝生长达1m后，修剪时在1m左右的饱满芽处进行短截，促发分枝形成侧枝。不论是何种枝短截，剪口都应高出芽2cm进行。

3. 是否留桩看粗细，半米内枝全疏尽

对于达不到定干高度或已定干的树，主干50cm以下的分枝和第一层主枝距主干50cm以内的分枝要全部疏除。疏枝时是否留桩，要根据疏除枝条的粗细而定，细枝不留桩，粗枝留3cm左右的小桩。

4. 一层主枝多少个，间序排列两三枝

是指定干后萌发的分枝，在进行修剪时第一层分枝按10~20cm的间距，选留2~3个分枝作为主枝，并保证一个强壮向上生长的中心干，调整各主枝之间的水平夹角（三主枝的水平夹角为120°，两个主枝的为180°）。

5. 老化小树如何整，距离地面五六寸*

老化小树是指因根系太差或带病虫的树苗以及地上部受伤的树苗，定植后虽成活并从上部萌发，但生长量极小，原树干输导组织受阻或已老化，根系的营养难以往上运输而不能正常生长的小树。修剪时距离地面15~20cm处将树干剪除。

（八）病虫害防治

1. 主要病害及防治

核桃常见病害主要有核桃桑寄生、细菌性黑斑病、膏药病等。

（1）核桃桑寄生防治方法。结合收打核桃及时砍除寄生枝条，并除尽根出条和组织内部吸根延伸部分（在植株着生处下方10~20cm处连同寄生枝条，一起砍除）。

（2）核桃细菌性黑斑病防治方法。①人工防治：清除病残果、落叶、病虫枝等，以减少发病来源。②药剂防治：生长期喷洒1∶0.5∶200倍波尔多液，或用50%甲基托布津可湿性粉剂500~800倍液，或75%百菌清可湿粉剂600倍液，喷洒1~3次（开花前、开花后及幼果期各喷1次）。

---

*1公分 = 1cm，1寸 =3.33cm

（3）核桃膏药病防治方法。①保持果园通风透光条件良好，发现病枝及时剪除。②及时防治介壳虫等害虫。③发现病菌的子实体和菌膜及时刮除干净，刮后在病患处涂抹 1∶1∶100 倍波尔多液，或 20% 石灰乳，或 1% 硫酸铜液。

2. 主要虫害及防治

常见的核桃害虫主要有叶甲、果象甲、天牛等。

（1）叶甲防治方法。①人工防治：冬春季彻底清除园内枯枝落叶，刮除树干基部的老树皮，集中烧毁，可消灭越冬成虫。利用产卵、幼虫期的群集性人工摘除虫叶，集中烧毁。②药剂防治：4~6 月，喷 10% 氯氰菊酯 2000 倍液，80% 敌敌畏乳油 1000 倍液，40% 氧化乐果乳油 2000 倍液。

（2）果象甲防治方法。①农业防治：及时捡拾落果，并摘除树上的被害果，集中深埋，以消灭幼虫、蛹和未出果的成虫。也可在成虫发生盛期振动树枝，树下铺塑料布，收集并杀灭落地成虫。②药剂防治：在果象甲大量上树产卵前，是药剂防治的关键时期，树冠可喷 50% 辛硫磷 1000 倍液，或 50% 杀螟硫磷乳油 1000 倍液，或 10% 氯菊酯乳油 1000 倍液，一般喷 1~3 次树冠和附近土壤，阻止成虫上树。

（3）天牛防治方法。①人工捕杀：在成虫发生期直接捕捉，也可在晚间用灯光诱杀。②树干基部涂白：每年 11~12 月，用生石灰 5kg、硫黄粉 0.5kg、食盐 0.25kg 及水 20L 充分混匀后涂于树干基部，可防止成虫产卵，杀死初孵幼虫。③人工杀灭虫卵：6~7 月检查树干基部，寻找产卵刻槽或流黑水的地方，用刀将被害处挖开，杀死虫卵或初孵幼虫；也可以用锤敲击，以消灭卵或初孵幼虫。④人工钩杀幼虫：发现蛀入木质部的幼虫，可用细铁丝端部弯一小钩，插入虫孔，可钩杀部分幼虫。⑤药剂防治：发现核桃树有粪屑排出时，将虫孔附近粪屑除净，从虫孔注入 80% 敌敌畏乳剂 100 倍液，或 50% 辛硫磷乳剂 200 倍液；也可用棉球蘸 50% 磷胺乳油或 50% 杀螟松乳油，塞入虫孔；还可将“天牛净”毒签插入虫孔熏杀幼虫。

四　模式成效

（一）生态效益

实施退耕还林后，森林覆盖率得以提高，能有效地发挥多种生态功能，如调节气候、净化空气、缓解地球“温室效应”、防止水土流失、保水蓄水等。工程区生态环境质量明显提高，居民生活环境得到明显改善，同时生物的种群和数量也较以前有了较大增长。可以说，从源头上有效控制了水土流失，生态效益非常显著。

（二）经济效益

赫章县累计种植核桃面积 52 万亩，其中退耕还林面积 34.7 万亩，挂果核桃 32 万亩，坚果产量 3.84 万 t，年产值近 15 亿元。同时，大力生产核桃配方油、核桃益生菌乳、营养强化型核桃粉、核桃乳等年产达 10 万 t，核桃全产业链年总产值达 23 亿元。目前，核桃产业覆盖近 10 万农户 30 余万人，带动贫困户 18059 户、贫困人口 80735 人脱贫。

（三）社会效益

赫章县核桃产业有力地调整了林业产业结构，改变了粗放的传统经营方式，促进了传统林

赫章县核桃树（赫章县林业局供图）

业向现代林业发展的转变。2007年以来，赫章核桃先后获得“奥运推荐果品”“中国十大名优核桃”“中国果品著名品牌”等称号，赫章县被评选为“中国核桃之乡”“全国核桃标准化示范区”“国家核桃良种基地”；“赫之林”品牌核桃乳荣获“贵州省著名商标”，“果缘品”核桃工艺产品获得外观设计专利19项。2013年2月，赫章核桃被批准为国家地理标志保护产品；2016年3月，财神镇、朱明乡被国家林业局认定为“国家级核桃示范基地”。

五 经验启示

（一）建立优质核桃采穗圃基地

赫章县坚持把优质核桃采穗圃建设作为核桃产业健康发展的重要保障，采取“政府定价、企业实施、部门监管、定向供应、定点嫁接”的模式，建成核桃苗圃基地2600亩。可生产优质核桃有效芽280万个左右，数量充足，为核桃产业发展、质量提升打下了坚实的基础。大力推行“龙头企业＋合作社＋基地＋农户”“合作社＋村委会＋基地＋农户”等模式，这些模式可带动2000户农户（其中建档立卡贫困户1460户）稳定脱贫，户均年增收6000~10000元。同时，引进和培育了贵州乐百岁农业开发有限公司、贵州黔隆丰农业开发有限公司、赫章县汇源种养殖专业合作社等优强企业及合作社，对核桃产业基地实行经营管理。

（二）紧紧依靠科技进步，不断提高产业发展的科技含量

紧紧抓住赫章县被国家林业和草原局选定为“全国核桃林业标准化示范区”的机遇，依托科研部门，结合生产实际，总结并摸索出一套切实可行的技术标准。这套标准符合赫章实际，涵盖核桃规划、嫁接、修剪、追肥及病虫害防治等方面。为了提升从业人员的实际操作技术水平，增强产业建设中的科技含量，赫章县积极组织多种形式的技术培训。同时，县乡村层层抓好科技试点示范，做到县有示范基地，乡有示范园，村有示范户。此外，还与贵州大学农学院、毕节市林业科学研究所等部门签订技术合作协议，建立了稳定的技术依托和服务体系。通过多年的研究和实践，核桃高枝换头和绿枝嫁接技术取得突破，嫁接成活率超过80%，为实现核桃品种化提供了可靠的技术支撑。

（三）积极发挥龙头企业的带动作用

赫章县全县上下紧密配合，全力打造“全国核桃之乡”“奥运推荐果品”等核桃名片，做响核桃品牌，做大核桃产业。以“赫之林”核桃乳厂为代表的龙头企业，在核桃产业建设中的主导作用已开始显现。企业通过大量收购核桃仁，分散了生产基地的市场风 险，把农民千家万户的小生产与千变万化的大市场逐渐连接起来，不仅增加了产品的附加值，还提高了企业的经济效益。

（四）切实搞好社会化服务体系建设

在核桃产业发展过程中，县委、县政府随时掌握市场对核桃产品的需求动态，制定切实可行的政策和措施；林业系统充分发挥部门优势，为广大林农提供信息服务、技术咨询、技术指导；核桃协会、农民合作社等中介组织活跃在广大农村和流通领域，充分发挥其内联农户、外联市场的纽带作用。“谁造谁有、谁投资谁受益，允许继承转让”等政策措施的出台，吸引了社会各界广泛参与核桃产业建设，“公司＋合作社＋基地＋农户”“基地＋农户”等形式大大推动了产业建设的发展，一个社会化服务体系正在逐步形成。

（五）注重品种建设

赫章县鉴选出了‘黔核5号’‘黔核6号’‘黔核7号’‘黔核8号’4个优良品种。其中，‘黔核6号’‘黔核7号’两个品种获得省级良种认定，审定工作正在进一步推进。凡是核桃

育种、品种改良、嫁接苗培育等，一律选用来源于县内建设的核桃良种采穗圃，保证穗条来源可靠、核桃品种真实。同时，从2015年开始，赫章县紧紧依靠获得的国家发明专利核桃高位嫁接技术，采取“县委、县政府出台政策扶持引导，县核桃局监管指导，乡镇组织落实，企业、合作社、农业技术人员、技术能手等承包嫁接，村、组、户配合管理”的方式，嫁接改良了核桃品种22万亩，其中‘黔核7号’占嫁接改良核桃品种面积的85%。

（六）品质建设是关键

赫章县坚持打好绿色、生态、有机牌，确保赫章核桃品质优良。经专业机构检测，选育认定的‘黔核6号’‘黔核7号’的脂肪含量、蛋白质含量、出仁率等理化指标达到国际特级商品核桃标准。境内分布乌米核桃、串核桃等原生优质种源，以其壳薄、仁满、色匀、肉香、油足等优点享誉国内外，种质资源有待进一步选育和利用。

赫章核桃产业发展取得的成效是省、市林业局、扶贫办等大力扶持的结果，是省内外各科研院所给予科技支撑的结果。“要想快致富，多种核桃树”已然成为广大群众的共识。赫章县核桃产业发展工作虽然取得一定成绩，但仍然存在产业投入不足、基础设施滞后、生产方式粗放、产业链条不长、宣传推介力度不够等问题。

六　模式特点及适宜推广区域

（一）模式特点

赫章县海拔高、光照长、温差大，其独特的小气候特别适宜核桃生长。赫章县把核桃产业发展作为农民增收的主导产业，立足县情镇情村情实际，积极调整农业产业结构，按照“党建引领＋合作社示范＋农户”的发展模式，积极推广优质核桃种植，大力发展核桃产业。赫章县通过引进核桃精深加工企业，已实现树枝、青皮、外壳、果仁全利用，构建起了完整的核桃加工产业链条，核桃已然成为赫章县推进乡村振兴、富民兴县的重要产业之一。

（二）适宜推广区域

核桃树对环境适应能力很强，东经75°~124°、北纬21°~44°都有栽培和分布，主产区在河北、山西、陕西、云南、新疆、贵州等省份。核桃种群属于喜温树种，适宜生长的温度范围为平均气温9~13℃，极端最低气温为–25℃，极端最高气温为35℃，无霜期150天以上。北方地区多栽培在海拔1000m以下；秦岭以南多生长在海拔500~1500m；陕西地区在海拔700~1000m生长良好；云南、贵州地区在海拔1500~2000m生长良好。以土壤pH值在5.5~7.0，保水、透气良好的壤土和沙壤土为宜，疏松肥沃、有机质含量较高、土层深度在1m以上为佳。

赫章县核桃（赫章县林业局供图）

模式 4 水城区红心猕猴桃模式

水城区猴场苗族布依族乡（简称猴场乡）生态环境优越、土壤肥沃、光照适宜、雨量充沛、气候凉爽舒适，是典型的低纬度高海拔山区，特别适合红心猕猴桃的种植和生长，是中国凉都红心猕猴桃的发源地。该区红心猕猴桃果肉细嫩、香气浓郁、口感香甜清爽、酸度极低，营养价值丰富。该品种获农产品地理标志认证，被批准为国家地理标志保护产品，有“神奇美味果，红色软黄金”的美誉，曾获得“中国 2008 年北京奥运会推荐果品”“中国 2010 年上海世博会指定果品”、第十五届和第十八届中国绿色食品博览会金奖等。

水城区红心猕猴桃（水城区林业局供图）

一 模式地概况

猴场乡隶属于贵州省六盘水市水城区，属低亚热河谷地带，全乡面积 154.91km^2，人口 2.1 万，居民以苗族、布依族为主，少数民族占全乡总人口的 92%。水黄高等级公路横穿而过，东与六枝特区中寨乡接壤，南接黔西南布依族苗族自治州普安县龙吟镇，西与果布戛彝族苗族布依族乡（简称果布戛乡）隔河相望，北与蟠龙镇、陡箐镇毗邻。平均海拔 1363m，最高海拔 2086m，最低海拔 640m，气候温和，水资源丰富，北盘江、打把河、古牛河穿境而过。年最高气温 30℃，年平均气温 16℃，年平均降水量 1420mm，无霜期 271~330 天。土质多以中黄黏酸性为主，适宜发展猕猴桃、黄果、杨梅、柑橘、桃、李、梨等经果。

二　退耕还林情况

新一轮退耕还林启动以来，猴场乡实施退耕还林 9000 亩，其中猕猴桃 4668.51 亩、李 4271.54 亩、核桃 59.95 亩。全乡生态环境得到明显改善，经果林产生了可观的经济效益，真正实现生态美、百姓富。

三　栽培技术

（一）建园选址

红心猕猴桃应选择海拔 1600m 以下的平地或缓坡向阳坡耕地建园，如在坡度大于 10° 以上的坡地建园，应按等高线水平整梯。园地选择应避开冰雹带。年平均气温 11~18℃，极端最低气温为 -8℃，不低于 10℃有效积温为 4000~5200℃，年日照时数为 1300~2600 小时，无霜期在 180 天以上，以最冷月平均气温 4.5~6.5℃、最热月平均气温 23.5~26.5℃的区域最适宜。土层深度不低于 50cm、排灌方便、透气性和理化性状良好、地下水位在 1.2m 以下、土壤 pH 值在 5.5~6.8 的地块建园为佳。

（二）苗木准备与定植

1. 苗木类型

（1）嫁接苗。以美味猕猴桃或当地野生猕猴桃的实生苗作砧木嫁接培育的优良品种苗作为首选。

（2）组培苗。以优良品种的外植体材料经组培方法培养的 1~2 年生苗木。

（3）扦插苗。以优良品种的冬季优良发育枝扦插繁殖而来的 1~2 年生苗木。

2. 雌雄株搭配

雌雄株的搭配比例为 5∶1~8∶1。

3. 栽植密度

以亩栽 56~89 株为宜，栽植株行距以 3m×4m、2m×4m、2m×5m、3m×3m 等为宜。

4. 栽植时期

落叶后至翌年萌芽前，越早定植效果越好。

5. 定植方法

（1）挖穴。定植前按照预定株行距牵线打点并挖定植穴，将表层土与底层土分开放置。深翻整地的定植穴规格为 60cm×60cm×60cm；未深翻整地的定植穴规格为 80cm×80cm×60cm。

（2）底肥与回填。每个定植穴准备 20~25kg 充分腐熟农家肥和 0.5kg 钙镁磷肥，与表土充分混合后回填至最底层，底层土放在表面，避免根系接触到肥料。

（3）栽苗。选择晴天、阴天栽苗，雨天不宜栽苗。栽完以幼苗为中心，形成一个直径 1m 的树盘，边沿围土高约 0.15m。定植后应立即浇足定根水，用秸秆、谷壳等粗有机料或薄膜（地布）覆盖树盘（或树行）。

6. 立支柱

萌芽前后离苗木约 0.5m 处立一支柱以引绑主干，支柱直径 10~15cm，高约 2.3m，材料可用水泥柱等坚硬性材质上部固定在中心钢丝上，下部入土约 0.2m。

（三）猕猴桃病虫害防治

病虫害防治的关键是加强农业防治，增强树势；做好冬季清园、合理布局、修剪得当，确保园区空气流通，不给病菌营造滋生环境；提倡物理防治，减少农药残留，确保果品安全。在化学防治上做到关键时期，关键防治，尽量减少药剂的施用次数，提高防治效率；药剂要交替施用，防止病菌、害虫抗药性的产生。

1. 病害发生及防治

猕猴桃病害主要在萌芽至花后 1 个月左右侵染，所以做好这个阶段的防治工作非常必要。萌芽后展叶期喷施大生或品润等保护性药剂，花蕾期喷施喹啉酮或龙克菌防治细菌、真菌病害，谢花末期喷施异菌脲或肟菌酯，幼果期每隔 10 天左右喷施一次杀菌剂（同时适当添加中微量元素），如世高嘧菌酯、农利灵、多抗霉素等药剂防治果实及叶部病害，在套袋之前喷施杀菌剂 + 杀虫剂。

2. 虫害发生及防治

虫害的防治一定要见到虫再防治，避免盲目用药，造成农药残留超标，尤其是菊酯类杀虫剂。在虫害易发生季节，于园区内悬挂杀虫灯对蛾类、叶蝉、椿象、金龟子、果实蝇等都有一定的诱杀作用。

幼果期是防治小薪甲的关键时期，尤其是 5 月中下旬，要随时关注田间虫害防治及危害情况，必要时隔 10 天左右喷施 1~2 次敌杀死、三氟氯氰菊酯（功夫）、毒死蜱等药剂。柑橘小实蝇是最近在猕猴桃上才发现的虫害，严重影响果实质量，被危害的果实早落、腐烂，对果农利益造成严重影响。由于被危害的果实失去商品价值，建议果实套袋，园区悬挂杀虫灯，之后再结合喷药防治。

（四）土壤管理

针对建园前未进行土壤改良的园区，每年结合秋季施肥，在定植穴外沿挖半环状沟或条状沟，宽度为 40cm、深度为 40~50cm。将腐熟的有机肥均匀地撒在挖出的土上，之后回填，做到肥土混匀。第二年接着上年深翻的边沿，向外扩展深翻，直至全园深翻一遍。

（五）杂草管理

由于猕猴桃对除草剂非常敏感，对于行间的杂草，用人工或机械方式除草，不要用化学除草剂。

（六）水分管理

猕猴桃关键需水期为萌芽期、新梢生长期、果实膨大期、冬季休眠期，适宜猕猴桃生长的土壤湿度为田间持水量 80% 左右，一般在土壤湿度低于 60% 时需要灌水。

（七）施肥管理

猕猴桃挂果树，根据树龄、品种及地区的不同，其施肥方法也略有不同。在保证基肥、萌芽肥的基础上，对于红阳类的早熟品种，其膨大期较早较集中，在追肥上要尽早，且施 2 次膨大肥即可；而对于‘金艳’‘金圆’，由于其属于中晚熟品种，建议追肥次数增加一次。

（八）整形修剪

猕猴桃全生育期分为四个时期，分别为幼树期、初果期、盛果期和衰老期。幼树期根据品种不同需 1~4 年，初果期根据品种不同需 2~3 年，盛果期一般为 15~35 年，衰老期一般为 5~10 年。幼树期和初果期时间较短，受人为影响较小；盛果期和衰老期时间较长，受人为影响较大。因此，必须根据树龄时期的生长发育习性，采取合理的修剪方式。

（九）花果管理

（1）疏蕾。侧花蕾分离后 2 周左右开始疏蕾。首先疏除病虫蕾、畸形蕾、极小蕾；之后疏除侧花蕾，最后根据枝条强弱疏除两端蕾。强壮长果枝留 5~6 个花蕾，中庸结果枝留 3~4 个花蕾，短果枝留 1~2 个花蕾。每平方米 30~40 个花蕾，预留花蕾数是预计结果数的 120% 左右。

（2）疏果。在谢花后 10 天进行疏果。疏去畸形果、扁平果、伤果、小果、病虫危害果，保留正常果。强壮长果枝留果 4~5 个，中庸结果枝留果 2~3 个，短果枝留果 1~2 个。果实套袋时应再进行一次疏果，主要是疏除遗漏的畸形果、病虫果、弱小果。

（3）果实套袋。于谢花后 50~70 天完成，纸袋选用防水透气性良好的棕色单层木浆纸袋。套袋之前应做好防病、防虫工作，待果面药剂干后方可套袋。果实套袋时，应先将浸润的纸袋口揉开，再将果实轻轻套进袋中，然后将袋口收紧。

四　模式成效

（一）经济效益

水城区猴场乡通过退耕还林工程建设红心猕猴桃基地4668.51亩，在进入盛产期后，年产值可达3400万～4500万元，辐射带动周边猕猴桃产业新增产值1.5亿元以上，经济效益十分显著。

（二）社会效益

红心猕猴桃栽培与管理是劳动密集型产业，在解决水城区生态脆弱地区农民就地就业的同时，为经济林产业发展壮大培养了大批乡土技术人才。另外，红心猕猴桃优良新品种的引进、推广促进了栽培技术水平和农民科技素质的提升，不仅优化了项目区经济林品种资源，同时促进了特色林业产业的科学化和规范化。

（三）生态效益

党的十八大提出，要建设生态文明社会，建设生态型产业经济，高附加值经济植物的栽培及其加工利用，是带动山区城郊型产业经济的优势，也是弥补山区“人多耕地少、产业不明显”劣势的举措。红心猕猴桃每亩种植密度达111株，5年即可丰产。相对于其他果树而言，猕猴桃的固土保水能力强，是山区经济生态建设的首选。在解决群众增收的同时实现生态环境的改善，尤其是在贵州西南山区，坡度大，石漠化严重，粮食种植产量低。猕猴桃是多年生藤本植物，根系发达，固土保水能力强，既能合理利用土地资源，又能达到有效改善生态环境的目的。此外，猕猴桃的叶、花、果还具有独特的观赏、保健、医用和美容价值，全身都是宝，是城郊型农耕体验与休闲旅游产业的载体，对贵州山区的绿化美化和建设现代农业产业具有较好的示范作用。

水城区红心猕猴桃（水城区林业局供图）

五　经验启示

（一）着力提升果园管护水平

一是强化示范带动。紧紧围绕猕猴桃“吨产园”建设目标，在各乡镇、各村建设标准化猕猴桃基地示范点，让所有的经营主体尤其是散户学有目标、赶有榜样，让那些把握不准猕猴桃农时、把握不准管护技术的种植户，能够就近参照学习，不断提升管护水平。二是努力扩大产业保险覆盖范围。加大农业保险宣传力度，提高猕猴桃产业保险购买覆盖面，尤其是提高广大猕猴桃种植户的保险购买率。三是努力解决企业用工难的问题，加大力度吸引农村青壮年劳动力回乡创业就业，参与猕猴桃产业发展，缓解当前猕猴桃产业青壮年劳动力不足的问题。四是继续加大从业人员培训力度和现场技术服务力度，提升从业人员管护水平，为果园管护提供强有力的技术支持。

（二）着力提升科技支撑能力

一是加强与科研院校合作。依托其深入研究水城红心猕猴桃产业发展中遇到的技术问题，为产业提供技术支持，推进全区猕猴桃产业高质量发展。二是加强技术推广与服务体系建设。依托区、乡（镇）农技队伍和企业技术人员组建一支强有力的猕猴桃技术推广与服务队伍，并邀请科技合作单位加大培训力度，组织深入果园，开展猕猴桃技术培训与技术指导服务，逐步实现就地解决生产中出现的技术问题，提高全区猕猴桃生产技术到位率。利用基层农技推广体系建设项目、国家农业科技示范展示基地（猕猴桃）项目，深入开展雌雄株配比研究，在无异常天气影响的情况下，不用或减少人工辅助授粉的试验示范，积极探索降低劳动力投入成本。三是加大农业新装备推广力度。结合果园农机化发展需要，加大与农机科研生产单位合作，生产适宜山地果园操作使用的农机具，为水城山地果园农机推广提供技术支持和农机具保障。加大果园宜机化改造力度，为山地果园农机推广创造有利条件。

（三）着力培育壮大经营主体

一是着力培育龙头企业。不断加大经营主体培育力度，努力将大户培育成家庭农场，家庭农场培育成专业合作社，合作社最后培育为市级、省级、国家级的龙头企业，以龙头企业带动水城区猕猴桃产业高质量发展。二是着力引进培育新型经营主体。结合全区猕猴桃产业发展的需要，积极引进和培育社会化服务企业、农产品营销企业、电商企业等，为全区猕猴桃产业高质量发展培育一支生力军。三是着力帮助企业解决难题，积极争取各级项目、政策支持，帮助猕猴桃生产经营企业减负增效，充分挖掘和利用各类融资资源，对接各大金融机构，通过“请进来、走出去”融资战略，探索产业预期收益和项目包装等多种方式扩大融资渠道，及时帮助企业解决资金短缺等困难和问题。

（四）着力管控产品质量安全

一是着力推进标准化基地建设。严格按照《猕猴桃生产技术标准体系》（DB 5202/T—2018）等10项地方标准，以猕猴桃“吨产业”为抓手，坚持优质、绿色、安全导向，全面实施猕猴桃产业提质增效工程，打造高标准猕猴桃基地。二是提高猕猴桃产地产品认证覆盖面。在持续推进“水城猕猴桃国家地理标志农产品保护工程”建设的同时，加快推进有机食品、绿色食品、良好农业规范认证。三是抓实“一控两减三基本”，实施节水灌溉工程，相对集中连片果园基本实现全覆盖。全面实施有机肥代替化肥行动和全面减少农药投入量；积极引进枝条粉碎机等农机装备，全面推广枝条粉碎还园，实现果园资源循环利用。四是着力推进猕猴桃溯源体系建设。对全区猕猴桃生产企业、合作社、家庭农场和大户基地要求全部接入省农产品质量安全追溯系统，散户基地逐步实现可追溯。五是着力推进病虫害综合防治。继续加大与贵州大学合作力度，抓好全区猕猴桃基地病虫害监测、检测、预警和防治。积极争取项目支持，加快推进猕猴桃病虫害绿色防控体系建设。六是着力加大执法检查力度，积极对接区农业农村局、市场监督管理局，建立“检打联动”机制，依法对违法违规生产经营行为实施行政处罚，严厉打击各类危害猕猴桃质量安全的违法行为。

（五）着力提升市场竞争力

一是加大品牌宣传力度。加大在主流宣传媒体的广告投入力度，充分利用抖音等新媒体和各类宣传媒介，加大“弥你红·水城红心猕猴桃”宣传力度，不断提升“弥你红·水城红心猕猴桃”品牌影响力和美誉度。二是重视品牌推介和活动开展。鼓励和支持经营主体积极参加各类“农交会”“农博会”“品鉴会”等，让猕猴桃产品走出本地、销售出去，有效宣传猕猴桃品牌；同时，积极对接市农业农村局，抓好猕猴桃新闻发布会、猕猴桃采摘节、猕猴桃品鉴会等活动的举办。对于区内举行的旅游推介等其他各类会议、活动，积极争取将猕猴桃元素融入进去，保持水城红心猕猴桃的“热”度。三是抓好营销渠道建设。第一，做活本地市场，积极引导和规范本地交易市场、产地交易市场和马路市场，引导种植户开展好现场采摘活动，聚集人气，做活本地市场；第二，努力拓展外部市场，抓住东西部园区共建这一有利载体，加强与中山市的对接工作，通过其进一步开拓粤港澳大湾区市场，做大做强直销和经销商代理等渠道；第三，强化线上市场拓展，在加强天猫、京东等电商平台旗舰店营销的同时，通过微信视频号、抖音、快手等新媒体引流，进一步拓展线上销售渠道。

（六）着力争取项目融资支持

一是积极争取各级项目支持。精准把握中央、省、市产业发展政策导向，吃透国家农业产业发展政策和趋势，结合猕猴桃产业发展短板，积极谋划项目、主动向上对接，努力争取各级项目支持猕猴桃产业发展。二是加大招商引资力度。结合猕猴桃产业发展需求，精准包装项目，采取走出去招商、请进来洽谈、以商招商等途径，千方百计引进投资，为猕猴桃产业发展注入新的活力和资源。三是强化融资支持。积极对接金融部门和各级职能部门，争取多方支持，进一步拓宽猕猴桃企业融资渠道、简化猕猴桃企业融资手续，为企业融资贷款提供政策担保和政策贴息，解决企业后续投入不足的问题。

六　模式特点及适宜推广区域

（一）模式特点

水城区各部门以农民增收为目标、以企业发展为保障、以市场需求为导向、以产量提升为基础、以提高果品质量和市场竞争力为核心，按照“建管并重”（标准化建园、标准化管理）、“四措齐举”（技术培训、品种改良、宣传推介、龙头带动）、“提质增效”的思路，大力提升产业化、标准化、市场化和国际化水平，推进猕猴桃产业提质量、创品牌、增效益。使猕猴桃产业真正成为水城区推进乡村振兴的重要依托，成为水城区农民增收致富最为稳固长久的支柱产业。

（二）适宜推广区域

红心猕猴桃产区主要分布在陕西、四川、贵州、广西、重庆、湖南等地。应根据不同的地理位置选择不同的海拔，其中在高海拔地区种植品质更佳。适宜其生长的温度是0~36℃（在0℃以下易产生冻害，超过36℃时生长缓慢）。以无霜期260天以上，年积温4500~5600℃为佳。土壤pH值在5.5~6.8，土质肥沃、透气、含水量高的沙质壤土最适宜栽种。

水城区红心猕猴桃品鉴活动（水城区林业局供图）

模式 5 织金县玛瑙红樱桃模式

织金县马场镇依托“百里乌江画廊”上游凹河大峡谷独特的山水风光，以中心村、营上村、龙井村为中心，沿线连片打造玛瑙红樱桃种植基地 1.6 余万亩，是当地群众增收致富的支柱型产业。玛瑙红樱桃是贵州省培育的樱桃品种，因品相貌似玛瑙而得名。相比普通樱桃，玛瑙红樱桃果实更鲜红、口感更纯正、酸甜更适度，而且存放时间相对较长，其中糖、酸、维生素 C 含量较高，有“中国南方樱桃之王”之称。每年春季，绽放的樱桃花为这里自然风光与农旅产业增香添色。近年来，马场镇通过举办樱花观赏节、樱桃采摘节等文旅活动助推樱桃产业发展，农旅、文旅等产业得到有效融合，积极稳妥引领乡村振兴步入高速发展阶段。

玛瑙红樱桃采摘季（织金县林业局供图）

一 模式地概况

织金县马场镇位于乌江上游东风湖库区腹地，境内属喀斯特地貌，地势西高东低，地形复杂，海拔在 970~1630m，县域面积 73.09km^2。属于亚热带湿润性季风气候，气候温和，雨量充沛，四季分明，无霜期长。年平均气温 15.7℃，年平均降水量 1230mm，年平均生长期 210 天，年平均无霜期 220 天。该地区气候适宜、土壤肥沃、物产丰富。镇辖 14 个村 137 个村民组，共 8598 户 30356 人。

二 退耕还林情况

自2016年实施退耕还林工程以来，马场镇在上级部门的指导下，充分利用海拔低、土地肥沃的地理优势，迅速扩大“早春第一果”玛瑙红樱桃的栽培，形成了16000余亩的凹河玛瑙红樱桃产业带，促进带动群众增收致富。马场镇凭着“一届接着一届干的心劲、一代带着一代干的韧劲、一个帮着一个干的铆劲”，依托良好的生态环境，倾力打造玛瑙红樱桃乡村农旅品牌，带动农业产业规模化、商品化和特色化，闯出“生态+扶贫”新模式，实现农民持续增收。

三 栽培技术

（一）园地选择

玛瑙红樱桃一般适合土壤pH值在6.0~6.5的微酸性土壤，微碱性或中性土壤也比较适合，种植场地应选择背风向阳和土层深厚的缓坡或平地建园。

（二）栽植方法

株行距约4m×5m，需要挖掘1m×1m×0.8m的土坑，以便标准种植。将树苗放入坑内，施用复合肥以及发酵后的农家肥混合有机肥75kg左右，然后进行分层回填泥土。在冬季栽植。

（三）修枝整形

1. 幼树期的修剪

幼树期应对重点主枝、副主枝的延长枝适度修剪，可促进主枝和副主枝上部抽生营养枝，快速长成树冠骨架架构。针对主枝和副主枝中下部的抽生和短枝，可以通过拉枝、摘心等方法，促进其提早开花结果，同时，可以通过拉枝的方法，处理密枝、平行枝、交叉枝和直立枝，调整枝条分布、空间的合理利用以及培养结果枝等。玛瑙红樱桃多采用自然开心形修剪或主干疏散分层修剪。

2. 成熟期的修剪

成熟期对樱桃树的修剪，主要是调节树木生长和结果的平衡，具体做法如下：首先要对主枝和副主枝进行及时的回缩更新，以刺激抽生营养枝形成树冠骨架结构，适度控制树冠的高度，防止开花结果部位外移；然后要对结果枝组进行轮换更新，对生长旺盛的嫩生枝适当短截，以避免树冠的内部光秃，而对于2~3年生枝应进行适当回缩更新；最后将受伤枝、密枝、平行枝、病虫枝、交叉枝等枝条进行剪除，以改善树木的通风透光条件。

3. 采果后的修剪

玛瑙红樱桃采收时间一般在4月底至5月初，采收后至休眠期间，其生长时间长达5个月，所以采收后的修剪尤其重要，这个时间段进行修剪，在壮树和增产方面效果都非常显著。一般在7~8月进行，主要是为了调整树形树冠，改善树冠内部通风透光条件，达到促进结果枝花芽分化和均衡生长发育的效果。

（四）肥水管理

1. 肥料管理

栽植2年内的樱桃树是幼树期，每年的2月和11月都需施肥，每株施用10~15kg复合肥，同时还要添加适量的磷肥、尿素等，以利于树苗抽梢扩大树冠。幼树期之后，开始进入开花结果期，然后进入果实成熟期。每年施肥的次数不得少于3次。第一次施肥是在每年的1月中旬，每株施用30~50kg农家肥和0.2kg尿素，以利于树枝的茁壮成长和开花结果。第二次施肥是在樱桃采收后的6~7月，每株施用30kg农家肥、0.5~1kg复合肥。第三次施肥是在每年的9~10月，对樱桃树施用有机肥，每株施用1~2kg油枯、0.2kg尿素、2kg高效复合肥和20kg农家肥。在花蕾期及盛花期，可以对樱桃树喷洒2~3次叶面肥，以保花稳果。此外，在采果后的新梢速长期，喷施15%多效唑（PP333）可湿性粉剂250mg/L液，可有效抑制新梢生长和促进花芽的形成。在林间空地种植费菜、辣椒、黄豆等农作物，不仅能促进农户增收，并且还能预防春季南方因雨水变化造成的樱桃裂果。

2. 水分管理

对于条件比较好的果园，可以在樱桃树发芽至开花前浇灌 1 次小水。在樱桃花凋谢至果实成熟前浇灌 2~3 次小水。在采收后根据追肥情况再进行浇水，以加速肥料的作用，促进樱桃花芽分化。在入冬前，结合肥料的施用浇水 1 次。

（五）病虫害防治

玛瑙红樱桃的主要病虫害有细菌性穿孔病、桑白蚧、红蜘蛛、流胶病等。

1. 细菌性穿孔病

防治方法：改善通风透光条件，清除病弱枝并集中烧毁，消除越冬源。发芽前可用 90% 新植霉素 3000 倍液或 1~2 波美度石硫合剂；落花后喷洒 90% 新植霉素 3000 倍液或 65% 代森锌 500 倍液；果实收完后期喷 1∶1∶100 倍硫酸锌石灰液，均有良好的防治效果。

2. 介壳虫（桑白蚧）

防治方法：发芽前喷 5% 重柴油乳剂，或结合修剪剪除有虫枝条。对于无法通过修剪剪除的有虫部分，用钢丝刷刷除越冬成虫，再用软毛刷蘸上杀虫剂涂刷。

3. 红蜘蛛

防治方法：发芽前刮除树枝表面的老皮，集中焚烧，消除越冬源。发芽前喷施石硫合剂，出蛰盛期喷用杀蜡利液，生长期喷用白威特，樱桃树食螨严重时可以喷洒 1500~2000 倍液的红白双杀。

4. 流胶病

为防止樱桃树患流胶病，防治措施：一是增加有机肥施用次数，增强树木的抗病能力。二是保护樱桃树，使其免受冻害、虫害、机械损伤及日灼等伤害。三是对果园水量进行精准控制，避免出现水量过多或过少的情况。四是将樱桃树的病疤除掉，涂抹保护剂（可将有机杀菌剂与黄泥加水调和，或将生石灰、食盐、植物油、石硫合剂加水调和），涂抹完成后用塑料膜进行包裹。

四 模式成效

近年来，织金县马场镇抓住国家退耕还林等生态建设工程带来的契机，将经济发展巧妙地融入生态建设之中，狠抓玛瑙红樱桃主导产业，实现基地规模化、设施配套化、管理精细化、经营产业化的发展目标，有力地推动林业产业发展，取得了良好的生态、经济和社会效益。

（一）生态效益

马场镇凹河片区四个村是乌江上游东风湖库区腹地，多为 25° 以上的坡耕地，旱地占比达 60%，传统玉米种植方式导致水土流失严重。现如今发展玛瑙红樱桃种植、园内套种绿肥等生态种植模式，可减少水土流失，保护生态环境。建樱桃园，一座座山绿了，与东风湖相映成青山绿水的画卷，生态环境得到极大改善。

（二）经济效益

马场镇凹河片区整体退耕还林经济效益见成效。截至 2022 年，退耕林种植樱桃面积 16000 余亩，已全部进入盛产期，平均每亩产樱桃 800kg，平均每千克售价 30 元，年产值 3.8 亿元，户均增收 3 万 ~10 万元，为高质量推进乡村振兴提供有力保障。

（三）社会效益

马场镇凹河玛瑙红樱桃种植园拉动地方餐饮、服务行业发展，加大乡村旅游的建设，以“一带三园”（“一带”：乡村振兴示范带；“三园”：15000 亩皂角种植园、16000 亩玛瑙红樱桃园、2000 亩大陌农业综合产业园）的产业发展思路，调整可持续产业 30000 余亩，探索出了一条生态美、产业兴、百姓富的新路子，为产业结构调整创造了一个亮点纷呈的鲜活样板，为打赢脱贫攻

玛瑙红樱桃开花季（织金县林业局供图）

坚战和乡村振兴有机衔接奠定良好的基础。

五　经验启示

（一）“三带三促”助产业规模化

一是产业示范带动，促效率引领群众积极发展。万亩樱桃产业园建设之初，根据产业规划，选取位置居中、交通便利的中心村大石板组作为玛瑙红樱桃种植示范带，实行科学种植、规范管理。目前，示范带面积4000亩，并带动周边种植16000余亩，已经全部达到盛产期，年产值达3.8亿元以上，较高的产量和经济效益有效带动了周边群众种植的积极性。通过示范点带动并总结经验技术，针对经果林种植普遍存在的盛产期后产量逐年降低，需更换苗木的情况，采取坡面上先种“底带”、再种“腰带”、后种“顶带”，压茬推进、点面结合、交错发展的方式，有效带动农民发展，实现农民持续增收。

二是政策带动，促经济收入稳增长。为进一步增加农户收入，积极与上级部门对接，将玛瑙红樱桃种植纳入退耕还林补助范围，解决农户短期资金问题，有效带动玛瑙红樱桃连片种植，退耕还林政策带动效果明显。

三是项目带动，促产业又好又快发展。积极争取美丽乡村建设、小康寨建设等项目，共投入资金1100多万元，完善通村通组路、采摘便道、机耕道等基础设施建设，为实现产业扶贫与打赢脱贫攻坚战提供有力保障。

（二）“三抓三促”助产业特色化

一是抓管理模式，促合作社党建化。探索借鉴先进典型经验，创新党建引领，增强党组织核心堡垒作用，发挥“党建＋产业”管理模式。组建专业合作社，成立以党支部书记任合作社理事长，把支部建在小组上、建在产业链上，以玛瑙红樱桃为主导产业，采取“党支部＋合作社＋基地＋农户”的模式，有效推进玛瑙红樱桃成为农民脱贫增收致富的主导产业。

二是抓技术培训，促产业品质化。由于玛瑙红樱桃生长快，叶片大，病害严重，传统的粗放式种植模式无法培育出优良品质产品。镇党委积极联系上级林业部门的有关专家对种植农户开展规划整地、肥水管理、整形修剪、病虫害防治以及采摘、储藏、运输等系统培训，极大地促进了玛瑙红樱桃品质提升和经济效益的提升。近两年来，共举办樱桃种植的专题培训30余场、4000人次。

三是抓乡村旅游，促产业知名化。倾力打造玛瑙红樱桃农旅品牌，依托万亩玛瑙红樱桃产业园，结合凹河沿线自然风光和百里乌江画廊峡谷风光、千里乌江第一湾、乌江之门、宝祯盐道、关帝庙、战场古遗址等旅游资源，切实打造游山玩水、赏花摘果、农旅结合的乡村旅游品牌，把樱桃种植发展成了一项“生态＋扶贫＋旅游”的主导产业，每年花季和采摘时期，均有来自外地的游客涌入园区，日均接待游客最高人数达15万人。

（三）“三帮三促”助产业商品化

一是部门帮扶，促产业经济发展。积极向市、县林业部门争取退耕还林、公益林建设、天然林补植补造等项目，并整合打捆，累计向园区倾斜投入项目资金1500多万元，有效提高资金使用效率和项目可持续性，将进一步深化试验区

“生态建设”主题落到实处。

二是干部帮建，促农民持续增收。镇党委、政府及时组织联系村领导、包村干部和林业、农业等部门干部深入群众，采取“1 + N”模式与群众结成对子，通过召开院坝会、板凳会、上门交心谈心和田间地头现场交流等形式为群众分析经济效益，切实提升了群众参与玛瑙红樱桃种植的积极性和主动性。通过干部帮群众、专家帮群众、群众帮群众等方式，形成“一个帮着一个干”的良好氛围，农民抱团式发展，提升群众发展意识，把玛瑙红樱桃作为脱贫致富的主导产业，为农民持续增收提供强有力保障。

三是联动帮宣，促产品市场化。镇党委、政府邀请各类文化名人实地参观采风，感受凹河绝美的自然风光和樱桃上市时群众喜悦的唯美人文风情，以及樱桃独特的美味，向市场宣传了凹河玛瑙红樱桃的品牌。多次在中央电视台第二频道报道了凹河玛瑙红樱桃基地之美和收益效果，在省、市、县媒体上也做了报道，果农通过微信、抖音、电商等媒体形式积极宣传凹河玛瑙红樱桃，扩大市场知情率，打开市场需求，帮助产品走向全国各地。

六 模式特点及适宜推广区域

（一）模式特点

推进乡村全面振兴，林业产业是快速、高效、面广的方式之一。如何根据各地的自然地理条件、社会经济状况，因地制宜发展林业特色产业模式，考验着决策者、设计者、管理者，就此，织金县马场镇交出了合格的答卷。

马场镇自2008年开始在退耕还林地试点种植玛瑙红樱桃，2012年挂果，成效显著，后采用“龙头企业 + 合作社 + 农户”模式发展，借新一轮退耕还林东风，大面积推广，至2023年种植面积16000余亩，亩产值2.4万元，实现年户均增收3万~10万元。这样的数据岂止是脱贫，俨然已经驶入致富的快车道。

（二）适宜推广区域

玛瑙红樱桃适宜种植于温暖湿润的高原山谷，其对气候要求不高，但严寒地区和炎热干旱的地区不适合种植。适宜种植地区的气温要求是夏季平均气温在18~25℃，冬季最低气温不低于–20℃。地形上要求比较严格，栽种地坡度不能太大，应选择平缓的山坡上种植。

织金县玛瑙红樱桃（张永梅摄）

模式 6 关岭县五星枇杷模式

关岭布依族苗族自治县（简称关岭县）白泥村属深度贫困村，地处花江镇西南角，距离关岭县政府 40km，区域内平均坡度超过 25°，植被稀少，岩石裸露率高，干热气候十分明显。受制于恶劣的自然环境和落后的交通设施，发展林业产业成为白泥村最有竞争力、最直接的脱贫增收方式。白泥村五星枇杷以成熟期早、产量高、较其他产地口感更佳，深受市场青睐。

白泥村五星枇杷基地（关岭县林业局供图）

一 模式地概况

白泥村是贵州省安顺市关岭县花江镇下辖村，辖区面积 8.7km²。年平均气温 20℃，年平均日照 1400 小时，年平均降水量 745mm 左右。该村地势较低，地貌以山地和丘陵为主，海拔在 450~1200m，其中海拔在 850m 以下的地区占总面积的 95% 以上，且土壤均为酸性黄壤，土层厚度平均 80cm 以上，现有耕地约 3500 亩，其中 25° 以上坡耕地约 2100 亩。全村共有农户 362 户 1591 人。

二 退耕还林情况

2014 年，国家启动新一轮退耕还林工程后，当年在白泥村实施 1924 亩退耕还林任务，项目涉及贫困户131户528人。2016年，结合产业结构调整，又高标准实施退耕还林（五星枇杷）570亩，辐射带动贫困户102户就业。在工程建设中，从项目规划设计到组织实施，县林业局非常注重“适地适树”，坚持生态建设和产业建设齐头并进，按照生态建设产业化、产业建设生态化的要求，以退耕还林重点工程项目为依托，推广以示范点带动整个乡镇（街道）退耕还林规范化、标准化建设。仅白泥村枇杷基地每年就给当地群众带来60余万元的收入，为白泥村农村产业结构调整及乡村振兴打下坚实基础，为农村开辟了一条“绿色致富”道路。同时，这一成功模式驱动了其他产业发展，为地方经济注入新的活力。

三 栽培技术

（一）果园建立

1. 果园地的选择

应选择交通便利的地方建园，枇杷对土壤适应性很强，但仍以深厚肥沃、pH值6.0~6.5的微酸性土壤为宜。

2. 果园改土

由于枇杷的根系分布浅，扩展力弱，抗风力差，所以必须对土壤进行深翻改土、壕沟压绿或大穴压绿，将苗木定植于沟上或大穴上，以后每年向外扩穴深翻压绿，以提高土壤透气性和肥力，引根深入土中，增强根系生长，扩大根群分布，使植株生长健壮，增加抗风力。对平地或黏性土，应每2~4行开40cm宽、50~60cm深的通沟排水。

（二）苗木定植

1. 定植前

挖80cm×80cm×80cm定植穴，挖定植穴时将表土和底土分开堆放，回填时用表土填底部。每穴施农家肥（腐熟）20~30kg或复合肥5~10kg与表土拌匀回填踩实。回填达到原地面高度后在穴面上筑30cm高的树盘待植苗。

2. 栽植时间

在冬季较冷的地区，为避免冻害应在春季定植。其余地区在10月至翌年3月均可定植。

3. 苗木处理

苗木栽植前一定要用多菌灵等杀菌剂浸泡15~30分钟，浸泡苗木至嫁接口10cm以上，打泥浆栽植。枇杷叶大蒸腾量大，栽时应剪去所有叶片的1/2~2/3，嫩梢全部剪掉。

4. 栽植密度

株行距4m×4m，每亩配置42株。立地条件差的地方可适当密植，土壤肥沃的地方适当稀植。

5. 栽植方法

栽植时应确保植株的根系分布均匀。在埋土过程中，需分层压入泥土以刚覆盖到根颈部为宜，并使根颈高于周围地面10~20cm。然后在植株周围筑土埂，在土埂内浇灌定根水，每株浇水20~25kg。最后用薄膜覆盖树盘$1m^2$的范围，以保持土壤湿度和提高地温。栽后若长久干旱应继续浇水。

（三）施肥

枇杷为常绿果树，叶茂花繁，需肥量比落叶果树多，需氮、磷、钾肥配合使用。幼年树以氮、磷肥为主，成年树则配合钾肥。施肥时间必须结合枝梢和根系生长而确定。结合根系与枝梢生长特点，成年果园一般每年施3次肥即可。

第一次施春梢肥，2月上中旬施用，由于春梢能成为当年的结果枝和夏秋梢的基枝，因而此次施肥比较重要，占全年30%左右，以速效肥为主，钾肥在此次一并施入，以促进幼果膨大。每亩可施尿素30kg，过磷酸钙（磷肥）15kg，硫酸钾（钾肥）30kg，人畜粪水1000kg左右。

第二次施夏梢肥，在5月中旬至6月上旬采果后施用（晚熟品种采果前施）。此次施肥量很大，约占全年的50%，以速效化肥结合有机肥施用，磷肥全部施入（以利于花芽分化）。一般亩施尿素100kg，磷肥（过磷酸钙）30kg，有机肥2000~3000kg。

第三次施秋肥或花前肥，在9~10月上旬抽穗后开花前施用，占全年的20%左右，主要促进开花良好，提高坐果率和增加防寒越冬能力，以迟效肥为主，亩施尿素10kg，有机肥1000~1500kg。

（四）果园间作与深翻、排水与灌水

1. 间作

幼年枇杷行间可间作豆类作物和蔬菜、草莓等。但以种植绿肥为最好。

2. 深翻

对壕沟改土和大穴定植的果园应在秋季扩穴深翻，并将杂草、秸秆、磷肥等压入土壤。应在3~5年内完成全园翻整，有利于引导根系向下生长，增加吸肥能力。

3. 排水与灌水

枇杷在果实成熟期间若遭遇降雨过多情况，易导致果实着色不良和裂果，因此在多雨地区应注意排水。春旱期间，正值幼果发育时期（3~4月），应适当灌水。夏季干旱对花芽分化和花穗的生长发育有严重影响，尤其是8~9月，如天气干燥均应灌水抗旱。

（五）整形修剪

1. 整形

主要采用小冠主干分层，其由主干分层演变而来，该树形产量高，负荷大。主干高30~40cm，第一层4个主枝与中心干成60°~70°夹角，第二层3个主枝与中心干成45°夹角，第三层2个主枝与中心干成30°夹角。3~4年完成整形，成形后树高2.5m左右，以后随着树龄的增大应减少主枝层数。

2. 修剪

幼年树一般不需大量修剪，目的是让其多发枝梢，促进树冠的快速形成。除让主枝保持预定角度生长外，对其余枝梢均在7月新梢停止生长时对其扭梢、环割。同时，将从中心干发出的非主枝拉平，促使早成花，对过密枝在第2~3年适当疏除即可。成年树主要在春季和夏季进行2次修剪，春季修剪在2~3月结合疏果进行，主要疏除衰弱枝、密生枝和徒长枝等，增加春梢发生量。夏季修剪在采果后进行，主要疏除密生枝、纤弱枝、病虫枝，以利于改善光照。

（六）坐果量的调节与果实管理

1. 坐果量的调节

对坐果量的调节主要是采取疏果或保花保果等措施，使果园达到合理的产量，生产优质商品果，并年年丰产。

（1）疏花疏果。枇杷春、夏梢都易成花，每个花穗一般有60~100朵花，而只有5%的花形成产量，所以必须疏除过多的花。疏花在10月下旬至11月进行，根据花量确定疏花的多少。适当疏花后，可使花穗得到充足的养分，增加对不良环境的抵抗力，提高坐果率。疏果则在2~3月春暖后进行为宜。疏除部分小果和病果。

（2）保花保果。对部分坐果率低的品种和花量少的植株，以及冬季有冻害的地区，都应实行保花保果，多余的果则在3月中旬后疏除，以确保丰产。保花保果的主要方法有：①11月上旬（开花前）、12月下旬（花后）和翌年1月中旬各喷1次0.8%的枇杷大果灵。②谢花期用10mg/L的九二〇叶面喷施可提高坐果率38.5%。③花开2/3时用0.25%磷酸二氢钾（KH_2PO_4）加0.2%尿素和0.1%硼砂叶面喷施可提高坐果率34%。

（3）促花措施。当年夏梢停止生长后，对树势较旺的尤其是抽出春夏二次梢的植株均应在7~8月采取措施促进花芽分化，使其在秋冬开花结果。主要方法有：①7月上旬和8月上旬各喷1次500mg/L 15%的多效唑或PBO 350倍液。②在7月初，夏梢停止生长时将枝梢拉平，扭梢、环割（割3圈，每圈相距1cm）和环剥倒贴皮等。③在7~9月注意排水工作，保持适当干旱。

2. 果实管理

增大果实的措施：①2月底、3月底、4月中旬用30mg/L吡效隆（CPPV）+500mg/L九二〇（GA）喷幼果，可增大果实。②3月底、4月上旬，用枇杷大果灵100倍液浸果2次（10天1次）。③末花期（花后5天）和幼果期（花后10~15天）各喷1次大果灵，可提高坐果率和增大果实。④3月中旬疏除过多幼果、小果。

（1）果实套袋。套袋时间以最后一次疏果后进行为宜，一般在3月下旬至4月上旬，套袋前必须喷一次广谱性杀虫杀菌剂的混合药液。

（2）果实采收。枇杷果实最好在果皮充分着色成熟时分批采收，先着色的先采，若作长途运输则适当早采。采后轻轻放在垫有棕片或草的果篮中。采收时间以上午、下午或阴天为好。绝不能在下大雨或高温烈日下采收。

（七）病虫害防治

1. 病害防治

（1）癌肿病防治措施：①加强果园管理，注意排水，增强果树抗病力，对病枝及时剪除，病叶、病果及时收集并用火烧毁，清除病源。②发病初期（3月初）喷8000倍大生M-45或1200~1500倍多霉清1~2次。

（2）其他病害，叶斑病、灰斑病、污叶病、赤锈病、紫斑病防治措施：①重视清除落叶，结合修剪，除去病枝病叶，在雨季做好排水工作，加强管理，增强树势。②在新叶长出后喷1∶1∶160倍波尔多液或发病初期喷1200~1500倍多霉清等。

白泥村五星枇杷（宋林摄）

2. 虫害防治

（1）黄毛虫。黄毛虫的防治关键于幼虫期。此阶段可用20%杀灭菊酯4000~5000倍液或2.5%溴菊酯3000倍液，2.5%灭幼脲3号悬浮剂1500~2000倍液喷杀。冬季清园时清除越冬茧，结合人工捕杀1~2龄幼虫。

（2）舟蛾。冬季中耕，挖除树干周围土中的蛹茧，8月下旬集中捕杀集群的低龄幼虫。若幼虫已散开取食，可选20%杀灭菊酯5000倍溶液或灭扫利3000倍溶液喷杀。

（3）桑天牛。可将40%敌敌畏等药剂配制成50倍溶液，用棉花蘸满溶液后塞入蛀孔内，随后用黄泥封堵洞口。

（4）刺蛾。可用20%杀灭菊酯5000倍液在防治其他害虫时一并防治。其他害虫如食心虫、蚜虫、叶螨、袋蛾等，可在防治主要害虫时兼治。可选用灭扫利、螨克、克螨特等药剂防治。

四 模式成效

（一）生态效益

通过该项目的实施，白泥村新增森林面积570亩，提高了区域森林覆盖率。森林具有涵养水源、固土保肥、净化大气环境、固碳释氧、积累营养物质、防风固沙和增加生物多样性的功能，在一定程度上改善了区域生态环境。

（二）经济效益

1. 群众劳务收入

建设期间为当地群众带来总共39万元的劳务收入。

2. 政策补助收入

2016年，退耕五星枇杷570亩。截至2023年，中央补助资金85.5万元，有效地增加了退耕农户的收入。

3. 鲜果销售收入

2023年，570亩五星枇杷全部进入盛果期，由此带来的收入超过450万，为农户带来脱贫致富的希望与实际收益。

（三）社会效益

一是退耕还林工程需要大量的人力参与造林及后期经营管理工作。项目的实施为当地周边的农户提供了100多个就业岗位，缓解就业矛盾，也增加了当地农民的收入，提高生活质量。二是促进农村产业结构调整，加快山区农民致富进程。退耕还林工程可以调整和优化农村产业结构，改变农民传统的耕作习惯，促进地方经济发展，加快农民致富进程。三是解决“三农”问题，推进城镇化建设。退耕还林工程的实施基本形成了“稳得住、能致富”的良性机制，在取得生态效益和经济效益的同时又兼顾了社会效益，极大地推动了农业结构调整。

五　经验启示

（一）强化领导，精心组织

关岭县县委、县政府成立了以县长为组长、分管副书记和副县长为副组长、相关部门负责人为成员的退耕还林还草工作领导小组，负责此项工作的全面组织领导和协调。同时，各乡镇（街道）也成立了相应的领导小组，全力以赴专抓退耕还林还草工作，在工作中起到了上下协调联系、现场指挥作战的重要作用。

（二）深入开展政策宣传工作，充分调动干部群众的积极性

一方面提高广大党员干部对退耕还林还草工程重要性和必要性的认识，激发他们搞好林业生态建设的政治热情，增强退耕还林还草工程工作的紧迫感和责任感；另一方面广泛深入地宣传和动员群众积极行动起来，打一场退耕还林还草、造福子孙后代的硬仗。

（三）尊重农民意愿，强化技术指导

关岭县林业局及相关部门明确由班子成员带队组成服务队到各乡镇（街道）蹲点提供技术服务，保证技术指导到山头地块。切实转变“让我退”为“我要退”。种什么树，是否种树，由农户说了算，农民真正成为退耕还林的主人，对退耕还林后的林地有盼头、有希望、有效益，广泛提高了农民对林业建设事业的积极性。

（四）加强苗木质量管理，确保苗木充足供应

苗木质量好坏和能否满足种植要求，是退耕还林还草工作的基本条件。每年县人民政府要求林业部门根据国家生态建设形势发展的要求，坚持“形成规模，扩大数量，保证质量”的指导思

白泥村五星枇杷产业建设初期（杨永艳摄）

白泥村五星枇杷产业建设中期（杨永艳摄）

想，以市场为导向，以服务林业生态建设为己任，以提高科技含量、保证苗木质量为基础，发展苗木生产，为生态建设提供优质壮苗，实现了资源的优化配置。

（五）责任落实，加强质量监督和管护力度

为保证工程质量和加强退耕还林还草的管护，在工程实施中，狠抓了几个落实：一是退耕还林还草目标任务的落实；二是退耕还林还草面积的落实；三是技术责任的落实，造林时节县林业局分别抽调技术骨干组成技术服务组下派到乡镇（街道）各片区，包干负责；四是质量责任的落实；五是后期管护责任的落实。

（六）示范引领，标准化建设

为了让群众看到退耕还林的好处，先在各乡镇（街道）集中选择100~200亩作为示范点建设，由乡镇（街道）主要领导主抓，按照要求高标准建设，强化土地资源合理配置，形成立体复合型产业，确保实现预期成效。

六 模式特点及适宜推广区域

（一）模式特点

困难立地造林面临成活率低的问题。白泥村便是典型，过去年年造林不见林。究其原因：一是受自然条件制约；二是责任主体与利益的关联程度较低。对此，关岭县林业局管理者大胆创新，探索出了一条全新的经营与管理模式。

关岭县林业局把专业公司引进来，签订合同，让他们自己投资，自己整地、种植、修建蓄水池、铺设浇灌设施、自己经营管理（对农户进行技术培训），挂果见成效后交林业局检查验收，验收合格后交给退耕农户。中亚热带干热河谷发展经果林，水是主要限制因子，但热量条件好，物候比原产地提早（白泥村引种五星枇杷可以提前一个半月上市）。此外，河谷地带昼夜温差大，利于糖分累积，提高水果品质。如何把劣势变优势，白泥村做出了典范，5年过去了，曾经的荒山荒地变成了绿水青山、金山银山，关岭县白泥村枇杷模式为老百姓脱贫致富蹚出了一条新路。

（二）适宜推广区域

五星枇杷适宜在年平均气温高于15℃、冬季最低气温高于-3℃、pH值6.0~6.5的地区种植。雨量充沛、土壤肥沃的低热河谷地带表现更佳。目前在四川、贵州、重庆、广西、湖南、江西、湖北等地有大面积推广。

模式 7 麻江县蓝莓模式

麻江县宣威镇是一个农业重镇，以往不通公路，只能靠人挑马驮。自 1999 年开始引种蓝莓后，宣威镇结合自身优势，抓住机遇，大力发展蓝莓种植，形成了“一乡一特”的发展格局。宣威镇蓝莓以清淡芳香、酸甜适口、果肉饱满等特质获得好评。蓝莓成为宣威镇主打品牌，蓝莓产业为宣威镇经济发展奠定坚实的基础。

宣威镇蓝莓基地（麻江县林业局供图）

一 模式地概况

宣威镇位于麻江县东南部，东与凯里市、丹寨县相接，南与都匀市相邻，西靠贤昌镇，北与龙山镇为邻，东北与下司镇接壤。清水江上游的马尾河段自都匀至下司横穿辖区。镇政府设驻地光明村，距麻江县城 35km，离凯里市 45km。全镇面积 222km^2，现有耕地面积 29100 亩。宣威镇地处云贵高原向湘桂丘陵过渡的斜坡地带，统属黔中高原。受南北地质构造体系的控制，地势西高东低、南高北低。全镇地貌属中部低中山河谷类型区和东南部低山河谷类型区。海拔在 578~1358m，多年平均气温 15.7℃，年平均降水量 1266mm，年平均无霜期 293 天。宣威镇辖 17 个村民委员会 84 个村民组 1 个居民委员会 5 个居民小组，8325 户 35840 人。境内居住着苗族、汉族、瑶族、畲族、仫佬族、布依族等民族，少数民族人口33305人，占总人口的92.9%，是一个多民族聚居的乡镇。

二 退耕还林情况

麻江县农业产业化建设主要以宣威镇蓝莓规模化、精品化种植为主，在海拔600m以上发展自己独特的种植模式。截至2022年，全镇蓝莓种植4.1万亩，可采收3.6万亩，总产值达3.8亿元，蓝莓产业已成为宣威镇人脱贫致富的支柱产业。其主要做法如下：

（一）利用自身天然优势，选产业

宣威镇属于亚热带季风湿润气候区，冬无严寒、夏无酷暑、雨量充沛、雨热同季、四季分明，形成了蓝莓特殊的生长环境，为蓝莓种植提供天然生长条件。蓝莓果实呈深蓝色，圆形或扁圆形，单果重0.5~2.5g。果实中富含花青素、不饱和脂肪酸、鞣花酸和多种矿质元素，经医学证明对人体有独特的保健功效，被联合国粮食及农业组织列为人类五大健康食品之一。果实中含有丰富的花青素类物质，医学上已证明这类天然色素在恢复视力疲劳、抗衰老和提高免疫力方面具有明显作用，它的钙、钾、锌、铁等矿质元素的含量高出其他水果很多倍，抗氧化能力列所有水果、蔬菜之首。在专家多次实地考察和可行性论证后，最终选定以蓝莓为主打品种。

（二）科学种植，抓培训

近年来，麻江县不断引进蓝莓新品种，为产业发展注入科技含量，提高品牌影响力、竞争力和市场占有率。宣威镇积极邀请技术专家开展种植示范及种植技术培训，培训内容主要包括品种选育、病虫害防治、果树栽培等，以提高蓝莓品质。

（三）统筹资金，抓基础

积极争取上级各项资金，争取资金5000余万元建设冷藏库，容量为10000t，对蓝莓进行保鲜，延长蓝莓鲜果保质期。配备电商交易平台的综合农贸市场，建设100余个停车位。基础设施和产业园区的建设以及佛山大道工程项目的通车，连接了凯里市和都匀市两个重要城市，使蓝莓产业迅速发展。在宣威政府的引导下，种植户纷纷和公司合作，带动了一大片农户脱贫致富。

（四）销售创新，抓市场

宣威镇坚持培育壮大龙头企业、优化提升专业合作社。积极引入农村淘宝平台、顺丰、“四通一达”等物流公司进驻，不断充实物流链确保销售途径的多元化。通过电视、报纸等传统媒体和网络平台等新兴媒体渠道，不断提高蓝莓的知名度。蓝莓因其浆果的特点，可加工成蓝莓糕点、果酒、蓝莓干、果汁、蓝莓罐头、糖果、果酱、果冻、蓝莓复合饮料、蓝莓冰激凌、果醋、蓝莓馅饼等多种产品形态，扩展更大的消费市场。

三 栽培技术

（一）园地选择

蓝莓适合在年平均日照数1000小时以上，年降水量1000mm以上，绝对最低气温不低于-15℃，1~2月平均气温不高于7.2℃的时间达500小时，以及土壤pH值4.2~5.5，有机质含量达3%，土层深度不低于50cm，光照充足的向阳缓坡，交通便利、靠近水源、远离污染源、环境达到无公害标准的区域建园。

（二）苗木

扦插苗：插条应从生长健壮、无病虫害的树上剪取。宜选择枝条硬度大、成熟度良好且健康的枝条，尽量避免选择徒长枝、髓部大的枝条和冬季发生冻害的枝条。

（三）栽植

在南方山区，秋、冬、春季节均可开展苗木

栽植，栽植时宜选择雨后晴天进行。'高丛'蓝莓株距0.8~1m、行距2~2.5m；'兔眼'蓝莓株距1~1.5m、行距2~2.5m。每亩栽植约220株，种植点"品"字形配置。配置时品种之间隔行交替种植。在已深翻的耕地上挖定植穴，定植穴规格为40cm×40cm×40cm。以穴或垄为单位添加有机质，确保有机质含量达3%，有机质和泥土搅拌均匀填充于穴中，填充穴高于地面10~15cm。裸根苗栽植时做到根系舒展、苗正，覆土一半后轻轻提苗、压实，再继续覆土压实，使根系与土壤紧密接触；容器苗栽植时先去除容器，后将盘曲于营养土底部根系撕开，再覆土压实。覆土深度高于苗木在苗圃或容器时原土痕2~3cm，栽植后有条件的及时浇透定根水。

（四）经营管理

1. 土壤管理

应围绕改善土壤结构，保持土壤疏松、透气进行，定植后每隔1~3年补施一次有机质，采用松针、松树皮屑或粉碎的松树枝、玉米秸秆、杂草覆盖等措施不断增加或补充土壤有机质含量。

2. 杂草管理

一是人工或机械除草，幼树每年不低于5次，结果树每年不低于4次。二是覆盖园艺地膜、反光膜。三是采用松针、松树皮屑或粉碎的松树枝、玉米秸秆、杂草覆盖，覆盖厚度15~20cm，适时除草。

3. 肥水管理

（1）肥料种类。包括牛粪、厩肥、油枯和商品有机肥。

（2）施肥时间。9月至翌年2月萌芽前施第一次肥；幼树在4~6月施第二次肥，结果树在谢花后施第二次肥。

（3）施肥数量。幼树第一次施肥时，可选用牛粪或厩肥，每株施用2.5~5kg，或株施有机肥0.25~0.5kg；第二次株施牛粪或厩肥2.5~5kg，或株施有机肥0.2~0.25kg。结果树第一次株施牛粪或厩肥5~10kg，或株施有机肥0.5~2kg；第二次株施有机肥0.5~1kg。

（4）施肥方法。将肥料均匀撒施于树冠投影的区域，然后用四周的土壤覆盖肥料，覆盖厚度3~5cm。

（五）整形修剪

1. 幼树修剪

植苗完成进行第一次修剪，方法是只有单个直立枝的苗在20~40cm的地方进行平茬；超过3个直立枝的苗去掉多余的直立枝，保留3个强壮枝条。第二次修剪是在11月至翌年开花前，方法是抹除花芽，疏除下部细弱枝、下垂枝及树冠内的交叉枝、过密枝、重叠枝和弱枝。

2. 结果树修剪

第一次修剪在生长季节进行（5月初），方法是抹去直立枝、内向枝、过密枝，保留萌生枝1~2枝，去掉多余萌生枝。第二次修剪在采果完后或冬季，原则是中空、去弱留强、保留3个主枝和2个萌生枝，方法是疏除弱枝、丛生枝、内膛枝、交叉枝、重叠枝和病虫枝，对衰弱结果枝进行回缩。

（六）花果管理

蓝莓花芽着生于枝条先端，因此修剪一般不进行短截，主要是疏剪和回缩，目的是控制树高和保持树体通风透光。对于以鲜销为主的蓝莓植株，修剪宜重；以加工果为主的蓝莓植株，修剪宜轻。对超过2m高的顶部枝条及时回剪，控制树高。每株主枝数不宜超过5个，修剪时可优先选择疏除5年生以上的衰弱主枝或影响中空的主枝，让出足够的空间保证树体通风透光，基部萌发的强壮基生枝选留1~4个，其余全部疏除；其次对衰弱结果枝组在强旺枝处回缩；最后疏除弱枝、过密枝、丛生枝、病虫枝，选留良好结果枝（花芽多而壮、枝长15cm以上）。修剪完成后，保障整个树体有500~800个健壮花芽，即可达到丰产和优质的目标。严重衰弱的老树也可用电锯平地锯掉，刺激植株翌年萌发大量枝条，隔年恢复产量并产出颗粒较大的浆果。

（七）主要病虫害防治

1. 主要虫害防治

（1）果蝇。主要防治措施：一是农业防治。生长季节抹芽疏枝，改善通风透光条件，减少病虫发生；冬季修剪时，剪除病虫枝和枯枝，集中处理，全园喷施石硫合剂，清除病虫源，加强田间管理，控制结果量，增强树体抗病能力。同时，3月底前在果园内铺反光膜或园艺地膜。二是物理防治。利用糖醋液法（糖醋液配比为糖1份、醋3份、酒2份、水4份）、甜酒粮法、果蝇诱剂，挂瓶防治，悬挂在果园四周，每隔3~5株挂1个，果园内每亩悬挂10瓶。三是药剂防治。果实呈现为红色时是药剂防治的关键时间，采用苦参碱+印楝素+果蔬钙全园喷施，采摘前2周严禁用药。

（2）金龟子（蛴螬）。主要防治措施：一是物理防治。4月初开始在果园四周安装防虫网，悬挂糖醋液、甜酒粮或金龟子性诱剂。二是药剂防治。在4月中旬，用白僵菌全园喷施。

（3）其他害虫。应用频振式杀虫灯或黑光灯诱杀刺蛾、大蚕蛾等；糖醋液诱杀卷叶蛾等；黄板诱杀叶蝉、蓟马等。

2. 主要病害防治

（1）根腐病。主要采用农业防治。增施有机肥，深化土层，平时加强松土保墒，对肥力差的果园多种绿肥，增施钾肥。对于病树，首先在根腐病树集中区周围挖67cm深、67cm宽的封锁沟，将病树隔离，再用木霉菌和奥力克青枯立克进行灌根。重病株尽早挖除并彻底清理残根并烧毁，对病穴土壤进行消毒处理。对已发生根腐病的地块由于泥土中烂根病菌较多，应在拾尽腐根的基础上对坑土进行药剂灭菌。第一次在冬季、第二次在4月中旬、第三次在8月下旬用白僵菌+木霉菌灌根或白僵菌+奥力克青枯立克全园喷施。

（2）灰霉病。防治措施：一是农业防治。结合冬季修剪清除病残体并带出田外烧掉或深埋，以减少菌源。对生长过旺的枝进行抹芽、摘心等，增加通风透光；降低园内湿度。树冠密度以阳光投射到地面空隙为筛孔状为佳。去除残留花瓣和柱头，蓝莓灰霉病对果实最初的侵染部位主要为残留花瓣及柱头处，然后再向果蒂部及果脐部扩展，最后扩展到果实的其他部位。因此，蓝莓谢花后应及时摘除残留花瓣及柱头。二是农药防治。以早期预防为主，在初花期、果实膨大期用木霉素+苦参碱全园喷施，枯草芽孢菌+苦参碱或核型多角病毒体全园喷施。

（八）果实采收

宣威镇蓝莓从开花至果实成熟不喷洒农药，采取物理防治控制病虫害，已取得有机蓝莓认证。采摘后，不需要清洗，只需清除明显的灰尘即可食用。新鲜蓝莓果覆盖有一层果霜（一层薄

蓝莓开花期（麻江县林业局供图）

蓝莓结果期（麻江县林业局供图）

蓝莓果实成熟期（麻江县林业局供图）

薄的类似于霜的物质），采摘时不擦拭掉果霜，果霜不但对人体无害，而且还有很大的营养价值。采摘时尽量不要伤及蓝莓树，避免影响翌年果实的产量和质量。尽量避免果实受损，如果果实受损应在装盒时剔除，以免霉烂影响果实品质。

四 模式成效

（一）生态环境明显改善

截至2022年，宣威镇蓝莓种植面积4.1万亩，蓝莓种植增加了植被盖度，改善了生态环境。蓝莓根系发达，能有效蓄水保土，预防水土流失，改善了局部地区小气候环境。宣威镇还依托蓝莓基地发展旅游观光、森林康养等项目美化了当地环境。

宣威镇蓝莓旅游观光、森林康养（麻江县林业局供图）

（二）产业助农增收效果明显

蓝莓既是山地高效农业，更是劳动密集型产业，通过置业、就业、创业等方式带动农民实现稳定增收。一是置业增收巩固脱贫。全县约有1.1万户农户通过土地流转或土地入股种植蓝莓4万亩，每年获得土地租金收益1600万元，户均土地租金收益1400元左右。二是就业增收促脱贫。每年有8000多名农民通过参与蓝莓基地的管理，实现劳务增收9000元以上。三是创业增收促脱贫。全县约有3000农户自主发展蓝莓种植1.2万亩以上，户均种植4亩蓝莓，每年户均蓝莓销售收益约1.2万元。另外，围绕蓝莓园区、景区，发展民宿、农家乐、土特产销售、物流运输等，带动区域经济发展。

（三）巩固乡村产业振兴成效明显

蓝莓属于劳动密集型产业，依托蓝莓产业的规范化、产业化发展，通过就业、分红、种植等方式带动农户参与产业发展，为麻江巩固脱贫成效、助力乡村振兴提供了强力的产业支撑。另外，每年制定蓝莓种植到户奖补方案，带动农户种植蓝莓的积极性，持续巩固蓝莓种植规模，进一步做大做强麻江蓝莓主导产业，以产业增加农户收入，不断巩固脱贫攻坚成果及推进乡村全面振兴。

五 经验启示

（一）明确发展思路，优化产业布局

麻江县确定了以加工为主、鲜食为辅的蓝莓产业发展思路，大力实施东果西移。2017年以来，新增蓝莓种植3.6万亩，实现了‘灿烂’‘莱克西’‘蓝美1号’3个单一品种的规模化种植，新增1个万亩乡镇和10个千亩村。

（二）基本建成蓝莓全产业链

在产业推进过程中，麻江县注重全产业链打造，形成集蓝莓育苗、基地种植、冷链储运、生

产加工、电子商务、市场销售和一二三产业融合发展为一体的全产业链，开发的产品除鲜果外，有蓝莓果汁、果脯、果干、红酒、白兰地、原液、酵素等。将全省 100 个农业示范园区与 100 个重点景区建设相结合，建成总面积为 33.3km^2 的麻江乌卡坪蓝莓生态循环示范园和蓝梦谷景区，集生态旅游、采摘体验、优质蓝莓生产和特色食品加工为一体，形成农旅融合、工旅互动的新模式。

（三）构建完善的科研保障体系

麻江县政府与南京农业大学、贵州大学签订“2 + 1”校地战略合作协议、与贵州科学院签订了全面科技合作协议，创建了麻江蓝莓产业工程技术中心，成立了乡村振兴研究院等产学研平台，为蓝莓的全产业链高质量发展提供了科研保障。

（四）形成稳定的产品销售渠道

创建了“麻江蓝莓”地标品牌，积极融入州级“苗侗山珍”区域公共品牌打造，带动“麻小莓”蓝莓品牌成长。依托麻江县电商产业园和全县 36 个村级电商服务站，在淘宝、京东、天猫、拼多多等电子商务平台开设蓝莓店铺，销售蓝莓鲜果、蓝莓果汁、果酱、果脯、果干等衍生产品。借助中央定点帮扶及东西部帮扶协作资源，打开了南京、杭州、佛山、广州等经销商市场，形成稳定的蓝莓产品线上、线下销售渠道。

六 模式特点及适宜推广区域

（一）模式特点

蓝莓浆果含有大量的营养成分、有机酸、维生素和矿物质等，对人体健康极为有益。同时，宣威镇蓝莓产业结合旅游观光、亲子教育、森林康养等方式增加蓝莓产业发展的宽度。蓝莓已经成为宣威镇的一张名片，为宣威镇经济发展作出极大的贡献。

（二）适宜推广区域

适宜蓝莓生长的土壤 pH 值为 4.0~5.5，最适 pH 值为 4.5~4.8，要求土壤湿润但不积水，以有机质丰富、疏松通气的沙壤土、草炭土等酸性土为佳。矮丛、半高丛、高丛蓝莓叶片光合作用的最适温度范围分别为 20~27℃、25~30℃、25~33℃。我国的蓝莓栽培主要以北高丛、南高丛、半高丛、矮丛及兔眼蓝莓为主，主要分布于吉林、辽宁、浙江、江苏、贵州、山东等地。其中，矮丛蓝莓适于东北地区种植，北高丛蓝莓和半高丛蓝莓适宜在东北以南和长江以北大部分地区种植，南高丛蓝莓和兔眼蓝莓适宜在长江以南地区种植。

模式 8 修文县猕猴桃模式

修文县猕猴桃果实富含糖、维生素、矿物质、氨基酸、纤维素等多种营养成分，其中维生素 C 含量为普通水果的数倍，被称为“维 C 之王”。猕猴桃果实性酸、甘、寒，有调中理气诸多疗效，是果之精品。修文县猕猴桃种植始于 1988 年，经过 30 多年的发展，种植面积达 16.7 万亩。单县种植面积居全国第三、贵州第一，被誉为“绿海猕乡”“中国高原猕猴桃原生谷”。修文县猕猴桃先后获得“贵州省优质农产品”“无公害产地认证”“国家地理标志证明商标”“贵州省著名商标”“国家地理标志产品保护”“贵州出口食品农产品质量安全示范区”“国家级出口食品农产品质量安全示范区”等荣誉。

修文县猕猴桃基地（修文县林业局供图）

一 模式地概况

修文县位于贵州中部，是贵阳市所辖县，地处东经 106°21′~106°53′、北纬 26°45′~27°12′，距省会贵阳市 38km。县域面积 1075.70km^2，常住人口为 28.8 万人。海拔在 1200~1300m，气候属亚热带季风湿润区，春到迟，秋临早，夏季短，冬季长，阴雨多，日照少，夏无酷暑，冬无严寒，雨热同期，气候温和。年平均气温 13~16℃，年降水量 1000~1250mm，年平均无霜期 269 天。修文县地貌类型多样，立体农业气候明显，是典型的喀斯特地区。土壤类型多样，主要有草甸土、黄棕壤、黄壤、石灰土、潮土和水稻土 6 个土类，其中以黄壤居多，黄壤为地带性土壤，土层比较深厚，且 90% 以上的土地是富硒土地，适宜猕猴桃生长。

二 退耕还林情况

截至2022年年底，修文县利用退耕还林等工程种植猕猴桃面积达16.7万亩，居全国第三（仅次于陕西周至、眉县），全省第一。2022年，挂果面积13.4万亩，产量5.5万t。全县猕猴桃企业169家（其中省级龙头企业3家，市级龙头企业4家）、合作社130家（其中省级示范社7家）、种植农户6841户（其中10亩以上大户2525户）。

修文县猕猴桃挂果（修文县林业局供图）

三 栽培技术

（一）休眠期（11月至翌年1月）

1. 冬种

（1）种植时间。11月至翌年1月。

（2）土地要求。选择土层厚、肥沃疏松、排灌便利、pH值5.5~6.5、地下水位低的地块。

（3）苗木要求。选择茎粗0.6~1cm、根系发达、植株健壮的1年生嫁接苗。

（4）种植密度。株行距4m×3m，雌雄比例（6~8）:1，每亩种55株。

（5）种植要求。提前30天施足基肥（亩施腐熟有机肥2000kg＋过磷酸钙50kg），肥土搅拌均匀后填埋，挖60cm见方穴南北向定植，栽种深度以根颈与地表齐平为宜，切忌不要将嫁接口填埋。

2. 整形修剪

（1）修剪时间。12月中旬至1月中旬，具体根据果园分布区域海拔和环境小气候决定，原则上不超过1月底。

（2）修剪原则。少枝多芽，“单干双臂羽状结果母枝”树形。单主干上架，沿行向两端各培养一个健壮主蔓，主蔓每隔30~40cm选留结果母枝羽状排列，株行距为4m×3m，每株留结果母枝18~22个；株行距为3m×3m，每株留结果母枝14~18个，再搭配8~10个中短枝补空。

（3）整形修剪。1年生幼树从嫁接口以上预留2~3个饱满芽短截，选春发强枝作主干上架；2年生幼树在距架面15cm左右对主干摘心，沿架面铁丝反向培养2个主蔓，主蔓萌发枝留1~2个饱满芽短截培养结果母枝；3年生幼树，继续在主蔓着生枝上短截培养结果母枝和补空；4年以上的更新结果枝，在主蔓上间距30~40cm选留直径1~1.5cm长结果枝或健壮枝，在饱满芽处剪截作为结果母枝。彻底剪除病虫枝、细弱枝、徒长枝、损伤枝、干枯枝。使用工具在修剪前后用65%~70%酒精消毒，剪锯口用1.5%噻霉酮膏剂涂抹。

3. 清园

全园喷施3~5波美度石硫合剂或20%松脂酸钠150倍液防治越冬病虫。

修剪结束后刮除粗老树皮，清除园内枝条、落叶、烂果、农药（肥）包装等，集中深埋或烧毁。清园完成后用石硫合剂：生石灰：动物油脂：盐：水=1:2:0.5:0.5:10制作的涂白剂涂白树干。

（二）休眠—伤流—萌芽期（2月）

（1）防溃疡病。萌芽前，选用3~5波美度石硫合剂或46%氢氧化铜1000倍液或3%噻霉酮1000倍液＋3%中生菌素1000倍液全园喷施一次，预防溃疡病。

（2）架材管理。新建果园栽架材绑铁丝，老果园更换损坏架材、紧固铁丝、加固地锚等。

（3）绑枝。伤流前将预留结果母枝拉至水平状，“8”字形引绑，均匀分布在铁丝架面上。

（4）灾害预防。采取果盘覆草、树干捆草、喷涂保护剂、湿柴草生烟等措施及时应对“倒春寒”气候。

（三）萌芽展叶期（3月）

（1）施萌芽肥。株施高氮中磷低钾型复合肥0.5~1kg，促发健壮新梢。

（2）防治病害。全园喷施3%噻霉酮1000倍+6%春雷霉素1000倍液预防花腐病和溃疡病，7~10天一次，连喷2次。已发病的刮除病斑后，用1.5%噻霉酮膏剂或0.3%四霉素50倍液涂抹防治，发病较重的剪除发病枝，严重的仅保留健壮主干，其余全部锯除。刮下的感病组织、枝条、树干要集中深埋或烧毁。

（3）灾害预防。遇春旱要及时灌水。采取果盘覆草、树干捆草、喷涂保护剂、湿柴草生烟等措施应对“倒春寒”气候。遇冰雹后喷施氨基酸+碧护+中生菌素使伤口愈合和树势恢复，防止病菌侵染。

（四）展叶现蕾—伤流结束—开花坐果期（4~5月）

（1）疏芽。疏除主干上、剪锯口附近的弱、病、虫、瘪芽及无生长点的丛（叶）芽等。

（2）复剪。伤流结束后复剪，剪除病虫枝、干枯枝、密生枝等。根据树势每结果母枝留5~8个健壮结果枝。

（3）疏蕾。疏除所有侧花蕾及病虫危害、畸形、弱小、密生的花蕾。

（4）授粉。雄株充足、花期相遇的果园，在雄株散粉前收集花粉人工点授；或在清晨采集雄花，花药打开后与雌花对点授粉，每朵雄花可对5~6朵雌花。如果存在未配雄株、雌雄花期不遇及持续阴雨等情况，可购买商品花粉进行人工授粉。

（5）摘心。选留健壮营养枝或长结果枝作为下年结果母枝，待夏季末梢起卷后摘心，其余结果枝按叶花比（4~6）:1进行摘心，促进果实生长。短果枝不摘心，二次芽2~5叶后摘心。

（6）疏果定果。花后15~20天疏果，30~40天定果，彻底疏除畸形果、病虫果、小果、侧果、伤果等，选留发育好、果型整齐、分布均匀的幼果，长果枝4~5个、中果枝2~4个、短果枝1~3个，每株留果350~400个果，亩产量1500~2000kg。

（7）病虫防治。清明后至花蕾露白前每隔10~15天喷药防治病虫，连续2~3次，主要病害有花腐病、软腐病，虫害有叶蝉、蚜虫、红蜘蛛。杀虫剂可选用10%吡虫啉1000倍液、2.5%高效氯氰菊酯1500倍液，杀菌剂可选用6%春雷霉素1000倍液、0.15%四霉素800倍液防治花腐病，12%苯甲噻霉酮1000倍液、80%苯甲嘧菌酯2000倍液、25%嘧菌酯1000倍液预防软腐病。防治时选取针对性的一种药剂混配喷施，花前喷施一次0.1%硼砂溶液能有效提高授粉效果。预防和治疗根腐病，刨开表土露出病根晾晒1天，用500倍甲霜恶霉灵灌根，再追施黄腐酸钾0.5kg/株。

（8）排水。地势平坦容易积水果园及时开挖清理排水沟，避免积水，主沟宽40~50cm、深60cm，每隔30m左右挖宽20~30cm、深40cm侧沟与主沟相连。落差较大易形成山水径流的山地果园，可沿机耕道或在地势低洼处挖引水沟排出水。

（五）果实发育期（6月）

（1）肥水管理。幼果进入迅速膨大期，6月上旬追施低氮中磷高钾型复合肥0.5~1kg/株。每20天左右喷施叶面肥（中微量元素肥）一次。6月上中旬雨水较为集中，随时观察果园积水情况，必要时扩挖排水沟渠。

（2）病虫防治。受雨季影响，病虫害多发且重，主要病害有软腐病、褐斑病，虫害有叶蝉、介壳虫、蚜虫、透翅蛾、蝙蝠蛾等。杀虫剂可选用3.2%甲维盐氯氰1500倍液、20%氯虫苯甲酰胺1500倍液，杀菌剂可选用10%苯醚甲环唑1000倍液、25%吡唑醚菌酯1500倍液。防治时选配一种杀菌剂和杀虫剂喷施，每隔7~10天一次，连续2~3次。蝙蝠蛾防治可用细铁丝刺死或用棉球蘸敌敌畏塞入树干后封蛀孔进行熏杀，注意观察介壳虫发生情况，在其低龄未分泌蜡质外壳时喷药防治。

（3）除草。人工或机械割草，防止杂草过度生长而与果树争光、争养分，影响树体生长和果实发育。

（六）果实膨大期（7~8月）

（1）夏季嫁接。栽种实生苗或嫁接芽未成活，每株选2~3个健壮枝，离地0.8~1m进行高位嫁接，并增施肥水和适当遮阴。

（2）肥水管理。7月中下旬进入伏旱，气温高、水分蒸发量大，为满足果实发育水分需求，要及时灌水，保持果园土壤水分充足。根据树势和挂果量追施壮果肥，每株施0.5kg高钾低磷型复合肥，每15~20天喷施中量元素叶面肥一次，连续2次。

（3）病虫防治。7月下旬至8月下旬是叶蝉发生最严重的季节，此期间可选2.5%高效氯氰菊酯1000倍液，或3.2%甲维盐氯氰1500倍液，或12%噻虫高氯氟1000倍液进行叶背喷药防治，7~10天一次，连续2次。8月下旬可选12%苯醚噻霉酮1000倍液+有机钙肥防治软腐病并提高果实耐储性。

（4）夏剪。适时摘心，疏除过密枝、二次枝，及时均匀绑蔓，改善通风光照条件，保持架下均匀分布光斑。

（七）果实干物质积累成熟期（9~10月）

（1）灌水。高温干旱季节要及时灌水，保持果园土壤水分，采前10天不能灌水。

（2）病虫防治。9月上旬选3%中生菌素1000倍液或3%噻霉酮1000倍液全园喷布预防溃疡病（重点：伤口、剪口），采前30天禁止施药。

（3）采果。采前用测糖仪测量果实糖分，确定采收期（糖分含量不低于6.5%），严禁早采。‘贵长’猕猴桃采收期在9月底至10月上旬。

（4）入库冷藏。一般入库在10月上中旬，禁止使用保鲜剂。入库前一周用二氧化氯溶液消毒，装果塑料筐冲洗干净放入库中用臭氧密闭消毒48小时。果实入库前经10℃预冷3天、5℃预冷3天，将库温降至1℃贮藏，贮藏温度控制在（1±1）℃。

（八）营养回流落叶期（11月）

施足基肥：采果10~15天后施足基肥，基肥施放宜早不宜迟，丰产果园亩施腐熟农家肥1500~2500kg，配施氮磷钾各15%复合肥50kg；或亩施有机肥750~1000kg+复合肥50kg。幼园采取扩盘环状开沟施入，成年园采取条施或圆弧沟施。生长过旺、徒长明显果园，可叶面喷洒磷酸二氢钾300倍液，加快枝条木质化。

修文猕猴桃开花及结果（修文县林业局供图）

四 模式成效

（一）生态效益

猕猴桃产业的健康发展，将大量土地从传统作物种植中解放出来，调整了农村产业结构，原来靠山吃山的观念得到了改变，减少或停止了对植被的破坏，促进了生态恢复。同时，猕猴桃种植增加了森林覆盖率，能有效地降低水土流失，发挥调节气候、净化空气、增加生物多样性等作用。

（二）经济效益

经过30多年的发展，修文县猕猴桃口感及营养价值已得到市场的广泛认可，2022年猕猴桃实现应销尽销，销售额达6.6亿元，经济效益十分显著。同时，猕猴桃栽培与管理是劳动密集型产业，可以带动农村富余劳动力就业，提高农民收入。

（三）社会效益

修文县猕猴桃坚持“产加销、农文旅”一体化发展，着力提升一二三产业融合发展水平。鼓励现有企业和引进加工企业积极开发以猕猴桃为原料的医药、美容、保健等大健康系列产品，推进猕猴桃精深加工纵深发展。在“农文旅”融合发展基础上，坚持把阳明文化与产业发展结合起来，培育打造产业文化，积极开发以猕猴桃为主题的系列文创产品。以美丽乡村建设为载体，强化旅游设施配套，着力打造一批猕猴桃休闲观光产业园，大力推进农事体验、休闲观光、采摘尝鲜、果树认领、科普示范等为一体的乡村旅游产业发展，多渠道提升品牌影响力和实现助农增收。

五 经验启示

（一）强化品牌建设统筹力度

修文县成立了猕猴桃产业提质增效及品牌建设工作领导小组，由县委书记、县长任班长，下设综合协调、品质监控、市场监管、市场营销、金融服务、品牌宣传、农旅融合、资金保障、督查问责9个工作组，明确工作职责，实行县乡（镇、街道）联动、部门协作、统一管理、步调一致，建立工作联席会议制度，定期听取工作汇报，研究解决有关困难问题。拟写修文县关于推进猕猴桃产业提质增效1＋N方案，覆盖技术攻关、壮大社会化服务、金融创新、品牌打造及提升、一二三产业融合发展等方面，为修文猕猴桃品牌发展急需解决的问题指明方向。

（二）做足产业发展科技支撑

为做好产业发展科技支撑，修文县成立“贵州修文猕猴桃研究院”和“中国—新西兰猕猴桃‘一带一路’联合实验室贵州中心”，并依托“一院一中心”构建的资源优势，主动收集猕猴桃产前、产中、产后存在的管理和技术难题向省内外专家组和省市水果专班反馈，积极争取省市专项经费在修文县域内开展试验示范和科技成果转化。已选址在阳明洞街道幸福村及小箐镇岩鹰山村建设贵州省猕猴桃种质资源圃200亩。其中，建立猕猴桃种质资源创新园100亩；建立新品种高产示范园100亩；建立资源创新评价实验室1个；进行功能拓展，对整个项目区实施绿化美化工程，配套观光休闲、科普宣教等设施设备。

（三）全面提升果园管理水平

全面提高猕猴桃标准化生产管理水平，进一步修订完善覆盖全产业链的修文猕猴桃质量标准体系和简单易懂的相关技术规范，拟制定完善《绿色猕猴桃生产质量技术控制规范》《修文猕猴桃即食技术规范》《修文猕猴桃提质增效技术规范》和《修文猕猴桃采收与贮运技术规范》4个规范，同时加强技术培训及标准推广力度，全面推进病虫害绿色防控技术，每年集中连片实施统防统治2万亩以上，确保果品质量同质化，为品牌化销售奠定坚实的基础。

（四）强化主体培育和龙头带动

着力强龙头、创品牌、带农户，加大新型经营主体培育扶持力度，充分发挥龙头引领带动作用，采取以奖代补方式，通过品牌培育、项目扶持、包装规范、品牌认证等方式，加大对新型经营主体和龙头企业的培育扶持力度，充分发挥龙头引领带动作用，全县培育猕猴桃省市级龙头企业 7 家，销售企业 10 家以上，并与京东集团、首杨集团、百果园、洪九集团、阿里集团等国内大型营销企业合作销售猕猴桃，引导龙头企业及销售主体通过订单收购等方式带动修文县种植户向同质化、品牌化发展，对产业的种植及销售均起到很好的引领作用。

（五）大力拓展市场销售渠道

充分发挥京东集团资源优势和传播优势，邀请中国女排原总教练郎平推荐修文猕猴桃，并在全省进行宣传推广，同时京东集团助力修文猕猴桃在央视农业农村频道、新三农报道等进行大量宣传，京东集团注册商标“高小猕”大量销售修文猕猴桃，建设猕猴桃京东生鲜村及数字化示范基地。全力支持辖区内龙头企业入驻京东平台，结合京东特有的“自营 + POP + 特产馆”协同模式多维度助推修文猕猴桃销售及提升品牌影响力。利用地铁广告、新媒体推广、微博等新型宣传手段，提升修文猕猴桃知名度。制定出台修文猕猴桃包装标识相关规定，帮助种植基地、营销企业规范产品包装、品牌名称、标注内容等，形成规范有序的修文猕猴桃包装及标识。支持修文县销售主体在市场拓展、宣传推介、品质把控、形象设计等方面下功夫，拓宽修文猕猴桃销售渠道，提升品牌整体影响力。

六 模式特点及适宜推广区域

（一）模式特点

修文县猕猴桃产业的发展调整了农村产业结构，“产加销、农文旅”一体化发展模式加快了一二三产业的融合步伐，“一院一中心”的构建为产业发展提供了科技支撑。多个技术规范的完善，加强了标准化生产的管理水平。强化主体培育和龙头带动，多元化的销售方式均为产业的发展提供了有力支撑。

（二）适宜推广区域

贵州省大部分地区为独特的喀斯特地貌，昼夜温差大、紫外光线强、雨量充沛，气候条件非常利于果实发育，能积累丰富的可溶性固形物及次生代谢产物，除了夏季气温较高的红水河南部河流区域和北部的赤水河谷，以及西部威宁、盘州市海拔 2000m 以上的冷凉山区外，其余部分基本均为猕猴桃适宜生长区。但贵州不同区域小气候差异明显，特别是冬春季常见有持续阴雨天气和凝冻的地区，新建果园在猕猴桃品种的选择上仍需慎重。

模式 9 兴义市澳洲坚果模式

澳洲坚果树四季常青，对石漠化地区的山区绿化和高效益树种的产业推广非常有优势，经济效益也非常高。澳洲坚果果仁含油量高、营养价值丰富，加工后有特殊的奶油香味，香酥可口，风味极佳，市场前景好。在相关部门的帮助下，万峰林街道建立了喀斯特山地澳洲坚果栽培技术集成示范基地、澳洲坚果深加工工厂，打造了“黔山地”坚果品牌，进一步提高产品附加值，打破了澳洲坚果只能依靠进口的局面，使万峰林街道走出了一条“生态产业化、产业生态化”的绿色发展新路子。此外，兴义市在种植管理、产品深加工、产品销售等方面不断做好研究研发，有效促进农民增收致富，为乡村振兴注入“新动能”。

万峰林街道退耕还林发展澳洲坚果基地（宋大方摄）

一 模式地概况

万峰林位于兴义市东南部，距离兴义市中心区 8km。区域面积 50.87km^2，位于东经 104°32′~105°11′、北纬 24°38′~25°23′。地貌类型以峰林、峰丛为主，最高海拔为 1600m，最低海拔为 780m，相对高差为 820m，平均海拔 1180m。气候为亚热带山地季风湿润气候，冬无严寒，夏无酷暑，雨量充沛，光照充足，全年平均气温在 16~18℃，尤其是夏季，7 月的平均气温在 21~26℃，被列入全国避暑城市排行榜，是中国最佳休闲旅游场所。区位优越，地处“国家地质公园”“中国最美丽的峰林”国家 AAAA 级景区万峰林腹地。辖区居住着布依族、苗族、彝族、壮族、回族、仡佬族6个少数民族，村民的支柱产业主要以种养业为主，辖区有8个行政村77个村民小组，总人口4414户20687人，脱贫户244户1045人，劳动力10791人。依托万峰林的资源优势，万峰林街道办事处大力发展优势农业、特色农业、观光农业，以此来促进旅游业的发展，以旅游业推动“农家乐”和“农家旅馆”等服务行业发展。

二 退耕还林情况

澳洲坚果是一种原产于澳大利亚的树生坚果，属常绿乔木，双子叶植物。其树冠高大，果圆球形，果皮革质，内果皮坚硬，种仁米黄色至浅棕色。澳洲坚果又名夏威夷果，素有“干果皇后”“世界坚果之王”的美称。可食部分为果仁，果仁含油70%~79%，油中富含大量抗氧化剂和人体必需的不饱和脂肪酸、氨基酸、钙、铁、锌和维生素B。

2015年，由贵州省亚热带作物研究所从广东湛江、贵州望谟县引进到万峰林街道办事处上纳灰村戎喜湾组进行种植，种植由开始几株到11.3亩，主要品种有‘OC’‘788’‘A16’‘A4’‘695’‘桂热1号’等。经过几年实验种植中优株选出‘OC’‘788’、‘A16’和‘A4’，主要特点是结果期不易落果、丰产。在当地为9月底成熟，贮藏方便，市场上很受青睐。

万峰林街道办事处上纳灰村戎喜湾组喀斯特山地澳洲坚果示范推广基地实验种植成功后，经济效益显著，由基地11.3亩带动本组退耕农户自发将2014年、2015年新一轮退耕还林核桃进行低产低效林改造种植澳洲坚果380亩，并逐步带动周边村组对新一轮退耕还林1126亩低产低效林改造，起到很好示范作用。

2022年，澳洲坚果总产量18.5t（鲜果），加工成品6.7t（干果），产值达43.42万元（净产值24.12万元），目前覆盖带动59户（其中贫困7户27人）增收。万峰林澳洲坚果加工出来的成品主要销售途径包括当地一些单位订购、超市，同时产品还销往四川、广东等地，产品供不应求。澳洲坚果产业已成为万峰林人的脱贫致富产业，为决战脱贫攻坚、决胜全面小康提供产业发展支撑，助力农民增收致富。

万峰林澳洲坚果种植基地（杨永艳摄）

三 栽培技术

（一）园地选择

应在全年平均气温16.8℃，7月平均气温21~26℃，年日照时数1500小时以上，年降水量1000mm以上，无严重霜冻，无霜期300天以上的地区种植。澳洲坚果对土壤要求不严，以土壤疏松沙壤地最好。在土壤质地良好、疏松肥沃、排水良好、土壤有机质含量达35%、土层厚度70cm以上、土壤pH值7.0以下的土壤条件下，单株产量更高。

（二）苗木

选用健壮的袋装嫁接苗，苗龄2~3年，株高1m以上，地径大于1.5cm。兴义市万峰林选用‘OC’‘788’‘A16’‘A4’‘695’和‘桂热1号’等品种作为砧木苗培育。全年都可嫁接，以春季和秋季较好，尤其晚秋和早春。

（三）栽植

1. 栽植时间

在水源充足的地方，澳洲坚果一年四季均可

种植，最佳时间为春节前。容器苗或带土移栽不受季节限制。

2. 栽植密度

（1）嫁接苗。以每亩种植 34 株为宜，按株行距为 4m × 5m 的规格挖定植穴，穴口宽 60~80cm、穴深 60cm、穴底宽 60cm。

（2）根蘖苗（实生苗）。以株行距 3m × 3.5m 为宜，即 64 株 / 亩。

3. 定植准备

在定植前 1~2 个月，每穴施腐熟农家肥 10~15kg，回土填穴，并将基肥与穴土充分拌匀，上面再盖一层细表土，高于穴面 5~10cm。

4. 栽植技术

在树盘上挖 40cm × 40cm 的栽植穴，将苗木的根系和枝叶适度修剪后放入穴中央，舒展根系，扶正，填细土，轻轻向上提苗，踏实，浇足定根水，使根系与土壤紧密接触。栽植深度以嫁接口径露出地面为宜，并浇足定根水，提高植苗成活率。

（四）肥水管理

幼树期在距幼树 1.0m 的树盘范围内清理杂草、松土并施肥，分别在 4~5 月、6~7 月和 10 月进行。施肥量根据树龄而定，1~4 年生幼树每株每次施复合肥分别为 0.10kg、0.17kg、0.34kg、0.50kg。结果期每年在果实采收后每株施一次复合肥 2.0kg + 有机肥 15kg，以后视树体大小可适当增减。提倡果园养蜂及冬旱季搞好树盘覆盖。

（五）整形修剪

澳洲坚果是内膛结果，花果主要着生在树冠内部老熟的枝条上。修剪结果树主要使树冠内上下各部位都能抽生分布合理均匀的结果母枝，以充分利用空间，增大结果面，提高产量。修剪主要在冬季进行，其次是夏季修剪。不同枝条的修剪不同。

（六）花果管理

土壤十分干旱，可以适当浇一些水，但是不要过多过猛，过多过猛会导致整株花脱落掉光。花期前一周适当浇水不会影响正常开花和坐果。在花期阶段，最好不要浇水和施肥。

澳洲坚果树的花量是足够的，没有必要采用促花的措施，针对某些品种可以进行一定的促花试验，通过试验得出最终的效果后再决定要不要做大面积的推广。

（七）病虫害防治

澳洲坚果病虫害较多，主要病虫害有花疫病、茎干溃烂病、果壳斑点病、蚜虫和鼠害。病虫害防治主要有以下几种方法：

1. 营林措施

实施翻土、修剪、清洁果园、排水、控梢、清除茎干溃烂病病株等措施，减少病虫源。主要防治措施：加强经营管理，提高果树抗病能力，生产活动中不伤害树干，防止病毒入侵；加强栽培管理，增强树势，提高树体自身抗病虫能力。

2. 物理及人工防治

（1）果壳斑点病。该病是由细菌入侵果实引发。在地势低洼、树冠浓密和通风不良的果林中易发此病。感染初期成果出现黄色小斑点，之后逐渐扩散，斑点变成棕褐色。此病会造成果实生长发育不良，严重时会造成果实成熟前大量落果，防治措施是用 25% 杀有力（胺磺铜）800~1000 倍液或氢氧化铜 500~800 倍液喷施。

（2）蚜虫。蚜虫主要危害幼苗嫩梢和成年树的嫩梢、花穗及幼果。蚜虫入侵后，叶片会变形，卷缩发黄，花蕾枯萎，幼果脱落。防治措施是用频振灯诱杀和驱避或者用 50% 抗蚜威 3000~5000 倍液或 20% 蚜虱灵 3500 倍液喷施。

（3）鼠害。主要是老鼠咬穿果皮及果壳吃果仁，危害果实的整个生长期，尤其是果实进入成熟期后，危害更严重。由于危害时间长，会造成果园产量损失严重。防治措施是铲除鼠穴、削平土堆、堵塞窝洞、破坏老鼠的生存空间，在老鼠经常出没的地方放置老鼠夹、安置捕鼠器或用老鼠药诱杀。

3. 应用生物源农药和矿物源农药

提倡使用生物源农药和矿物源农药防治害虫。常用的矿物源农药有（预制或现配）波尔多液、石硫合剂、氢氧化铜等。

4. 化学防治

禁止使用剧毒、高毒、高残留、有“三致”（致畸、致癌、致突变）作用和无“三证”（农药登记证、生产许可证、生产批号）的农药。限制使用中等毒性以上的药剂。遇暴发性病虫害发生时方可采取化学防治措施。

（八）果实采收

澳洲坚果主要采取人工敲打的采收方式，靠自然落果采收不仅持续时间长，落果后不及时收集会影响果质。由黔西南布依族苗族自治州（简称黔西南州）不老果种养殖农民专业合作社澳洲坚果加工厂根据市场需求加工、分级、运输、销售。

‘695’品种（兴义市林业局供图）

‘788’品种（兴义市林业局供图）

‘OC’品种（兴义市林业局供图）

‘桂热 1 号’品种（兴义市林业局供图）

四 模式成效

（一）生态效益

万峰林街道办事处退耕还林、巩固退耕还林、植被恢复工程、石漠化综合治理等项目实施以前，全镇森林覆盖率低，生态环境十分恶化，是石漠化重度区，岩石裸露在 75% 以上。退耕还林后植被覆盖率大幅度提高至 60.1%，生态环境明显改善。2019 年，万峰林街道被生态环境部命名为第三批“绿水青山就是金山银山实践创新基地”。澳洲坚果树，四季常青不落叶，树形优美，根系发达，蓄水固土，抗旱、耐瘠、耐粗放管理，适应性广，是治理石漠化及美化环境的优势树种，生态效益显著。

（二）经济效益

“两山”理念在万峰林澳洲坚果产业模式中得到验证。2022 年，万峰林澳洲坚果总产值达 43.42 万元，覆盖带动 59 户，其中贫困户 7 户 27 人，同时有效带动本组农村剩余劳动力就业 23 人，采摘、加工、运输等务工每人每天 150~210 元不等。2022 年，GDP 大幅增加，人均可支配收入 1.6 万元，比上一年增长 17.93%，澳洲坚果林业产业走出了一条产业兴、生态美、农民富的新路子。

（三）社会效益

万峰林积极抢抓重大机遇及省、州、市决策部署，用活用好“绿水青山就是金山银山实践创新基地”和“全国乡村旅游重点镇（乡）”两块牌子，用踏石留印、抓铁有痕的决心与斗志，将国家 AAAA 级旅游景区创建和全国乡村振兴示范点打造有机融合，全方位实现从绿水青山到金山银山的成果转化，推动经济社会高质量发展。在林业产业发展的道路上，依照万峰林上纳灰村戎喜湾组澳洲坚果产业，因地制宜，农旅融合加快生态增值。

一是坚持人与自然和谐共生，结合美丽乡村建设，以绿色发展引领生态振兴，做活山水文章，开发旅游项目，推动农业、文化、旅游融合发展，打造以双生村乡愁集市为代表的乡村生态旅游示范带，使游客望得见山、看得见水、记得住乡愁。

二是将生态农业与休闲观光相结合，开发种植、养殖、采摘等农业旅游项目，重点打造八卦田、福字田及山地露营、精品水果采摘体验区、生态漂流河道及温泉度假区、精品民宿及庭院改造，推动产业转型升级。

三是围绕“一乡一品、一村一景”思路，大力发展全域旅游、全季旅游，有计划、有规模地引导景区群众发展住宿、餐饮、休闲等相关产业，打造一批有特色、有需求的农家店，多途径、多方式提高群众收入水平，为决战脱贫攻坚、决胜全面小康提供产业发展支撑，助力农民增收致富。

澳洲坚果开花期（宋大方摄）

五　经验启示

（一）坚持因地制宜，抓好产业选择

退耕还林工程实施以来，在中央资金大力支持与贵州省亚热带作物研究所有关科研人员的不懈努力和付出下，万峰林街道办事处将产业选择作为首要问题。万峰林澳洲坚果林业产业能做大做强、健康、可持续发展，实现增效、增收，关键在于“因地制宜”突出优势。万峰林街道办事处根据区位优势，资源禀赋，选择经过 13 年积累发展形成的澳洲坚果作为主导产业，使万峰林街道办事处的特色产业得以迅速发展壮大，实现增效、增收。

（二）聚焦新型主体，优化组织方式

坚持培育壮大、优化提升专业合作社，大力培养新型职业农民，不断推广“合作社＋农户”组织方式。采用“合作社牵头、农户入股”

方式，由合作社统一提供苗木、肥料、管理费和技术培训，老百姓在自家土地上种植，合作社统一按市场价收购果子的方式进行，保底代销，这样就稳定老百姓的长期收入来源，不断壮大产业规模。

（三）做好产销对接，拓宽销售渠道

黔西南州不老果种养殖农民专业合作社在抓好产品加工及销售基础上，鼓励农户积极对新一轮退耕还林低产低效林进行改造，在“质”与“量”的基础上确保新果来源，并吸引更多的外地客商到万峰林学习取经。万峰林街道办事处紧密结合实际，将宣传工作作为一项重要事项提上议事日程，目前已经通过民生兴义、腾讯网络、电视、报纸等平台进行宣传，不断提高“万峰林澳洲坚果”的知名度。

六 模式特点及适宜推广区域

（一）模式特点

万峰林街道办事处属典型喀斯特岩溶发育亚热带湿润气候地带，成土母岩主要是石灰岩，土壤瘠薄，岩石裸露在75%以上，为发展林业产业，先后种植过滇柏、车桑子、枇杷、桃子、核桃等经果林、用材林，但都因经济效益不好而逐渐放弃。新一轮退耕还林实施以来，主要发展以澳洲坚果为龙头的“万峰林系列澳洲坚果”规模化、精品化种植。截至2022年年底，澳洲坚果总面积达1506亩，总产值达43.42万元。万峰林街道澳洲坚果的试种成功，既治理了景区石漠化，改善了景区生态，提高了宜居环境，又增加群众收入，为景区新增一种旅游生态产品，还为当地群众找到了一条生态产业持续发展的致富之路。

（二）适宜推广区域

澳洲坚果宜林地应选择热带季风气候区或亚热带季风性湿润气候区，海拔600~1100m，坡度小于25°的地方。适生气温10~30℃，最适气温15~30℃。夏季最高气温不超过35℃，冬季最低气温不低于4℃，年降水量1000~2000mm。澳洲坚果适应性强，种植在沙土、熔岩土和黏土上均表现良好。土层深厚，且富含有机质，pH值4~6，以pH值5.5为佳。宜选择在排水良好、旱季缺水有灌溉条件的地块。澳洲坚果在云南、广西、广东、海南、福建、浙江、贵州等地有栽培。

模式 10 沿河县沙子空心李模式

沿河土家族自治县（简称沿河县）以打造“武陵山农特产品基地县”为目标，大力发展空心李栽培和推广。沙子空心李果肉脆嫩，清香浓甜，汁液多，口感好，色泽鲜艳，含有丰富的蛋白质、维生素及微量元素，是很好的鲜食果品。目前，全县果园总面积达 9.28 万亩，覆盖沙子、中界、团结等 11 个乡镇（街道）182 个村 5.8 万户，有投产果园 5 万亩，平均亩产 1000kg，总产量 5 万 t，总产值 8.5 亿元。全县水果产业从业人员已达 5 万人，完成无公害水果认定（证）面积 10005 亩。其中，沙子街道和中界镇为核心区，被列入“贵州省 100 个现代高效农业示范园区”之一。

沙子街道空心李开花时节（沿河县林业局供图）

一 模式地概况

沙子街道地处沿河县东部，东与重庆市酉阳土家族苗族自治县李溪镇交界，南与中界镇接壤，西、北与团结街道相连。辖区东西最大距离 12.9km，南北最远距离 18km，辖区面积 96.86km^2。最高峰海拔 1414m、最低点海拔 290m。多年平均气温 17.5℃，1 月平均气温 6℃，极端最低气温 -9.7℃；7 月平均气温 27.6℃，极端最高气温 40.6℃。年平均无霜期 303 天，年平均日照时数 1200 小时，年平均降水量 1100mm。沙子街道下辖 4 个居委会和 28 个村委会，总人口 3.3 万人。

二 退耕还林情况

沙子街道凭借特殊的气候条件和地理区位优势，将农业产业化建设重点放在空心李规模化、精品化种植上。沙子街道种植空心李已覆盖 29 个村、3 个社区，其中以新沙社区、塘山村社区、楠木、石先、金龙、玉桐、龙家山岩、永红、南庄等村种植较为集中，规模较大。截至2022年，沙子街道空心李种植面积3.8万亩，可采收2.8万亩，总产值达3.3亿元，覆盖带动贫困户1963户7966人。空心李产业已成为当地脱贫致富的产业，为巩固脱贫攻坚、决胜全面小康提供产业发展支撑，助力群众增收致富。其主要做法如下：

（一）坚持因地制宜，抓好产业选择

沙子街道属于中亚热带季风湿润气候区，气候温和，雨量充沛。年平均气温13~18℃，年降水量1050~1220mm，年日照时数1100~1400小时，形成了空心李特殊的生长环境。在这个区域种植生长的空心李成熟后表皮披上银灰色的白蜡质保护层，平均果重约35g，单果最大重量约50g。果肉脆嫩，清香浓甜，具有清热解毒、健脾开胃、养颜益寿的功效。在专家多次实地考察和可行性论证后，最终选定以空心李为主打品种。

（二）注重技术服务，按需培训农民

为产业发展注入科技含量，提高品牌影响力、竞争力和市场占有率。沙子街道积极邀请技术专家开展种植示范及种植技术培训，培训内容主要包括果树栽培、冬季修剪、浇水施肥、病虫害防治、如何提高空心李品质等。

（三）加强基础设施建设，筑牢发展基础

积极争取上级各项资金，修建硬化生产路超100km。建设300多个停车位和容量为230t的冷藏库，沿河县人民政府批准设立国有独资企业贵州森茂林业开发有限责任公司，企业按照“龙头＋基地＋合作社＋农户”模式管理基地17000余亩，带动农户1600余户，贵州森茂林业开发有限责任公司计划投入9700万元修建果酒加工厂，对空心李进行保鲜深加工，拓展利润空间。随着基础设施建设，沙子街道不断强化产业引领作用，使之成为脱贫致富、经济发展的新引擎。近年来，政府各级有关部门为促进空心李产业高质量发展，推动乡村振兴，带动果农增收，积极制定《沿河土家族自治县沙子空心李产业促进条例》，对空心李种苗繁育、种植、加工、营销等全产业链产业进行保护，促进空心李产业发展规模化、标准化、品牌化。同时，政府举办“李花节”“采摘节”活动，将园区打造为既具有观光性，又有实效性的高效园区。

（四）做好产销对接，拓宽销售渠道

沙子街道在抓好直通直供直销工作的基础上，鼓励农户积极参与到合作社中，在保证“质”与“量”的基础上，吸引更多的外地客商进驻。积极引入农村淘宝、顺丰、中通、韵达等物流公司进驻，不断充实物流链确保销售途径的多元化。2022年，通过电商平台李子总销售量达2500t。提升加工产能和拓展销售渠道，对消化果品产量、保持产业效益具有重要意义。

（五）注重品牌效应，加大宣传力度

沙子空心李具有160多年的栽培历史，非常适宜当地的气候和土壤条件。空心李产业是沿河

沙子空心李植株（沿河县林业局供图）

特色产业，其种植面积大、覆盖农户多，为当地农民脱贫致富起到重要作用。2006年，空心李被认定为国家地理标志保护产品，并荣获中国园艺学会李杏分会授予的“中国优质李金奖”荣誉称号。空心李因其果实有皮薄肉脆、酸甜适度的特点，且具有开脾健胃、滋润肌肤的保健效果，果品主要用于鲜食，口味独特，被誉为“人间仙果，李中茅台”。沙子街道结合实际情况，通过电视、抖音等平台及新兴媒体渠道，不断提高空心李的知名度。

三　栽培技术

（一）整地建园

选择交通方便，土壤肥沃，土层深厚，土壤pH值6.0~7.5，保水性较好且灌排条件良好的壤土或沙壤土地带建园。避免在原种植桃、李等核果类果树的园地上建园，否则需进行土壤杀菌消毒。

（二）整地改土

平地以4m×（4~5）m为宜，每亩种植33~40株。坡地以3m×4m为宜，每亩种植55株左右。按4m或5m行距，挖深80cm、宽1m的等高壕沟，将表土和心土分开堆放，先将表土填入底层，然后将心土和腐熟的农家肥混合回填，使回填后厢面高出地面30~40cm。每亩施腐熟农家肥2000kg。

（三）苗木栽植

1. 苗木选择

品种为空心李优良品系，海拔较低的区域配置早熟优良品系，海拔较高的区域配置晚熟优良品系。

2. 定植时间

空心李苗木栽植时间为秋季落叶后（10~11月）至春季（2月）萌芽前，以秋植为佳，因为该时期雨水多，土温较高，利于根系愈伤组织的形成，提高成活率。

3. 苗木栽植

栽前去掉嫁接口农膜，并对伤根及过长根须进行修剪，再对根系进行杀菌消毒，在消毒液中加入生根粉，利于发根。在定植点处挖宽、深适度的定植穴，放入苗木，扶正填土，土盖住根系后，轻提一下苗木，使根系舒展，然后双脚踩实，使土壤和根系紧密结合，再覆土至距嫁接口下3~5cm处并踩实，团树盘，浇定根水。

（四）土肥水管理

1. 土壤管理

（1）间作绿肥。行间间作三叶草、紫云英、紫花苜蓿、箭舌豌豆、野豌豆等绿肥作物，通过刈割或压青将其转变为果园有机肥。

（2）套种矮秆作物。定植1~3年的空心李园，行间可套种花生、黄豆、绿豆、豌豆、蚕豆等矮秆豆科作物，收获后将植株覆盖于树盘上将其转变为果园有机肥。一方面增加果园前期经济收入；另一方面改善果园土壤肥力。

2. 施肥管理

根据土壤肥力确定施肥量，重施基肥，生长季合理追肥。

（1）基肥。每年9~10月采果后落叶前，结合深翻改土秋施基肥，以有机肥为主，一般幼树和初结果期树每株施有机肥10~20kg，复合肥及钙镁磷肥各0.1kg左右；盛果期每株施有机肥30~50kg，复合肥及钙镁磷肥各0.5kg左右。方法可采用环状沟施、行间或株间沟施及放射状沟施等。

（2）追肥。幼树追肥：勤施薄肥，7月以前以氮肥为主，3~5次，100g/（株·次）；7月中旬以后增施磷、钾肥。成年树追肥分3次进行：第一次在萌芽前，以氮肥为主，株施0.5~1.5kg，树旺、花芽少的可不施；第二次在幼果膨大期，氮磷钾配合施用，株施三元复合肥0.5~1.5kg；第三次在果实膨大后期，以钾肥为主，配合氮肥，可株施 1.5~2.0kg。

（3）叶面施肥（可结合喷药进行）。幼龄树：6 月前以尿素为主，使用浓度 0.2%~0.3% 的水溶液，6~7 月以磷、钾肥为主，可使用磷酸二氢钾等，同样用 0.2%~0.3% 的水溶液。成年树：花期喷 0.2% 的硼酸 + 0.2% 的尿素 + 果蔬钙肥；幼果期喷 0.2% 的尿素 + 0.2% 的磷酸二氢钾 + 果蔬钙肥；果实膨大期喷 0.2% 的磷酸二氢钾 + 果蔬钙肥；果实采收后喷 0.2% 的尿素 + 0.2% 的磷酸二氢钾。对缺锌缺铁地区还应加 0.2%~0.3% 硫酸锌和硫酸亚铁。

3. 水分管理

（1）灌水。干旱时应适时灌水，尤其在花期和幼果膨大期。水源缺乏的果园还应用作物秸秆等覆盖树盘，以利保墒。提倡采用滴灌、渗灌、微喷等节水灌溉措施。

（2）排水。在雨季来临之前要确保排水沟通畅无阻，连续大雨时能将地面明水及时排出园区。

（五）花果管理

1. 提高坐果率

（1）加强采果后管理。采果后合理施肥、修剪及保护好叶片，对花芽分化充实有重要作用，可减少翌年落花落果的发生。

（2）花期喷硼。花期喷 0.1%~0.2% 的硼酸 + 0.1% 的尿素也可促进花粉管的伸长，促进坐果。

（3）放蜂。花前一周左右在李园每公顷放 1~2 箱蜂，提高坐果率。

（4）防“倒春寒”。采用花前灌水、霜前熏烟等方法，防止晚霜危害。

（六）整形修剪

1. 修剪时期

冬季修剪在落叶后至萌芽前进行，夏季修剪在萌芽后至落叶前进行。

2. 主要树形

（1）自然开心形。主干上 3~5 个主枝，层内距 10~15cm，邻近分布，以 120° 平面夹角分布配置，按 35°~45° 开张，每个主枝上留 1~2 个侧枝，在主枝两侧向外侧斜方向发展。无中心干，干高 30cm。

（2）小冠疏层形。干高 30cm，有中心主干，第一层主枝 3 个，层内距离 15~20cm。第二层距第一层主枝 60~80cm，错落配置。第一层主枝上配置 2 个侧枝。

（七）病虫害综合防治

1. 主要病虫害

主要病害有细菌性穿孔病、褐腐病、流胶病、红点病、根腐病等。

主要虫害有介壳虫、蚜虫、李小食心虫、桃蛀螟、李实蜂、天牛、金龟子、吸果夜蛾、刺蛾等。

2. 防治措施

（1）农业防治。加强栽培管理，增强树体抗病虫能力；增施有机肥，控制氮肥施用量；合理修剪，使树体通风透光；严格疏花疏果，合理负载，保持树势健壮；及时开沟排水，防止园内积水，降低果园空气湿度；清除病虫枝和枯枝落叶，减少越冬病虫基数。

（2）物理防治。用频振式杀虫灯、黑光灯吸引和诱杀吸果夜蛾、金龟子、卷叶蛾等；用黄板诱集蚜虫；人工捕捉天牛、金龟子等。

（3）生物防治。应用性诱剂、生物源农药防治害虫；在李园内增添天敌食料，设置天敌隐蔽和越冬场所，饲养天敌；限制农药使用，减少对天敌的伤害。

（4）化学防治。加强病虫发生动态的监测与预报，适时用药以提高防治效果。合理选用农药和施用浓度，严格控制农药的安全间隔期、施用量、施用浓度和次数，尽量减轻化学农药对环境的污染、天敌的伤害和果实的污染。注意不同作用机理的农药合理混用和交替使用，避免病虫产生抗药性。

果农采摘空心李（沿河县林业局供图）

（八）采收、贮藏及商品化处理

1. 采收期

根据采后用途、销售途径等确定适宜采收期。用于鲜食及就地销售的果实应适当晚采，于果实鲜食成熟度适当时采收；用于贮藏、长途运输及外地销售的果实应适当早采，于果实硬熟期时采收。

2. 冷藏保鲜

（1）预冷处理。空心李果实采收好后，及时运回室内，放到0.5~2℃的冷库预冷至4~5℃。

（2）包装贮藏。空心李果实预冷后，将果实分装到专用保鲜袋内，在保鲜袋内放入一张清洁的白纸，在白纸上面放一张李果专用保鲜垫，封好袋口，放入包装箱，放到2~3℃的冷库贮藏。

（3）贮藏期管理。空心李贮藏过程中温度波动不能过大，销售前缓慢升温。

四　模式成效

（一）生态效益

沙子街道退耕还林实施以前，全镇植被稀少，生态环境恶化，属典型的石漠化生态环境脆弱带。退耕还林后植被覆盖率明显升高，生态环境明显改善，防止水土流失，有效改善喀斯特地貌生态条件，对实现生态良性循环、促进农业可持续发展具有十分重要的作用。

（二）经济效益

空心李产业是沿河县特色产业，种植面积大、覆盖农户多，为当地农民增收致富起到重要作用。沙子街道立足资源优势，探索建立“两山”绿色经济改革示范区，实现了家家有致富门路，户户有增收产业。2022年，沙子街道空心李总产值达3.3亿元，覆盖带动贫困户1963户7966人。同时，有效带动本街道及周边乡（镇）农村剩余劳动力就业，种植、管护、采摘、运输等，务工每人每天80~200元不等，2022年空心李务工达30万余人次，劳务收入突破5000万元，真正实现了既要绿水青山又要金山银山的目标。

（三）社会效益

沙子街道在产业发展的道路上，贯彻落实新发展理念，着力培育“生态、绿色、有机”农产品，在实施乡村振兴战略中，因地制宜，以重点突破“产业兴旺”带动整体推进，既稳扎稳打，又与时俱进，走出了一条产业兴、生态美、农民富的新路子。一方面，产业发展有效带动本街道及周边乡（镇）农村剩余劳动力就业；另一方面，大力发挥旅游、种养殖业的附属效应，引入农副产品深加工生产线，积极引导群众发展住宿、餐饮、农家乐等服务行业，实现一二三产业融合发展。为决胜全面小康提供产业发展支撑，助力群众增收致富。

五　经验启示

（一）因地制宜选择主导产业

如何因地制宜选择退耕还林产业，实现增效增收是退耕还林工程的关键点。沙子街道是空心李的原产地，其优良的气候条件形成了空心李特殊的生长环境，成熟后的空心李披上银灰色的白蜡质保护层，再结合其独特的口感及保健效果，造就了沙子空心李的“特”。选择沙子街道特有的空心李作为主导产业，促使沙子街道的特色产业得以快速发展，实现了产业规模化，促进群众增收致富。

（二）因地因时因人选择产业生产经营模式

发展产业需审慎，应贴近当地群众实际，更应符合当地水土、市场及生活习惯。只有适应当地发展水平的生产经营模式，才能积极调动农民参与发展生产，保障产业生产的稳步发展。沙子街道地处云贵高原，主要以喀斯特地貌为主，地形复杂，土地贫瘠、石漠化严重。2014 年以前，沿德高速、沿西高速公路未开通，沙子街道受交通制约，信息闭塞，经济社会发展水平低，农民思想观念、综合素质有所欠缺。针对实际困难，沙子街道各部门多次组织群众探讨产业发展的组织形式，在不影响发展局势的基础上，充分尊重农民主体地位，把决定权交给农民，最终选择“龙头 + 基地 + 合作社 + 农户”组织形式发展产业。随着这种由群众自主决定的经营模式的确立，农民发展产业的积极性飞速提升。高速公路通车后，沙子街道的产业发展也随之驶入“快车道”，实现了经济社会的快速发展。

成熟的空心李（沿河县林业局供图）

六 模式特点及适宜推广区域

（一）模式特点

沙子街道属于典型的喀斯特地貌区域，为发展产业进行过各种各样的实践与探索。沙子街道选择按照“龙头 + 基地 + 合作社 + 农户”产业发展模式管理李园，为李园提质增效技术提供有力保障。空心李原产地位于沙子街道沙坝村，该李子果实表面具有一层特有的银灰色蜡质保护层，离核、果肉黄白色、硬度适中、脆嫩、汁多爽口、清香浓甜的特点，其市场价格非常可观，但一直因种植规模小，产值效益没有体现出来。2014 年新一轮退耕还林实施以来，沙子街道紧紧抓住机遇，大力发展沙子空心李种植。到 2022 年年底，沙子街道退耕还空心李总面积达 3.8 万亩，总产值达 3.3 亿元。

化劣势为优势，沙子街道以一个李子兴一方产业，富一方百姓。沙子街道成功的模式是沿河自治县群众增收致富的缩影，走出了沿河县高质量发展道路，迈出了沿河县社会主义现代化建设坚实步伐。

（二）适宜推广区域

空心李生长有效年积温不低于 4500℃，适宜种植于土壤有机质含量不低于 1.5%，坡度不高于 35°，光照良好，排灌便利，上茬无核果类果树种植的壤土或沙壤土，土壤 pH 值 6.0~7.5，以 6.0~6.5 的微酸性土壤最为合适。避免在谷地、盆地、山坡底部等冷空气容易集结的地方建园。目前，空心李广泛分布于湖北西部以及贵州、四川等部分地区。

模式 11 乌当区荸荠杨梅模式

提起乌当区阿栗村的杨梅，地道的老贵阳人无不津津乐道。1986 年，200 亩荸荠杨梅在阿栗村旧寨引种试验栽培。1991 年，第一批种植的杨梅进入初果期，阿栗村初享收获的喜悦，后结合退耕还林、石漠化治理等工程逐年发展，到如今全村种植面积已达 6400 余亩。2022 年，阿栗村杨梅鲜果产出达 3200t，产值达 2560 万元。杨梅种植已成为该村的第一大支柱产业。阿栗杨梅至今已高产稳产 30 余载，不断刷新人们对杨梅栽培的认知。荸荠杨梅汁水饱满，酸甜可口，赢得了贵阳广大市民的青睐。每年杨梅成熟的季节，阿栗村都将带你进入红红火火的“梅”好时光。

乌当区阿栗村荸荠杨梅（乌当区林业局供图）

一 模式地概况

阿栗村地处乌当区南部马鬃岭山脉南麓，中心位置经纬度为东经 106°48'49″、北纬 26°34'44″。全村海拔在 1000~1400m，属低中山地貌。全村属亚热带季风湿润性气候，气候温暖湿润，雨热同季。年平均降水量 1200mm，年平均气温 14.6℃，极端最高气温 34℃，极端最低气温 -5℃，年平均日照时数 1354 小时，年平均积温 4401.3~5238℃，年平均无霜期 285 天。全村面积 22076.7 亩，其中耕地面积 1293.03 亩，占全村面积的 5.86%；林地面积 12753.8 亩，占全村面积的 57.78%。阿栗村现有果园面积 10964 亩，种植有杨梅、樱桃、枇杷、桃子、梨等水果。其中，以杨梅为优势树种的果园面积 6425.7 亩，占全村果园面积的 58.6%。阿栗村隶属于乌当区高新街道办事处，全村9个自然村寨12个村民组2365户5906人。阿栗村距贵阳市中心仅9km，距乌当区区政府13km，区域内交通四通八达，128县道、北京东路延伸段、龙水路、水大线穿村而过，是标准的大型中心城市城郊经济圈，是贵阳市民周末休闲、观光、采摘的黄金地带。

二 退耕还林情况

阿栗村位于南明河南岸马鬃岭山脉南坡，自古就有丰富的野生杨梅资源。至今，阿栗村百年以上的杨梅古树还有60余株。1986年，农林科技人员第一次从浙江引种200亩荸荠杨梅落户乌当阿栗村旧寨。1991年，第一批引种的荸荠杨梅初次挂果。阿栗荸荠杨梅以其通体透红、甘甜多汁征服了贵阳市民的味蕾。经项目鉴定，阿栗村引种的荸荠杨梅，适应当地气候土壤条件，生长良好，杨梅品质上乘，引种栽培取得巨大成功。甚至有专家认为，荸荠杨梅在阿栗的表现，无论是品相还是品质，都超过了原产地。从此，阿栗村杨梅种植的势头一发不可收，家家户户发展种植杨梅。随着栽种面积迅速扩大和产量的逐年攀升，乌当区每年在杨梅成熟的时节定期举办杨梅采摘开园节，吸引广大市民进园观光采摘，阿栗村喇叭口鲜果集散地成了贵阳市民的网红打卡地。

阿栗村杨梅引种栽培的成功经验，迅速辐射带动乌当区周边不断扩大栽植规模。2003年，乌当区通过退耕还林项目，在水田镇李资村发展杨梅种植376亩取得成功。退耕农户通过退耕还林种植杨梅实现户均增收万余元。2010—2015年，乌当区通过石漠化、植被恢复等项目的实施，不断发展乌当区经果林产业，使全区杨梅种植面积不断扩大，种植区域不断延伸。到2022年年底，全区果园面积94208.6亩，其中杨梅的种植面积15415.5亩，占全区果园面积的16.4%。

阿栗村荸荠杨梅（乌当区林业局供图）

三 栽培技术

（一）科学选地

杨梅适宜生长在气候温和、雨量充沛的环境里，乌当区海拔900~1400m均可种植。杨梅适应性强，对土壤的选择要求不高，pH值5.0左右，酸性或偏酸性的土壤均适宜。杨梅苗根生长势强，能在贫瘠多砂石的山坡上生长，可开垦荒山或作为马尾松纯林结构调整树种混交造林，有保持水土的作用。为确保杨梅果品优良且稳产高产，选择砂页岩、土层深厚、腐殖质含量高的酸性土壤最为适宜。

（二）合理栽培

1. 栽植时间

杨梅为常绿树种，以春季栽植为佳，春季栽植时间一般在2~3月，选择气温恒定在5℃左右，不发生冻害的阴雨天栽植成活率最高。

2. 林地清理

在荒山荒地或迹地上栽植杨梅，采用带状或全面清理的方式。坡度大于25°的林地，采用带状清理，带宽3m，间隔2m。坡度小于25°的林地，采用全面清理，将灌木、草丛清理干净，并伐除桩木、刨出根蔸。

3. 栽植密度

株行距一般采用4m×5m，每亩种植33株。

立地条件好、肥水充足的地段可适当降低密度，反之则可适当加大密度。

4. 整地施肥

杨梅多为高大乔木，根系发达，宜采用大穴整地，整地规格为 80cm × 80cm × 80cm，将挖出的表土、心土分开放置。每穴施放 10~15kg 腐熟的农家肥，并混合 1~1.5kg 磷肥，与表土搅拌均匀，先回填 50~60cm，然后再回填 30~40cm 心土，平面垒成馒头形，确保馒头形顶部高出土表 10cm 以上。

5. 苗木选择

栽植杨梅应选择砧木 2 年生，接穗 1 年生，穗条抽梢高度大于 60cm，接口干直径大于 0.6cm，种源纯正，根系发达（3~5 条侧根）的嫁接苗。

6. 苗木处理

杨梅栽植之前用剪刀剪除叶子，只留叶柄。对于抽梢过长的苗木在确保有 3~5 个饱满芽的前提下实施切干处理，并用石蜡或油漆封刷切口，阻止水分蒸发。剪除主根，保留 3~5 条侧根，根系包裹泥浆，以便栽植时和泥土很好地贴合。取运苗木不能让阳光暴晒，最好做到当日取运，当日处理，当日栽植。确实栽植不完的苗木需假植妥善保管，时间不宜超过 10 天。

7. 雄株配置

杨梅为雌雄异株，栽植时应配置 2%~3% 的雄株，均匀配置在果园中央位置。

8. 栽植技术

栽植时将侧根平铺于馒头形的土堆上，确保根系舒展，避免触及肥料，填细土压实，高培土，浅栽培，苗木嫁接口露出土层，同时对嫁接口上的嫁接膜解绑，定植后浇透定根水。新栽植苗木需适当遮阴，并绑扶小树枝稳定接穗，防止大风吹导致嫁接口处折断。当年栽下的树苗不宜追肥。

（三）幼树管理

1. 施肥管理

幼树要培育春梢、壮大夏梢、控制秋梢。每年冬季在树盘附近逐年挖出长约 10cm、深度约 40cm 的条沟进行施肥，施肥一般选择腐熟农家肥或者绿肥，每株 10~15kg。每年上半年施速效肥 1~2 次，每株施尿素或复合肥 0.1~0.3kg，随着树龄的增大宜增加施肥量。幼树施肥上宜适当增施氮肥，开始结果后减少氮肥用量，增施钾肥。

2. 整形修剪

培养开心形树冠，在离地 30~40cm 剪截定干，选留 4~5 个方位适当的强壮枝作为主枝，主枝基角 45°~50°，每主枝配置 2~3 个副主枝。树冠骨干枝上配置侧枝并适当短剪，控制各级骨干枝长短，使其从属关系明显。连续修剪 2 年左右即可最终形成较为合理的树形，之后只需要在每年的初春以及夏末时节进行一次修剪。

（四）病虫害防治

杨梅主要病害有癌肿病、炭疽病等。主要虫害有黑腹果蝇、褐带长卷叶蛾、桃蚜等。防治原则为综合防治，预防为主。以农业防治为基础，开展物理防治、保护利用天敌，辅以化学防治。将防治病虫害的农药残留量控制在规定标准范围内，减少对环境污染，促进杨梅产业的可持续发展，禁止使用除草剂。防治措施有：

1. 农业防治

在雨季应做好排水防涝工作，防止积水伤根。在肥水管理方面，宜增施有机肥和钾肥，培育健壮树势，提高树体抵抗能力。冬季清园应结合修剪工作做好杂草、落叶、病残体以及各种害虫的越冬虫囊、虫体的清除，减少病虫源。

2. 物理防治

（1）食物源诱杀。对果蝇采用糖醋液诱杀，自制糖醋液配方：水 1000g、95% 敌百虫 2g、蜂蜜 60g（砂糖或红糖也行）、醋 40g 及熟香蕉 1 只（弄碎），混合装入诱杀容器内，在果实着色硬核期，1 棵树挂置 1 个诱集瓶，结合树形、地势挂置在树冠中部，每 7 天更换 1 次，遇大雨需及时更换。

（2）性诱剂诱杀。用专用性诱剂诱杀害虫。

（3）杀虫灯诱杀。利用灯光防治，对蛾类趋光性强的害虫，采用灯光诱杀成虫。

（4）色板诱杀。4~7月在每棵树的树体中部挂一张黄色或绿色粘虫板，诱杀蚜虫、果蝇等有翅成虫。色板1个月更换1次。

3. 生物防治

改善杨梅园生态环境，保护和利用赤眼蜂、瓢虫等天敌，控制褐带长卷叶蛾等多种害虫。亦可选用苏云金杆菌、藜芦碱醇、苦参碱、鱼藤酮等生物源农药防治褐带长卷叶蛾、桃蚜等害虫。

4. 化学防治

虫害防治时期应掌握在病害发生初期及幼虫孵化高峰期或幼虫低龄期进行，果实成熟前30天，禁止喷施化学药剂。

（五）果实采收

杨梅成熟期在6月中下旬，荸荠杨梅品种果实着色变为乌紫红色，果实风味达到本品种特征时便可以开始采收，分期分批进行采收，可隔天采收1次，采收时轻采、轻放。盛果容器清洁卫生，果实不能落地粘泥沙及污物。

阿栗村荸荠杨梅采摘（乌当区林业局供图）

四 模式成效

（一）经济效益

阿栗村地处贵阳市近郊，少数民族聚居，耕地严重不足，人均不到0.2亩，若单靠耕地发展农业致富是极为不现实的。相较于严重不足的耕地，全村人均达2.2亩林地资源大有文章可做。经过多方实地调查论证，阿栗村最终选择了通过开发林地资源引进种植荸荠杨梅发展经果林，成功为农户开启了一条致富之路。2021年，阿栗全村农民人均纯收入达17062元，仅靠种植销售杨梅等鲜果收入，绝大多数村民就实现了脱贫致富的目标。昔日贫穷的小山村，现在家家户户盖起了楼房，买了小汽车，日子过得红红火火。

（二）生态效益

通过种植杨梅等经果林，全村早已消灭了荒山，全村森林覆盖率常年保持在60%以上，使阿栗村本身就十分优越的生态环境得到了更大的提升，著名的乌当情人谷景区就坐落在阿栗村。鱼梁河水质清澈，贯穿阿栗村全境，鱼梁河上的汪家大井是贵阳东郊水厂的取水点，阿栗村良好的生态环境正保护着贵阳市民“水缸”的安全。

（三）社会效益

阿栗村因杨梅而红火，杨梅等鲜果交易带动了阿栗村喇叭口鲜果集散交易市场的形成。每年从4月中下旬至10月中下旬大半年的时间，该地都有应季的新鲜水果和土特产品销售，丰富了贵阳市民的物质生活。与此同时，与杨梅种植相得益彰的农家乐和观光采摘等体验项目应运而生，在满足市民需求的同时，进一步拓展了农户就业渠道，增加了农户的收入。

五 经验启示

（一）适地适树，因地制宜

阿栗杨梅之所以成功，首先归功于立项之初，农技人员做了大量客观实际的调查研究工作，全面客观分析了阿栗村的自然地理条件，深入考察当地野生杨梅资源分布及生长状况，因地制宜，充分发挥当地气候、土壤等自然条件与杨梅生物学特性最佳搭档的优势，为项目的成功占得先机。

（二）科技引领，开拓创新

阿栗杨梅引种成功，是乌当区在充分尊重自然规律的大前提下，大胆践行科技进步是第一生产力的指导方针，勇于开拓创新，先人一步应用新品种、新技术，改变了广大市民对杨梅种植的传统认知，使得阿栗杨梅在当时贵阳杨梅鲜果市场独占鳌头，阿栗杨梅的品牌深得市民的信赖。

（三）政府搭台，农户唱戏

在阿栗杨梅成功的背后，政府部门重点做了两件事情。第一件是抓好试验示范林建设，第二件是举办一年一度的阿栗杨梅节活动。示范林建设让相关部门在实际的生产中不断总结和提高杨梅栽培管理技术，手把手传授农户栽培技术，解决了果品生产环节的技术难点问题。每年阿栗杨梅节活动的举办，政府发挥报纸、电视、网络等新闻媒体宣传带动效益的优势，不断扩大杨梅的影响范围，挖掘市场，解决了杨梅销售的问题。解决了上述两大问题之后，在丰厚利益回报的驱动下，勤劳的阿栗村民将全村荒山荒地都种上了杨梅，阿栗村再次成为远近闻名的杨梅村。

（四）产业联动，纵深发展

阿栗杨梅的种植，带动了相关产业的发展。一是发展起了农家乐，阿栗村现常年营业的农家乐有5家，夏季采摘鲜果有30余家。二是带动周边情人谷、鱼洞峡旅游业的发展。三是推动了杨梅果木苗和住宅小区庭院绿化苗木的生产。四是带动了杨梅酒、杨梅汁等深加工产业的发展。五是推动了健康养老、户外露营、亲子体验等新兴产业的发展。

六 模式特点及适宜推广区域

（一）模式特点

1. 技术成熟，易于推广

杨梅在乌当区阿栗村已成功栽种37年，经受住了时间的检验。在此过程中，贵阳市已总结出了一套完整的杨梅栽种技术。总体而言，杨梅适生性强，栽种技术简单，经营管理强度不高，市场相对稳定，适宜大面积推广。

2. 收益显著，长效持续

根据多年的观察统计，进入盛果期的杨梅单株产量达30~50kg，且大小年不明显。经营管理较好的果园可年年稳产丰产，且一次种植收获期可长达30~50年，甚至野生上百年的杨梅古树，如今依然枝繁叶茂，果实累累。相较于其他果树，种植杨梅效益显著且长效持续。

3. 空间巨大，未来可期

马尾松纯林在乌当区乃至贵阳市占有很大面积的分布，乌当区以马尾松及华山松为优势树种的林地面积25.2万亩，占全区乔木林地面积的59.1%。近年由于松材线虫病的危害，对马尾松及华山松纯林的改造已迫在眉睫。选择适当的树种对上述林地实施树种结构调整，是当前及今后很长一段时间乌当区营林工作的核心。杨梅作为当地具有很大优势的适生乡土树种，马尾松及华山松生长良好的区域绝大部分都适宜杨梅的生长，用杨梅作为马尾松及华山松纯林优化树种结构调整的首选树种，具有很大的发展空间，可有力地促进林业产业经济的发展。

（二）适宜推广区域

杨梅是较耐瘠薄的果树，喜湿耐阴，要求年降水量1000mm以上，年平均相对湿度70%以上。不耐酷热，最适气温为15~21℃，绝对最低气温为-12℃，最高月平均气温不超过28℃。坡度小于45°，pH值为4.5~5.5，腐殖层深厚的酸性黄壤、红黄壤，向阴通风、光照不强、土层深厚的山地、丘陵均适合种植杨梅。低海拔地区选择早熟品种，高海拔地区选择中熟品种和迟熟品种。杨梅原产我国西南部，分布在长江流域以南各地，主产江苏、浙江、福建、广东、广西、云南、四川及湖南等地。

模式 12 望谟县芒果模式

望谟县属亚热带季风湿润气候，具有春早、夏长、秋迟、冬短气候特点，素有“贵州天然温室”之称。其独特的地理气候条件，使望谟芒果具有糖分高、果肉细腻、味道香甜等优势。于是，望谟县充分利用得天独厚的自然资源优势，抢抓退耕还林发展机遇，大力发展芒果种植，实现“你无我有，你有我优，你优我特”的自然资源最优化配置目标，走出一条产业化发展的路子，为望谟县乡村振兴工作奠定坚实基础。

望谟县芒果种植基地（宋林摄）

一 模式地概况

望谟县位于贵州省南缘，北盘江、红水河畔，地处东经105°49′~106°32′、北纬24°54′25°37′的贵州高原向广西丘陵过渡的斜坡地带，境内河壑纵横，河流深切，最高海拔1718m，最低海拔375m，相对高差1343m，属典型的山区地形地貌；气候温暖湿润，立体气候明显，降水量丰富，年平均降水量达1610mm；年平均无霜期340天，年平均日照4400小时，年平均气温19.3℃，雨量丰富，雨热同季，属南亚热带湿润季风气候。土壤以黄壤、红壤、红黄壤和石灰土为主，呈微酸性。全县面积3005.5km^2，辖18个乡镇、街道，161个行政村、4个社区，居住着布依、苗、瑶、壮、汉等19个民族，总人口32.6万人，其中少数民族占80.2%，是一个以布依族、苗族为主的少数民族聚居县。望谟县位于珠江上游，是下游广西、广东地区重要的绿色屏障，生态区位十分重要。全县生态良好，森林覆盖率达 67.31%。

二　退耕还林情况

芒果是著名的热带水果之一，具有适应性广、速生易长、结果期长和价值高的特点，因此享有“热带水果之王”的称誉。近年来，全世界芒果种植面积逐年扩大，产量也逐年上升。望谟县蔗香镇历史上就有野生芒果存在，其味香甜纯正，口感好，但由于交通闭塞，经济文化落后，一直没被发现。随着 2016 年贵州省农业科学院亚热带作物研究所专家在贵州省黔西南州南北盘江及红水河流域交汇处对野生芒果的发现和挖掘，证明了望谟县有条件发展芒果种植业。2016 年以来，望谟县紧紧抓住新一轮退耕还林大规模实施的机遇，大力发展芒果产业。截至 2022 年，望谟县芒果种植面积已达 10.69 万亩，投产面积将近 4 万亩。其中，适合纳入退耕还林工程项目补助的面积达到 3.5 万亩，盛果期面积 1.2 万亩，全县年产果 2.2 万 t，总产值 1.32 亿元，主要分布在望谟县的蟠桃、王母、平洞、乐元、油迈、蔗香、大观、昂武、桑郎、边饶等地，芒果产业助力农民增收致富效果显著，2022 年 2 月获得地理标志证书“望谟芒果”称号。

贵州省农业科学院亚热带作物研究所自 1989 年起，在望谟县进行芒果品种筛选工作，先后筛选出‘台农一号’‘金煌芒’‘金凤凰’3 个适宜贵州气候条件的芒果品种。

1.‘台农一号’

‘台农一号’是台湾省风山热带园艺分所用海顿（Hden）和爱文（Irwin）杂交选育的矮生早熟新品种。其树矮、节间短、叶窄、抗风抗病力强、着果率高。‘台农一号’被引入海南省后，表现较为丰产。嫁接苗定植后 3 年结果，单株产量可以达 5~10kg 或更高。6 月底至 7 月上旬成熟，果实呈尖宽卵形，稍扁，单果重 150~300g。

2.‘金煌芒’

‘金煌芒’果实特大且核薄，平均果重 915~1200g，最大可达 2400g。成熟果皮黄绿色，果肉橙黄色，味甜，纤维极少，肉质细滑，可食率 80.1%，可溶性固形物 17.3%，含酸量 0.10%，维生素 C 含量 4.69mg/100g 果肉，较耐贮运，中熟，抗炭疽病。该品种树势强壮，花朵大而稀疏，是我国海南、云南、广东等产区的主栽品种。

3.‘金凤凰’

‘金凤凰’平均果重 500~800g，最大可达 1000g。成熟果皮黄绿色，果肉橙黄色，味甜，纤维极少，肉质细滑，可食率 85.1%，可溶性固形物 18.1%，较耐贮运，中熟，抗炭疽病。该品种树势强壮，花朵大而稀疏。在我国海南、广西等地有少量种植，现在是望谟县主推品种。

三　栽培技术

（一）园地选择

1. 气候条件

选择在年平均气温 19.5℃以上，最冷月平均气温 10℃以上，年积温 6500℃以上，无霜或少霜地区种植。

2. 土壤条件

芒果园要求土层较厚，土壤质地良好，疏松肥沃，不易板结的地块，对土壤要求不苛。

3. 地形地势

芒果适宜在海拔 800m 以下，不积水，靠近水源的地区种植，以利春旱时能灌水保丰收。较大的果园应根据地形地势划分小区，道路及其他设施。选择坡耕地、荒山作为园地，其坡度在 35° 以下。

（二）苗木

生产性种植均选择嫁接苗，砧木为芒果，当砧木培育到径粗（离地面 15cm 高处）为 1cm 时，便可进行嫁接，嫁接时间以 3~4 月最好，8~10 月次之，高温多雨和低温阴雨的天气不宜嫁接，采用切接和补片芽接 2 种方式。

苗木质量和规格：嫁接口径不低于0.8cm，抽穗抽梢2蓬以上，每蓬梢具有完整的老熟叶片3片以上，无机械损伤和病虫害，根系发达。

（三）栽植

1. 栽植时间

芒果树栽植时间以春节前后为宜，定植建议在6~8月的阴天或雨前。

2. 种植密度

根据气候与土壤肥力及品种不同而异，可以采用的种植规格为4m×4m（44株/亩）、4m×3m（55株/亩）、2m×3m（110株/亩）3种。

3. 打坑

坡地按等高环梯状整地。园地要先清除树头、茅草、石块等，然后进行翻犁，最后按等高线开环山行或梯定点打窝。定植前1~2个月挖穴，一般挖穴规格为70cm×70cm×60cm。

4. 施底肥与回填土

每窝施腐熟的猪、牛粪或土杂肥10~15kg加过磷酸钙0.5kg作底肥。施底肥要与回填土一道在定植前1个月完成，边回填边施底肥，使肥料与回填土充分混合。

5. 定植

每年定植时间以6~8月为宜，选择阴天或晴天进行定植，定植时将苗木放入事先准备好的植穴中再回填土，种袋苗时必须除去塑料袋方可种植。苗木栽好后，在树盘周围覆土成直径30~50cm土堆，土堆的高度不高于苗木嫁接口，上部凹形，外高内低，斜度为10°~15°。

（四）修剪

修剪未成熟的嫩枝、嫩叶，成熟的老叶修剪去2/3，减少蒸发量，提高苗木的成活率。

（五）果园管理

1. 幼树管理

（1）施肥。当幼苗成活抽出第二茬梢时（一般定植1~2个月）需及时追肥。第一年共施肥2次，每2~3个月施肥1次，每次每株施复合肥10~20g或尿素5~10g；第二年共需施肥3~4次，每3个月施肥1次，每次施复合肥30~50g，11~12月施农家肥5~8kg；第三年的施肥时间、种类、方法与第二年一致，施肥量在原基础上需增加50%。

（2）病虫害防治。每次新梢抽出时，及时喷施10%吡虫啉、1.8%阿维·吡防效、速杀蚜、20%杀灭菊酯等杀虫剂，防治蚜虫和横纹尾夜蛾。

（3）整形修剪。在第一年或第二年（树高80~120cm时）进行定干，干高60~80cm，树形披散的宜高定，树形紧凑的宜矮定。清除徒长枝、交叉枝、重叠枝、弱枝和病虫枝。通过牵引、拉枝、短截等方法调整枝条位置、角度和生长势较悬殊的骨干枝。抹去花芽。

（4）套种与除草。一是以短养长，在芒果幼树期获得一定收入。二是节省除草用工。三是增加果园覆盖，改善土壤环境。

2. 结果树的管理

（1）秋梢。秋梢是芒果适龄树理想的结果母枝，一般要求采收后留二次秋梢，以二次秋梢作结果母枝。而且要求第一次梢在8月中下旬抽出，新梢长出后，每枝选留3个芽作为结果枝延长枝，其余部分摘除，减少养分消耗；第二次梢10月中下旬至11月上旬抽出，成为结果母枝。

（2）施肥。果后肥：主要以有机肥为主，结合深翻改土，每株还应增施速效氮肥0.5~1kg。

催花肥：开花前1个月为花芽分化期（11~12月），一般施硫酸铵或尿素0.5~1kg/株。

谢花肥：在芒果谢花时施1次速效氮、钾肥或结合喷药时加入0.5%~1%的磷酸氢钾或硝酸钾作为根外追肥。

壮果肥：施肥时间为每年的3~4月，此次施肥量占全年用量的60%，氮：磷：钾混合比例为8: 1: 8，结合灌水，以利于果实膨大所需水分和养分。

（3）剪修。花芽分化前修剪疏除过密枝、阴弱枝、病虫枝、交叉枝、重叠枝和徒长枝，增加树冠透光度，促进花芽分化。对生长过旺、多年不结果的植株可通过主枝环状剥皮、环割（环割后涂抹促花王二号）、扎铁丝及断根等方法抑制植株生长，促进花芽分化。

在第二次生理落果后（3~4 月）剪除影响果实发育的花梗与枝条，疏除畸形果、病虫果及过小的败育果；对未结果或开花不结果的枝条可酌情短截，促进抽梢，培养翌年的结果母枝，也可增加树冠的透光度。

采果后修剪是重点修剪时期，采果后及时短截结果枝至该次梢的基部 2~3 节。如出现株间枝条交叉，可短截至不交叉为止。对树冠中的病虫枝、过密、交叉、重叠枝和阴弱枝予以疏除，对因多年结果而衰弱的枝条和徒长枝一般应予剪除。

无论整形或修剪，都必须与施肥和病虫害防治紧密结合才能取得预期效果。对于修剪时造成的伤口可涂抹愈伤防腐膜保护，防病菌侵染，促进愈伤组织生长。芒果树秋季施肥修剪工作做完后，配合消毒杀菌全园喷洒护树，做好保温、防冻和消毒工作。

（4）控梢促花。适龄树不开花是芒果不稳产的重要原因，也是生产中较常见的现象。芒果树不开花与偏施氮肥、营养过旺及冬季暖和潮湿的天气有关。为了确保适龄芒果树能正常开花、结果，在生产上应利用激素和植物生长调节剂进行调控，同时利用养分调节及一些物理措施，促使树梢停止生长，使其积累足够的养分，进而及时转入花芽分化和开花。

应用植物生长调节剂来调控芒果的生长、开花、坐果来提高产量，是芒果生产上行之有效的措施。目前，生产上常用乙烯利、多效唑来调控。乙烯利进入植物体后，缓慢分解释放乙烯，对植物生长发育起调节作用，能促使植株花芽分化，并增加两性花比例，催花效果较好且稳定。多效唑是近年来广泛使用的一种新的低毒、残留期短、残留量少而效果较明显的植物生长延缓剂。它能抑制植物体内赤霉素的生物合成，从而抑制植物营养生长，同时促进其开花结果。

通过养分调节的方式主要有：一是喷施硝酸钾。喷施硝酸钾可使树体提前开花结果，促使因营养生长过旺而不能结果的树开花。但其促花效果较乙烯利、多效唑稍差。二是合理施肥。利用施肥来调节芒果的生长与发育是控梢、促花的重要手段之一。

（5）农业防治。因地制宜选用抗病虫害或耐病虫害优良品种；同一地块应种植单一品种，避免混栽不同成熟期品种；通过芒果抽梢期、花果期和采果后的修剪，去除交叉枝，过密枝、叶花、果并集中烧毁，减少传染源。

（6）物理机械防治。使用诱虫灯对夜间活动的害虫进行诱杀，利用黄色荧光灯驱赶吸果夜蛾；采用人工或借助工具捕杀象甲、金龟子等害虫及其蛹；利用颜色诱杀害虫，如黄色板、蓝色板和白色板；采用果实套袋技术，防治病虫害浸染，减少污染和病虫危害果。

（7）套袋。套袋主要作用是防止病虫害（果实蝇等）的危害及鸟类的侵袭。

套袋材料：羊皮纸、牛皮纸、复合纸。

套袋规格各有不同。其中小袋适用于 250g 以下的果实，如‘台农 1 号’‘金穗芒’‘青皮芒’‘红萍芒’。中袋适用于 250~500g 的果实，如‘桂热 82’‘桂热 120’‘桂热 10 号’‘攀西红芒’。大袋适用于 500~1000g 的果实，如‘红象牙’‘金兴’‘红贵妃’。超大袋适用于大于 1000g 的果实，如‘金煌芒’‘凯特’‘澳芒’。

套袋时间：一般在谢花后 50 天（部分品种果实长到 100~200g）。

套袋技术遵循一果一袋原则，严禁一袋多果。在套袋前，需先给果实喷一次杀虫、杀菌剂。套袋时，封口处距果实基部果柄着生点 5cm 左右，封口用细铁丝扎紧。红芒类品种应在果实着色后再进行套袋或采收前 10~15 天除袋增色。

套袋次序：先上后下，先里后外。

（8）疏果与修剪。疏果与修剪需按相关标准开展，对于大果型品种做到一穗一果，而小果型品种则一穗保留 2~4 果。

（9）摘袋时间。红芒类品种应采收前 10~15 天除袋增色。黄芒类品种和青皮芒类品种应采收前 1~3 天摘袋或采收时现摘袋。

（六）芒果生产应注意的问题

增加单位面积产量，提高产品品质要克服广种薄收的不良观念，提高单位面积投入（肥料、农药、劳动力等）。芒果在粗放管理或不科学的栽培管理下，会造成病虫害严重、单产低、成本高、品质低下。因此，应广泛推广新技术，培训农业技术干部和农户，改变芒果落后的栽培管理方式。

加强病虫害防治，病虫害不仅影响果实外观，还严重危及果实贮藏，如蒂腐病、炭疽病、果蝇等，因此，病虫害的防治是提高果实品质、贮藏的关键。在虫害方面，特别应注意芒果象甲的扩散，严格实施对该虫的检疫。果蝇仍是某些地区的主要问题，必须加强防治。

四 模式成效

（一）生态效益

望谟县自新一轮退耕还林工程启动实施以来，全县森林覆盖率迅速提高，生态环境明显改善。退耕还林工程增加芒果种植面积 3.5 多万亩，增加了望谟县森林面积，改善了局部地区小气候环境。

（二）经济效益

随着人们生活水平的提高，对于水果的需求越来越多。芒果的营养价值和性价比都很高，在市场上广受欢迎。芒果的加工产品比较多，在市场上比较有竞争力，随着市场需求量不断加大，越来越多的人开始种植芒果，品种越来越多，产量明显提高，芒果种植前景良好。望谟县芒果的正常亩产量为 1.8t 左右，1.2 万亩盛果期可产果 2.2 万 t，按每斤 3 元计，产值可达 1.32 亿元。再过几年，10.69 万亩芒果全部进入盛果期，其产值相当可观，是农村农民致富奔小康的好项目。

（三）社会效益

在乡村振兴战略实施进程中，产业振兴是最核心、最重要的一环，芒果产业已经成为望谟县部分乡镇产区老百姓致富的“金钥匙”。产业发展带动的乡镇农村剩余劳动力就业、种植、管护、采摘、运输等务工每人每天 150~300 元不等，为由于新冠疫情频发不稳定不确定因素导致外出务工无门而经济收入下降的农户提供了就业机会，增加了经济收入。望谟县在产业发展的道路上，贯彻落实新发展理念，依照整体性和关联性进行了系统的谋划，在实施乡村振兴战略中，因地制宜，以重点突破“产业兴旺”带动整体推进，既稳扎稳打，又与时俱进，走出了一条产业兴、生态美、农民富的新路子。

五 经验启示

（一）坚持因地制宜，抓好产业选择

退耕还林工程的实施，首先在于如何选择适宜的产业，其次在于产品的品质，而产品的“特优”是其长期发展的关键。只有将产品做到“独有”“特有”，使其具有不可替代性，才能实现产业的可持续发展。望谟县利用得天独厚的地理区位优势，选择了经过探索发展形成的芒果作为主

望谟县芒果丰收盛况（望谟县林业局供图）

导产业。坚持因地制宜，紧扣市场竞争力，选择了管理难度小、个头大、品种好的芒果作为种植对象，实现了产品的“特优”，使望谟县的特色产业得以迅速发展壮大，使产业走向可持续发展道路。

（二）建立示范基地，注重技术服务

芒果基地的建设，不仅为群众提供了现实的致富榜样和学习的机会，同时也是农业技术人员理论实践的平台，为产业发展注入科技含量，提高品牌影响力、竞争力和市场占有率。自基地建设以来，望谟县积极邀请技术专家开展种植示范及种植技术培训，培训内容主要包括品种选育、病虫害防治、果树栽培等。

（三）统筹资金筹措，筑牢发展基础

积极争取上级各项资金，将符合退耕还林条件的芒果造林地块优先纳入退耕还林项目进行补助，不符合退耕项目条件的地块由县级层面申请扶贫资金按照退耕还林补助标准进行补助。修建组组通道路和产业路，加大基础设施力度，为产业发展增效提速提供强有力支持，积极推进产业健康稳步发展。

（四）聚焦新型主体，优化组织方式

望谟县发展芒果产业，实施“科研院所＋基地＋农户”的多元帮扶模式，整合各类技术人员，开展技术培训，大力培养新型职业农民。坚持龙头带动，利益联结。以“三变”改革为核心引领，重点依托企业带动，采用“合作社＋农户”方式，鼓励农户自发种植。同时，创新运用“龙头企业＋合作社＋农户”“企业＋合作社＋基地＋农户”的发展模式，鼓励农户以土地入股，不投入资金，不担风险，基地务工另结收入，芒果销售利润分红，确保农户稳定增收。

（五）做好产销对接，拓宽销售渠道

鼓励农户积极参与到合作社中，在保证“质”与“量”的基础上，吸引更多的外地客商进驻。通过电商平台进行多渠道销售，积极引入农村淘宝平台、顺丰、“四通一达”等物流公司进驻，不断充实物流链确保销售途径的多元化。同时，围绕“望谟芒果”的品牌效应，望谟县紧密结合实际，将宣传工作作为一项重要事项提上议事日程，通过电视、报纸等传统媒体和网络平台等新兴媒体渠道，不断提高“望谟芒果”的知名度。

六　模式特点及适宜推广区域

（一）模式特点

贵州省农业科学院亚热带作物研究所专家等对黔西南州南北盘江河谷的野生芒果资源进行了调查，结果表明，望谟县有条件发展芒果种植业。于是望谟利用自身有利的环境条件，因地制宜，建设芒果基地，大力发展芒果产业。采用“科研院所＋基地＋农户”的帮扶模式，“龙头企业＋合作社＋农户”“企业＋合作社＋基地＋农户”的发展模式，最终成功打响了“望谟芒果”品牌。

（二）适宜推广区域

芒果性喜光、喜温暖，耐高温、不耐寒，其生长有效温度为15~35℃，最适生长温度为25~30℃，一般年降水量在700mm以上的地方均可种植。园地应选择在温暖且光照充足的地方，根据当地气候条件及地质条件，选择合适的栽种品种，以通透性良好的沙质壤土为最佳。我国芒果产区主要分布在海南、广东、广西、贵州、云南、四川等南方地区。

模式 13 兴义市仓更板栗模式

仓更镇属典型低热河谷地带，气候温和，土壤肥沃，为发展林业产业，当地林业局进行了长期的探索，最后确定发展当地特色品种——板栗产业。仓更板栗以个头适中、色雅味美，富含大量淀粉、蛋白质、脂肪、维生素 B 等多种营养成分及微量元素的特点，在市场上备受青睐，素有“板栗之乡”美誉。成功的模式具有指导性，可以复制、辐射。仓更镇按照“创新、协调、绿色、开放、共享”的发展理念，坚持生态建设与脱贫致富有机结合，结合自身优势，抢抓退耕还林工程发展机遇，大力发展板栗种植，走出了一条“生态产业化、产业生态化”的绿色发展新路子，成为仓更镇决战脱贫攻坚、决胜同步小康的主力军。

仓更板栗（兴义市林业局供图）

一 模式地概况

仓更镇位于兴义市南部边陲，地处东经 104°42′01″~104°49′40″、北纬 24°42′50″~24°49′35″的河谷地带，距市区 65km，与泥凼镇、捧乍镇、沧江乡、洛万乡毗邻，是沿江（南盘江）五乡镇的中心。全镇面积 71.80km^2，有林地面积 6.9466 万亩、森林面积 8.5315 万亩、生态公益林面积 0.7206 万亩（防护林）、经济林 6.8 万亩（以板栗为主，其次为柑橘等）、用材林 1.0109

万亩（以杉木、松木、桉木为主要树种），仓更镇现森林覆盖率达 79.23%。平均海拔 980m，年平均降水量 1350mm，年平均气温 20℃，年平均无霜期在 340 天以上，雨热同季。有仓更河、达力河流经镇内，达力河源于仓更镇鸡场，气候温和湿润，土壤肥沃，适宜板栗及多种农作物生长，辖区内有 3 村 1 社区 35 个村民小组 3773 户 14195 人，其中现有脱贫人口 214 户 873 人。仓更镇是贵州省板栗的主产区之一。同时，仓更的鸡枞不仅多，还和板栗一样有名，鸡枞对环境的要求比较苛刻，这里夏季高温高湿、土地肥沃、保水性好，为各种野生菌的生长提供了有利条件。

二 退耕还林情况

板栗是仓更镇乡土树种，种植板栗历史悠久，镇内有上百年的老板栗树，1990 年 12 月经贵州大学农学院生化营养研究所有关专家实地抽样检测，仓更板栗以个头适中、色雅味美，富含大量淀粉、蛋白质、脂肪、B 族维生素等多种营养成分及微量元素的特点，在市场上很受青睐。历届党委、政府通过调查，认为在仓更发展板栗种植对促进农民增产增收有极大推动作用。早在 20 世纪 70 年代通过一系列政策扶持，如对部分困难群众采取无偿供应苗木、发放无息贷款等扶持形式大力发动群众在自家耕地上种植板栗树，逐步形成规模和产业。

2002 年退耕还林实施以来，仓更镇紧紧抓住机遇，大力发展板栗产业，取得了显著的成效。截至 2022 年，仓更镇板栗种植总面积 5.5 万亩（其中退耕还林面积 0.85 万亩），挂果 2.5 万亩，年产板栗 400 万 kg，产值 0.16 亿元，覆盖带动 3 个村 1 个社区，35 个村民小组，3773 户 14195 人，其中贫困户 214 户 873 人。仓更板栗产业已为决战脱贫攻坚、决胜全面小康提供产业发展支撑，助力农民增收致富。

三 栽培技术

（一）园地选择

1. 气候条件

低热河谷地带，气候温和、土壤肥沃，是板栗种植和生长的理想场所。

2. 土壤条件

土壤微碱性、疏松肥沃、排水性好。土壤有机质含量达 1.5% 以上，土层厚度 60cm 以上，土壤 pH 值 5.5~6.5 最佳。

3. 地形地势

选择土壤肥力充足、厚实松软且排灌良好的坡耕地、荒山作为育苗地，其坡度在 35° 以下。在田间施足底肥，并做好整地工作，深翻土壤，消灭土壤中的病菌，将土壤整细、整平，做宽 0.5m、高 0.15m 的田畦，保留步道。

（二）苗木

1. 嫁接苗

砧木以板栗实生苗及野生板栗为主，板栗嫁接的最佳时期是 4~5 月，此时有利于伤口愈合，采用枝接和芽接两种方式。苗木质量和规格为嫁接口径不低于 0.6cm，抽穗长不低于 60cm，无机械损伤和病虫害且根系发达。提倡使用嫁接苗。

2. 实生苗

选用当地品质好、单株产量高、颗粒饱满、无病虫害的苗木进行培育。

（三）栽植

1. 栽植时间

种植板栗树苗的最佳时间为春秋两季，春季可在发芽前种植，秋季则在立秋后进行，最佳时间为春节前。

2. 栽植密度

（1）嫁接苗。以株行距 3m×4m 为宜，即 56 株 / 亩。坡度不低于 25°，立地条件差的地方可按 3m×3m 栽植，即 74 株 / 亩；坡度平缓，土壤肥沃的地方按株行距4m×4m栽植，即42株/亩。

（2）实生苗。以株行距4m×5m为宜，即33株/亩。坡度不低于25°，立地条件差的地方可按3m×4m栽植，即56株/亩；坡度平缓，土壤肥沃的地方按株行距5m×6m栽植，即22株/亩。嫁接苗种植3~5年后开始挂果，但盛果期短，实生苗种植7~10年后开始挂果，盛果期长很受当地种植农户青睐。

3. 定植准备

定植前挖60cm×60cm×60cm或80cm×80cm×80cm定植穴，挖定植穴时表土和底土分别堆放，回填时选用表土填埋。每穴施农家肥（腐熟）20~30kg或复合肥5~10kg与表土拌匀回填踩实。回填达到原地面高度后在穴面上筑30cm高的树盘待植苗。

4. 栽植技术

在树盘上挖40cm×40cm的栽植穴，将苗木的根系和枝叶适度修剪后放入穴中央，舒展根系，扶正，填细土，轻轻向上提苗，踏实，浇足定根水，使根系与土壤紧密接触。栽植深度以嫁接口径露出地面为宜。提倡使用薄膜或草覆盖根部，提高苗木成活率。

（四）经营管理

1. 土壤管理

（1）深翻扩穴，熟化土壤。采果后进行深翻扩穴改良土壤。在树冠外围滴水线处挖50cm×50cm的环状扩穴沟，逐年向外扩展40~50cm。在扩穴沟内回填绿肥及落叶，回填时表土放在底层，心土放在表层。

（2）绿肥种植与耕作。幼龄果园全园种植绿肥或套种矮秆作物。投产期果园采取树盘清耕行间生草方式。绿肥选用紫花苜蓿、三叶草、豌豆、小豆、饭豆等，在绿肥生物产量达到最大时及时刈割翻埋于土壤中。矮秆作物可种植大豆、辣椒、生姜等。

（3）松土除草。投产期在株行间进行多次松土除草，经常保持土壤疏松和无杂草状态。同时，保持园内清洁，减少病虫害。

2. 水分、施肥

仓更河、达力河流经镇内，达力河源于仓更镇鸡场，雨量充裕，空气湿度较大。仓更镇森林覆盖率达74%。其山清水秀、气候宜人，仓更板栗不施化肥、不打农药、无污染，是纯天然食品，使仓更享有“板栗之乡”的美称。

（五）整形修剪

板栗树修剪分冬剪和夏剪。冬剪是从落叶后至翌年春季萌动前进行，它能促进板栗树的长势和雌花形成。主要方法有短截、疏枝、回缩、缓放、拉枝和刻伤。夏剪主要是通过生长季节内的抹芽、摘心、除雄和疏枝等措施，促进分枝，增加雌花，提高结实率和单粒重。

1. 树形结构

板栗是壳斗科栗属落叶乔木，也是一种多年生特产经济树种。在自然状态下生长时，因受内外因素的影响，树体结构和树形多种多样，具有主干的幼树，占60%以上，两大杈和三大杈开心形各占33%和6%。目前，生产中常见的树形较多，主要有主干疏层形、自然半圆形、自然开心形和多主枝丛状形等。

2. 整形过程

定植后距地面50cm剪截定干。在剪口下15~20cm保留健壮的叶芽。萌芽后保留4~6个错落着生的健壮新梢，每节留一个枝，其余的一律抹除。

3. 修剪时间

（1）冬季修剪。根据树龄、产量等确定剪留强度及更新方式。采取幼树轻剪长放，老树更新复壮。

（2）夏季修剪。采用抹芽、定枝、新梢摘心、处理副梢等。利用夏季修剪措施对树体进行控制。

（六）花果管理

（1）控花。冬季修剪回缩、疏剪减少花量。

进行花前复剪，多留有单叶花枝，疏剪无叶花枝。

（2）人工疏果。在坐果后1个月左右，需进行人工疏果。

（七）病虫害防治

板栗主要虫害有剪枝象甲、栗实象甲等。仓更镇聚焦于打造不打农药、无污染的纯天然绿色食品。通过多次对比试验和不断摸索，找到了最有效、最原始的防治方法，即及时清理病枝，冬季涂抹石硫合剂，最大限度地减少病虫害的发生。

实施翻土、修剪、清洁果园、控梢等措施，减少病虫源，加强栽培管理，增强树势，提高树体自身抗病虫能力。

（八）果实采收

（1）拾栗子。树上的栗蓬自然成熟开裂，坚果落地后捡拾。此方法收获的栗子发育充实，外形美观，有光泽，品质优良，耐贮耐运，同时还可充分利用辅助劳动力。必须每天进行捡拾，否则栗果长时间在地下裸露，会失水风干，影响产量和果品质量。

（2）摇树。用力晃动栗树，使成熟的果实落地。采收后需进行分级包装才能运输、销售。

四　模式成效

（一）生态效益

仓更镇生态环境好，土壤肥沃，气候温和湿润，适宜板栗及多种作物生长，属于兴义市林业大镇，林业及林下产业收入占总收入75%以上，因此农民对植树造林积极性很高。退耕还林实施以前，全镇森林覆盖率已达65.8%，实施退耕还林后植被覆盖率大幅度提高达79.23%，生态环境明显改善。

（二）经济效益

2022年，全镇板栗总产值达0.16亿元，覆

仓更板栗分装（兴义市林业局供图）

盖带动贫困户214户873人。同时，有效带动本镇及周边县乡（镇）农村剩余劳动力就业，种植、管护、采摘、运输等工作每人每天150~300元不等。

（三）社会效益

仓更镇在产业发展的道路上，贯彻落实新发展理念，依照整体性和关联性进行了系统的谋划，在实施乡村振兴战略中，因地制宜、积极探索。立足板栗特色产业，充分发挥和利用优势，提高林地综合经营效益，挖掘林下产业发展潜力，打造立体林下经济，探索出了一条“板栗+N”的林下立体经济发展模式，充分提高林地综合利用率，进一步优化产业结构，拓宽了群众增收渠道，促进农村发展和农民增收。

五　经验启示

（一）坚持因地制宜，抓好产业选择

退耕还林工程实施以来，有了平台，首要问题就是如何选择产业。林业产业能做大做强、健康可持续发展，实现增效、增收，关键在于产品和品质的“特优”具有不可替代性，而“特优”

的不可替代性，关键在于地理、土壤、气候等资源要素的特有性。因此，选择主导产业，要因地制宜、突出优势。仓更镇根据地理区位、土地资源及特有的土壤和气候等优势，选择经过长期积累发展形成的仓更特有的板栗作为主导产业。近年来，根据省、州、市出台关于加快林下经济发展的系列文件精神，在市委、市政府的坚强领导下，仓更镇党委、政府立足板栗特色产业，充分发挥和利用森林覆盖优势，有效挖掘林下产业发展潜力，纵深推进农村产业革命，林下产业发展初见成效。

（二）建立示范基地，注重技术服务

仓更板栗基地的建设，不仅为群众提供了现实的致富榜样和学习机会，同时也是农业技术人员理论实践的平台，为产业发展注入科技含量，提高品牌影响力、竞争力和市场占有率。自基地建设以来，仓更镇积极邀请技术专家开展种植示范及种植技术培训，培训内容主要包括品种选育、病虫害防治、果树栽培、嫁接等。基地建设效益还体现在联合各村级支部，领办农民专业合作社，积极争取项目，积极引进龙头企业，强强联合，成立技术服务团队，整合技术人员及“土专家”等力量，结合“新时代农民讲习所”“农业专家精准服务脱贫攻坚”等活动，定期到示范点提供技术培训，打通产业发展技术服务的“最后一公里”。同时，加强销售业务知识培训，打造特色农产品电商服务平台，强化从业人员“线上+线下”销售思维，多渠道助推农产品销售。全方位开展培训活动，培育一批既懂种植又懂销售的新型人才，为林业产业腾飞奠定坚实的人才基础。

（三）统筹资金筹措，筑牢发展基础

积极争取上级各项资金，利用特别扶贫资金进行组组通道路建设，实现35个自然寨庭院硬化和连户路全覆盖，解决了26个自然寨人畜饮水困难。修建容量为600t的冷藏库，对板栗进行保鲜，拓展利润空间。随着基础设施建设，仓更镇综合农贸市场、“组组通”及“板栗+N”林下立体中药材种植工程等一个个项目的落地，不但极大地改善了全镇1万余人的生产生活环境，更进一步补齐了仓更产业发展的短板，推进板栗产业健康快速发展。在完善道路水利等基础设施建设的同时，仓更镇不断强化产业引领作用，使之成为脱贫致富、经济发展的新引擎。

（四）聚焦“村社合一”，发挥党建带动作用

采取“支部+公司+合作社（村社合一）+农户”的组织方式，把党支部建在合作社上，建在基地上，支部书记牵头，吸纳致富能手、种植大户、贫困户加入合作社，由合作社与企业签订收购合同，公司统一供种统一收购，合作社提供技术支持，农户自主种植和合作社统一种植，形成社员共建共管，利益集体分红的发展模式合力推进产业发展。

（五）做好产销对接，拓宽销售渠道

仓更镇通过中介组织办理相关品牌宣传和销售手续，通过农业部门农产品宣传网站等网络媒体的对外宣传，以无公害、绿色、有机食品打响“仓更板栗”品牌，扩大影响力，提高板栗产品价格，增加栗农收入。同时，围绕“仓更板栗”的品牌效应，仓更镇紧密结合实际，将宣传工作作为一项重要事项提上议事日程，通过电视、报纸等传统媒体和网络平台，不断提高仓更板栗的知名度。2008年1月，仓更板栗通过国家农产品地理标志认证，并荣获“全国无公害林果类产品”荣誉称号。

六 模式特点及适宜推广区域

（一）模式特点

2002年退耕还林实施以来，仓更镇紧紧抓住机遇，大力发展以板栗为龙头的仓更板栗

规模化、精品化种植。到2020年年底，全镇种植板栗总面积达5.5万亩，总产值达0.16亿元。仓更镇紧紧围绕重点中心工作，以“产业强镇、民生兴镇、平安稳镇”为目标，着力打造仓更“板栗小镇”，抓好“板栗＋N”林下中药材产业发展，持续促进群众增收致富，不断提升全镇经济社会发展水平，努力开创乡村振兴新篇章。

（二）适宜推广区域

板栗树生长于海拔370~2800m的地区，适应性强，抗逆性强，对土壤要求不严格，除极端沙土和黏土外，在其他任何土壤中均能生长。板栗树更适宜种植在微酸性土壤，土壤pH值在5.5~6.5，含盐量在0.2%以下的土壤结果良好。南方板栗树生长要求年平均气温在15~17℃，一般冬季气温不低于–10℃。

模式14 赤水市红心蜜柚模式

赤水市红心蜜柚个大皮薄、肉嫩多汁、果皮光滑、香甜滋润、营养丰富，深受群众喜爱。2016年以来，赤水市官渡镇按照脱贫攻坚产业发展工作要求，围绕种植业“211”工程，强力推进精品水果红心蜜柚种植，持续推进林业产业结构调整升级，以产业振兴为抓手，全面助推乡村振兴稳步前行。

官渡镇退耕还红心蜜柚种植基地（赤水市林业局供图）

一 模式地概况

官渡镇地处云贵高原与四川盆地交接地带，位于赤水市东部，镇所在地距赤水市市区72km，东南离习水县县城36km，北距合江县县城46km，拥有优越且独特的区位条件。镇域面积204km^2，共有9个行政村2个社区56个村民小组7个居民组，人口3.1万人。属亚热带季风气候区，降水充沛，四季分明，冬无严寒，夏无酷暑，年平均气温18.2℃，年平均降水量1084mm。最高气温39℃，最低气温-4℃，年平均无霜期约280天，境内植被良好，森林覆盖率达82%。

二 退耕还林情况

官渡镇2016年退耕还林面积2455.2亩，全部用于红心柚种植，官渡镇为种植红心柚提供土地基础，为打造种植示范点提供强有力阵地保障。2020年新一轮退耕还林面积964.4亩，持续提升红心柚种植面积覆盖范围。

三 栽培技术

（一）园地选择

官渡镇具有气候湿润、生态条件优越、交通便捷、灌溉保障等优越条件。种植实施区主要分布低热河谷区，年平均气温15~18.2℃，极端最高气温40~43.2℃，极端最低气温-4.9~-1.9℃，1月平均气温4.4~7.9℃，无霜期300~355天，年降水量760~1450mm。土壤质地良好，疏松肥沃。土壤有机质含量达1.5%以上，土层厚度60cm以上，土壤pH值控制在5.5~6.5。

（二）苗木

应选择无病虫危害、无霉病的健壮红心柚种苗。切忌用病虫危害和干烂霉病的种苗，否则将会给生产带来极大的损失。

（三）栽培技术

1. 栽培时间

在春季（2月中旬至3月）栽种，原因是充分利用植株休眠，体内积累有机养料充足，同时阳春三月是气候回升、风和日暖、万物复苏的黄金季节，温湿度、日照、雨水利于果苗迅速萌发。

2. 栽培密度

株距4m×4m或者4m×5m，一般亩栽40株左右，也可矮化，密植，亩栽50~60株。

3. 栽培方法

挖坑深、宽各50~80cm，先将表土和基肥填入坑底，距坑口地表20cm左右。栽植时，把浸泡充分的苗木根系用剪子修整后垂直放入坑中，根系向四周舒展，然后填土踏实，与地面平齐为止，再灌透水、封土。疏松窝内上层土壤，把腐熟堆肥15kg、磷肥1.2kg、钾肥0.6kg充分混合，然后填入并踩实，最后覆盖一层细土。在这上面挖一个足够柚子苗木容身的小坑，确保苗木挺立，舒展根系，填上细土。用绿肥或稻草覆盖树盘，保持温度和湿度以提高柚子苗成活率。经过20~30天，幼苗恢复生长，在此期间为了促进生长，10~15天施肥一次。为了达到早果、优质、丰产的目的，可在种植后第二年进行扩穴改土。具体做法：在树冠滴水线下按对称在两侧开挖深60~70cm、宽40~50cm的条沟，填入绿肥、火烧土各一担，1.5kg钙镁磷肥，适量的石灰和表土，分层施入，压实以改良土壤。

（四）修枝整形

1. 幼树整形

苗木定植后，在嫁接口以上30~50cm处剪截定干。抽梢后，选留3~4个生长强壮、四周分均匀、相互间有一定间隔的新梢作为主枝，其余抹除。每个主枝顶端继续延长至40cm左右时，及时摘心打顶。在每个主枝上选留位置适当的强壮分枝2~3个作为副主枝。主干、副主枝间应保持适当的间隔，使分生的侧枝能得到充分的光照。同时，抹除主干和主枝上的交叉枝、重叠枝、扰乱树形的徒长枝等和位置不当的枝芽。

2. 结果树修剪

红心蜜柚结果树一般只抽春梢，夏秋梢很少，内膛结果能力强。因此，初结果树修剪宜轻不宜重，一般只将位置不当的徒长枝、病虫枝、枯枝及过密纤弱枝等疏除，多留内膛枝，不短截结果母枝。成年树树冠已形成，修剪对象主要是骨干枝上的侧枝及其上所生各类枝梢，目的在于调节生长和结果的均衡。修剪的原则是强树重疏剪，少短剪，疏除密生枝、直立枝组和侧枝，保留下垂枝和弱枝，以利于开花结果。衰弱树多在强枝上结果，应采取去弱留强、多留有叶果枝。

3. 衰老树的更新

衰老树更新修剪时间以春梢萌发前或停止生长后和夏梢发生前5~6月为宜。老龄树用露骨更新，更新时保留主枝和副主枝，树冠上3~4

年生侧枝应全部剪除，树冠不留叶片，以促进强梢的发生。萌芽抽梢后，再抹芽控梢，1~2年内即可形成新树冠，恢复结果。对于部分枝条尚有结果能力的衰退枝，可用轮换更新的方法，每年更新一部分，2~3年全树更新完毕。

（五）病虫害防治

1. 主要病害

红心蜜柚主要病害有黄龙病、溃疡病、疮痂病、炭疽病。溃疡病危害比较严重。溃疡病由细菌引起，主要侵害新梢、嫩叶和幼果，形成近圆形、木栓化、表面粗糙、黄褐色且直径为0.3~0.5cm的溃疡斑，引起落叶、落果，影响生长和产量，降低果实外观品质和内在质量。防治方法以预防为主，综合治理，严格检疫制度，建立无病母本园、采穗圃和育苗基地，防止病苗出圃。发病园地应采取综合措施防治。

（1）彻底清园。采收后剪除病枝、病叶，清理病果落果，就地烧毁。清园后全面喷洒石硫合剂，消灭越冬病源。

（2）每次抽梢期及时防治传染病源的害虫。如潜叶蛾和恶性叶虫等。

（3）每次新梢露顶后（自剪前）及花谢后每隔10天、30天、50天喷一次药。可选药物有1∶2∶100倍波尔多液，每毫升600~1000单位的农用链霉素加1%乙醇溶液、50%代森锌水剂500~800倍液、50%退菌特粉剂500~800倍液等。

2. 主要虫害

红心蜜柚主要虫害有红蜘蛛、锈壁虱等螨类，矢尖蚧、褐圆蚧等蚧类及柑橘潜叶蛾、吉丁虫等。

螨类防治可用73%的克螨特乳油2000~4000倍液、50%的三唑环锡1500~2000倍液、20%三氯杀螨醇乳油800~1000倍液喷洒；蚧类防治可在幼虫发生期连续喷洒40%的氧化乐果乳油1000倍液、20%杀灭菊酯乳油3000倍液1~2次；柑橘潜叶蛾防治可在大多数新梢长到0.5~1.0cm时开始每隔5~10天喷一次25%溴氰菊酯2500~3000倍液或40%水胺硫磷800~1000倍液；吉丁防治可在成虫羽化盛期未出洞前，刮光树干已死树皮，用1∶1的40%乐果乳油加煤油涂在被害处。

四 模式成效

（一）生态效益

红心蜜柚为群众提供更多绿色、健康精品水果，有利于人们保持健康的身体。结合乡村振兴示范点建设，具有一定的观赏价值，丰富赤水旅游文化的内涵，并能为游客带来对比式、自助式的品尝等新型消费体验。同时，红心蜜柚的种植提高了森林覆盖率，改善了当地生态环境。

（二）经济效益

在该模式中，红心蜜柚销售受益群众占90%，10%交专业合作社作为村集体经济收入。按照54株/亩，每株挂果25个，每果2kg计算，群众保底亩收入3888元，村集体经济增收432元。通过申请上级财政资金、东西部协作资金和自筹资金建成精深加工项目，完成250t柚子茶、柚子果脯等产品的本地加工，产值达2860万元。通过本地建生产线，切实降低加工成本，实现利润1058万元。

（三）社会效益

项目可提供多个临时就业岗位，解决农村富余劳动力，稳定社会治安。采取“合作社＋农

红心蜜柚丰收（赤水市林业局供图）

户”的模式，引进公司先进技术，提升精品水果产业的科技含量和规范化生产能力，推进农村产业结构调整。项目建成后，可提升红心蜜柚产量、品质，促使区域内红心蜜柚标准化、品牌化，不仅提升红心柚市场价值，还为消费者提供更安全、更优质的精品水果。

五　经验启示

官渡镇结合红心蜜柚产业发展现状及发展趋势，坚持以问题为指引、以目标为导向，在提高红心柚鲜果产量品质、提升农产品附加值、建立产品品牌营销体系 3 个环节上精准谋划项目，配套完善产业链，进一步推动一二三产业深度融合。

（一）推进红心蜜柚种植基地提质增效

2021 年，红心柚基地进入丰产期约 200 亩，产量 300t，主要销售到四川、重庆、广东等地区，售价仅 0.5 元 /kg。虽然未滞销，但鲜果面临产量不高、品质不佳等诸多问题，推动一产基地提质增效迫在眉睫。为此，通过申报 2023 年财政资金，打造 800 亩已进入成熟期的红心蜜柚果林品质提升示范点，实施水肥和病虫害防治一体化配套设施建设，并通过科技赋能，完善水肥配方改良、病虫害防治技术、产品商标注册、绿色食品认证等农业技术成果转化，建设标准化、规模化、现代化农业产业基地。

（二）建全产业链提升农产品附加值

随着红心蜜柚基地进入盛产期，其种植面积不断增加。从 2024 年预期产量来看，有必要新建红心蜜柚加工厂，解决鲜果滞销问题。同时，提高农产品加工转化率，提升产品附加值。2021 年，官渡镇通过争取东西部协作资金 500 万元，建成了红心柚精深加工厂主体厂房及配套设施，完成蜂蜜柚子茶、柚子果脯等产品的本地加工。

（三）建立产品品牌营销体系

通过拓展鲜果市场，红心柚基本建立了农产品销售渠道。柚子果脯、蜂蜜柚茶等红心柚附加产品通过加工销售，建立了一定的市场基础。线上销售渠道主要在淘宝、拼多多等电商平台设立店铺。通过官渡镇外出成功人士帮助，开发了“官渡心连心”小程序，通过平台搭建销售渠道。线下销售主要依托省供销社“黔货出山”政策支持，在贵阳、遵义、习水、仁怀等商超供货。通过东西部协作结对帮扶企业支持，与金湾区个体劳动者协会签订结对帮扶协议，与珠海佰斯纳特企业达成产销对接采购意向。通过申报财政资金，新建品牌展销中心，拓展市场渠道，塑造产品品牌化、市场化。

六　模式特点及适宜推广区域

（一）模式特点

赤水市种植红心蜜柚核心竞争力优势明显，将自然优势和资源优势转变为经济优势，解决部分农民的就业问题，通过产品精深加工，解决不能利用的残次果等，提高残次果附加值，官渡镇通过注册“官渡福柚”和“官渡柚礼”两个品牌，打造“一镇一特”优势品牌，促进水果产业结构调整，带动果农增收致富，全力刺激本地经济发展，改善现有的经济发展状况，推动官渡镇一二三产业融合发展，是官渡镇巩固和拓展脱贫攻坚成果，推进乡村振兴有效衔接的亮点之一。

（二）适宜推广区域

红心蜜柚适宜在亚热带季风气候地区生长，适应性广、抗逆性强，喜气候温和及土层深厚、肥沃、疏松的生态环境，土壤 pH 值在 5.5~6.5、光照充足、排灌方便，在宜种柑橘的河谷、平坝、丘陵地区均可种植。如今红心柚在福建、四川、重庆、湖南、广东、贵州等地均有大量种植。

模式 15 开阳县富硒甜柿模式

硒是一种重要的微量元素，对人体健康有益，不仅可预防癌症、心脏病、糖尿病等慢性疾病，还可以增强人体免疫力。开阳县内土壤富含硒，是国内三大富硒资源地区之一，属中国极少有、贵州唯一的天然适度富硒区域。近年来，开阳县找到叫响“富硒品牌”和擦亮生态品牌两者的平衡点，实现用优质资源打造优质品牌、用优质品牌引领优质产业，再用优质产业开发优质资源的良性循环。大力开发硒、利用硒、发展硒，集中成片发展富硒产业。2002 年退耕还林工程实施以来，开阳县禀赋富硒资源和生态优势大力发展富硒茶叶、果树、食用菌和中药材等富硒产业，打响开阳富硒特色品牌。

开阳县富硒甜柿（贵阳市林业局供图）

一 模式地概况

开阳县位于贵州省中部，地处东经 106°45′~107°17′、北纬 26°48′~27°22′，县域面积 2026km^2。开阳县属黔中高原区，地势较高、起伏不平，地质构造复杂多样。最高海拔 1702m，最低海拔 506.5m，平均海拔 1000~1400m。境内大部分地区属北亚热带季风湿润气候，四季分明，春暖风和，冬无严寒，夏无酷暑，水热同季，无霜期长，春迟夏短，秋早冬长，多云雾，湿度大。年平均气温介于10.6~15.30℃，适合柿树生长。境内99.91%土壤富含硒元素，土壤中硒元素含量175~7380μg/kg，平均值为588μg/kg，是全国平均值的2倍，动植物硒含量在50~280μg/kg，符合联合国卫生组织保健品含硒量标准，被中国富硒联盟评为“中国十大富硒之乡”。

二　退耕还林情况

开阳县从2002年实施退耕还林工程以来，共实施退耕还林面积20.47万亩，其中退耕地造林15.77万亩、宜林荒山荒地造林3.2万亩、封山育林1.5万亩。涉及树种主要有杉木、马尾松、柳杉、茶、柿子、李子、桃子等。通过实施退耕还林，带动了部分乡镇的林业产业发展，如南江乡的枇杷、南龙乡的富硒茶、花梨镇的黄桃和龙水乡的富硒甜柿等。开阳县龙水乡花山村通过“公司+合作社”和“公司+合作社+农户”的模式，流转土地种植了2万余亩富硒甜柿，盛产期富硒甜柿亩产可达3500kg，每亩纯收入可达5000元，真正实现了产业促进农户增收致富，助力乡村振兴。

三　栽培技术

（一）园地选择

柿园选择应在交通便利、光照充足、土壤肥沃且有良好的通风条件的平地或缓坡地，不要选在风口、低洼地。甜柿要求地块更肥沃平坦，最好为土层较深的中性壤土。

（二）苗木及栽植

选用Ⅱ级以上嫁接苗，径0.6cm以上、抽梢60cm以上。

栽植方法：按定植点挖好80cm×80cm的栽植穴，注意表土和心土分开堆放，拣出石块及草根。栽植时，按每穴20~60kg基肥混合表土后回填，土层极薄的地方要客土回填，表土要尽量填在接近根群处，注意使根系充分舒展，填入表土后应轻轻振动柿苗，使土壤充分流入根隙中，根群与土壤密接，覆土时边填边踏实，多余的土在穴边修成土埂（以便浇水），再覆细土。注意栽时保持树体端正，栽后及时浇透定根水。

（三）栽后管理

苗木栽植后，如遇天气干旱时应及时浇水。一般情况下，定植后每隔7~10天浇1次水，连续浇2~3次。可在树盘上用宽1m的地膜覆盖，保湿增温，促进柿苗早生快发。当苗木新梢萌芽时，每株施淡尿水或尿素20g，新梢生长至10cm长时加施1次尿素、三元复合肥各10~20g，每次施肥后应浇足水。高温干旱季节应对柿苗进行稻草覆盖，改善果园小气候，放梢期间施肥要勤施薄施，同时结合病虫害防治，保证苗木健壮生长。

（四）合理施肥

柿树根系渗透压比较低，施肥浓度不宜过高，应少量多次，柿树根系活动晚，第一次高峰在新梢停长后至开花前，因此第一次追肥宜晚，而根系停止生长早，所以基肥要早施；柿树具有高氮、低磷、高钾及对氮肥敏感的矿质营养特点，7月以后，尤其是果实接近成熟时，对钾肥需求高于氮肥、磷肥，所以后期应多施钾肥；柿树对肥效迟钝，特别是对磷肥不敏感，过多施用会抑制其生长，磷肥宜配合基肥使用；铁主要存在于根系中，是叶片含量的4倍多，结合叶面喷肥，有利于急需养分的补充。

（五）修枝整形

1. 幼树修剪

幼树结合整形进行修剪，宜轻剪，主要目的是培养树形。

苗木定植后，一般在苗木距地面1~1.2m处剪截定干。剪口下30~40cm的整形带要有5~6个饱满芽。定干的剪口应是略呈马蹄形的斜面，并与剪口芽有 1~1.5cm 的距离，不宜太近，否则会抑制剪口枝的生长。发枝后按照树形结构特点，选留部位合适的枝条分别作中心干、主枝和侧枝，对其延长头进行短截，柿树主枝开张角度以 40°~45° 为宜。选留的同层主枝方位要适宜、生长势较均衡、保持一定的层内距，上层与下层主枝不能重叠，要插空选留，一层侧枝应与主干相距 50~60cm。中心干、主枝、侧枝当年发生的剪留长度依次为 40~50cm、30~40cm 和 30cm。苗木经过这样 5~6 年选留和培养可基本成形。

2. 盛果期修剪

柿树成形后，树姿开张，进入盛果期，在此期间大枝弯曲，邻枝、邻树易交叉，结果部位外移。可因树修剪，随枝作形，以疏为主、短截为辅或多疏剪、少短截。

（六）主要虫害防治

柿树虫害主要有柿蒂虫、柿绵蚧、柿长绵粉蚧、柿毛虫、柿斑叶蝉和草履蚧等，要根据病虫害发生规律及时防治。

1. 柿蒂虫

冬季或早春刮除大枝干、枝杈老翘皮，清除根颈周围浅土层及杂物，并集中烧毁，消灭部分越冬幼虫。在幼虫危害期（6~8 月）及时捡拾僵果，摘除虫果、干柿或黄脸柿，注意彻底地将柿蒂连同被害果一起摘除，集中深埋处理，及时消灭幼虫或蛹，可有效降低虫口密度。越冬幼虫脱果（8 月中下旬）前，主干绑草把或诱虫带，诱集越冬幼虫，冬季烧毁处理。果园安装杀虫灯，诱杀成虫。在两代成虫羽化盛期和产卵期（一般在 7 月中旬至 8 月中旬），每隔 10~15 天喷菊酯类药剂 2000~3000 倍液，或其他有机磷药剂 800~1000 倍液，喷药重点部位是果蒂。

2. 柿绵蚧

主要防治方法为保护天敌。常见柿绵蚧的天敌有黑缘红瓢虫、红点唇瓢虫、小黑瓢虫和草蜻蛉等。柿绵蚧的药剂防治有两个关键时期：第一个是在刮老翘皮的基础上，即接近发芽前喷 3~5 波美度石硫合剂及用 5% 柴油乳剂涂干，基本上能控制全年危害。第二个防治关键时期在越冬若虫出蛰盛期（5 月上旬），当越冬若虫离开越冬部位尚未形成蜡壳前，喷 40% 乐果乳油 1500 倍液，或 50% 敌敌畏乳油 1000 倍液，或 0.5~1 波美度石硫合剂，或 2.5% 氯氟氰菊酯乳油 2000~3000 倍液，发生严重时，间隔 10 天喷 1 次，连喷 2 次。如果第二代若虫以后再防治，基本不能控制危害。

3. 柿长绵粉蚧

越冬期结合防治其他害虫刮树皮，用硬刷刷除越冬若虫。落叶后或发芽前喷洒 3~5 波美度石硫合剂，或 45% 晶体石硫合剂 20~30 倍液，或 5% 柴油乳剂。若虫出蛰活动后和卵孵化盛期喷 40% 杀扑磷乳油 1000~1500 倍液，或 80% 敌敌畏乳油、40% 乐果乳油 1000 倍液，特别是对初孵转移的若虫效果很好，如能混用含油量 1% 柴油乳剂有明显增效作用。

开阳县富硒甜柿（贵阳市林业局供图）

四 模式成效

（一）生态环境改善，生态效益显现

开阳县退耕还林工程重点规划在生态脆弱、水土流失严重河流源头及陡坡耕地上实施。坚持尊重规律，因地制宜，科学规划，适地适树；坚持乔灌草结合，针阔叶混交，造、封、管并

举。退耕还林工程的实施提高了森林覆盖率，区域的水土保持、水源涵养、固碳释氧、生态防护等各项生态功能全面提升，水土流失治理效果十分明显，退耕还林的生态效益初步显现，生态环境得到明显改善，奠定了林业生态工程建设的基石。

（二）助力农户增收致富，生态产业兴起

通过退耕地还经济林，形成了一批地方特色经济林产业，如开阳县龙水乡实施的富硒甜柿，通过“公司＋合作社＋农户”的模式，种植了2万余亩富硒甜柿，盛产期富硒甜柿亩产可达3500kg，每亩纯收入可达5000元，户均年收益在1.2万元以上，成为助推当地农户增收致富的主要产业，并辐射带动周边发展，经济效益稳步提升。

（三）生产方式改变，社会效益凸显

退耕还林工程的实施改变了农村原有的耕作方式，退耕农户不再常年经营贫瘠的陡坡耕地，把大量农村劳动力解放出来，退耕农户通过外出务工、经营茶园果园、发展乡村旅游等方式，拓宽了就业途径，改变了生产方式，提高了生活质量，加快了脱贫致富步伐和全面建成小康社会进程，退耕地区社会稳定，社会效益逐步凸显。通过退耕还林工程的实施，发展壮大了林果产业、林下药材、特色养殖、苗木花卉等特色产业，促进了农村产业结构调整。

五 经验启示

（一）强化顶层设计，注重规划引领

开阳县组建硒产业发展中心，出台《关于创新体制机制整体推进硒产业发展的意见》《开阳县硒产业发展奖补资金兑现办法（试行）》等文件，以政策引领推动“硒资源”向“硒产业”蜕变，提出“打造硒为特色的宜居宜业宜游康养目的地”的发展定位，聚焦全链条拓展、全方位提升和高质量发展，全面实现富硒产业提质增效，打造“印象硒州”名片。

（二）强化企业培育，坚持龙头引领

挂牌成立富硒农产品加工产业园，通过“政府主导、企业主体，科技赋能、创新引领”机制，推动生产与加工、产品与市场、企业与农户协同发展。截至2023年，已入驻食品、药品类加工企业23家，实现富硒食品产值2.08亿元。目前，园区拥有南方乳业、贵州硒谷科技等4家规模以上工业企业，成功研发富硒含片、富硒代餐粉、富硒辣子鸡油辣椒、富硒面条、高硒食品原料等10余种标准化富硒深加工产品。

（三）强化品牌建设，发挥特色引领

制定发布省级地方标准2个、团体标准14个，建成全国首个富硒特色商业街区——中国硒街，培育“印象硒州”区域公共品牌；拥有国家地理标志保护产品2个、中国十大富硒品牌2个；富硒农产品公用品牌3个；地理标志证明商标1个；省名牌产品5个；省市知名品牌、商标30多个。

（四）强化科技支撑，推动科研引领

创建贵州省富硒产品研究中心和贵阳市硒资源高值转化利用专家工作站，提升富硒资源高值化利用和富硒产品精深加工创新能力。与新腾数致网络科技有限公司、中国农业大学开展全方位、宽领域、多层次的交流合作，签订《富硒预制菜产业高质量发展战略合作协议》《共建中国农业大学开阳教授工作站合作协议》等相关协议，搭建高校、政府、企业的合作交流平台，借力高校人才和学科建设优势，实现富硒产业与产学研深度对接，促进更多科研成果在开阳落地转化。

六 模式特点及适宜推广区域

（一）模式特点

开阳县立足资源优势，打造富硒品牌。以推动“黔货”出山为抓手，大力发展富硒茶、富硒水果等特色农林产品。开阳县花山村富硒甜柿采取“党建+公司+农户”的发展模式，由村党支部牵头，公司出资，农民出地的方式盘活农村闲置土地，增加了劳动力就业岗位，辐射带动周边产业发展。在富硒甜柿产业发展过程中，实现了用优质资源打造优质品牌、用优势品牌引领优质产业的良性循环。

（二）适宜推广区域

甜柿栽培要求年平均气温通常为14~18℃，冬季气温低于-15℃会发生冻害，果实成熟期气温不应低于18℃。甜柿栽培适宜的海拔为1000~1700m，若海拔过高、积温低，则果实着色差、味淡，甚至不能完全脱涩；若海拔过低、积温高，则果实肉质粗糙、软化果多，品质下降。甜柿要求年降水量700~1200mm，全年无霜期260天以上。目前，甜柿在我国山西、安徽、湖北、四川、贵州、云南、福建等地均有分布。

第二篇

退耕还林工程
助力林业产业发展绩优模式

在退耕还林工程的推动下，贵州省各地积极探索与壮大林业产业融合发展模式，这些模式不仅提高了林业产业的经济效益，还带动了农民增收，实现了生态与经济的双赢。如湄潭茶产业就是其中的一个典型。湄潭县利用退耕还林政策大力发展茶叶产业，同时，还将茶叶产业与旅游业相结合，打造了独具特色的茶文化旅游品牌。如油茶、山桐子两种以生产木本食用油为主要目的林木种植模式，不仅推动了地方经济快速发展，更能为国家粮油安全和木材安全作出贡献。在退耕还林工程实施过程中，结合当地自然条件和资源优势，选择适合的药用林、珍稀树种和良种进行种植，以实现生态效益和经济效益的双重收获，进一步推动了林业产业的可持续发展。

湄潭县退耕还茶示范园（宋林摄）

模式 16 湄潭县茶产业模式

湄潭县是“贵州茶业第一县”，所产“湄潭翠芽”“遵义红”“贵州针”“湄江翠片”等品牌茶叶享誉全国。湄潭县产茶历史悠久，茶圣陆羽在《茶经》上记述：“茶生夷州，每得之，其味必佳。”湄潭地处古夷州之中心腹地，自古以来，湄潭人民爱茶、种茶，茶叶经济兴旺。茶叶，为湄潭经济带来一池活水，使昔日的荒山穷山变成了绿水青山、金山银山。在退耕还林工程中，湄潭县充分发挥本地自然优势条件，利用退耕还林发展茶产业，推进了生态文明建设，创建了典型的退耕还茶模式，在精准扶贫和乡村振兴中发挥了重要作用。

湄潭县退耕还茶基地（杨永艳摄）

一 模式地概况

湄潭县隶属贵州省遵义市，位于东经107°15′36″~107°41′08″、北纬27°20′18″~28°12′30″，县域面积1844.9km²，地处云贵高原至湖南丘陵的过渡地带，全县平均海拔972.7m。湄潭县属亚热带湿润季风气候，冬无严寒，夏无酷暑，雨热同季，年平均气温14.9℃，最冷月（1月）平均气温3.8℃，极端最低气温-7.8℃；最热月（7月）平均气温25.1℃，极端最高气温37.4℃，无明显热害和冷冻，年平均无霜期284天，年平均日照时数1163小时。年总辐射量3488MJ/m^2，为中国太阳辐射最低的地区之一。年平均降水量为1137mm。总体地貌为黔中丘原和黔北山原中山峡谷类型，自然肥力高，富含氮、磷、钾和有机质。良好的气候与土壤条件为多种植物的生存繁衍创造了优越环境，境内森林资源丰富，主要森林群落有马尾松针叶纯林、针阔混交林、阔叶混交林、竹林、茶叶灌木林等。森林覆盖率65.43%，森林蓄积量752.85万m^3。湄潭县总人口50.2万人，2019年全县生产总值124.64亿元，农民人均可支配收入1.4万元，小康社会实现程度达96.2%。湄潭县是中国名茶之乡，素有“云贵小江南”之美誉，是一座风光秀丽、茶香四溢的山水田园城市。

二　退耕还林情况

湄潭县退耕还林始于2002年，到2019年，退耕还林面积16.28万亩，退耕户9.27万户35.58万人，分别占全县农户数（12.42万户）和农业人口（42.02万人）的74.64%、84.67%。在退耕还林中，湄潭县始终坚持“宜茶则茶”的原则，适茶坡耕地基本退耕还茶，退耕还茶面积7.15万亩，占退耕还林面积的43.92%，退耕还茶农户5.21万户16.32万人。湄潭县退耕还茶主要经验做法有：

（一）示范带动

退耕还茶开展前的2001年，湄潭县茶园面积只有4.2万亩。虽然湄潭县有着悠久的种茶历史及成功的种茶技术，但种茶投入成本高（2000元/亩）、见效慢（4年），从而制约了农户种茶的积极性。实施退耕还林政策后，有国家补助支撑，减少了农户投入，农户踊跃实施退耕还茶，由此推动了湄潭县茶叶产业大发展。截至2019年，建成茶园60万亩，拥有2亩以上茶园的农户数8.8万户，从业人口35.1万余人。

（二）建立茶叶市场

湄潭县在退耕还茶的同时，建设茶青交易市场，鼓励茶叶加工企业发展等。一是县政府出资在茶区新建茶青交易市场；二是个人新建茶叶加工厂，县政府根据建设规模给予10万~50万元补助；三是助力原有企业更新设备扩大规模。这些举措提升了茶市场的活跃度，使茶青销售价格逐年走高，激发了退耕户自主经营茶园积极性，也进一步推动了退耕还茶实施。全县茶区建有茶青交易市场38个，农户采摘的茶青均可在30分钟内进入市场交易。中国茶城建在湄潭，是农业农村部定点市场和商务部定点出口市场。

（三）探索私人订制模式

自2013年起，各茶叶企业为确保茶叶生产质量，先后开展“流转返租、私人订制”模式，全县茶园基本流转到企业中，并按欧洲标准管理，由企业出资统一生产，针对病虫害统防统治，统一配方施肥，再返租给农户耕种。茶青则按市场价定厂销售，所获收入全额归农户所有。与此同时，企业积极与茶叶需求客户开展联谊活动，企业按客户具体要求，为其量身定制茶叶及相关茶叶产品。这不仅提升了茶叶质量，而且拓展了客户，有力地促进了茶产业进一步发展。

（四）打造茶叶品牌

湄潭县高度重视茶叶品牌建设，全县有茶叶商标150余个，湄潭的“湄潭翠芽”和“遵义红”被列为贵州省“三绿一红”重点品牌发展，占贵州省发展重点品牌的半壁河山。“湄潭翠芽”获中国驰名商标和国家农产品地理标志保护，品牌价值达16.38亿元。2015年，在意大利米兰世博会上，“湄潭翠芽”“遵义红”均获得百年世博中国名茶金奖。

（五）培育龙头企业

湄潭县注重茶业龙头企业培育，全县拥有茶叶加工企业528家，其中国家级龙头企业4家、省级龙头企业19家、市级17家，产品涉及绿茶、红茶、黑茶及茶籽油、茶多酚、茶树花等12类综合开发产品。

（六）推动土地流转

湄潭县积极推进茶园经营权流转改革，增加了农民收入。2014年，县政府对企业流转茶园每亩补助600元，全县流转茶园20万亩。企业通过茶园租赁、经营权流转、返租倒包等模式，实现了茶园高效经营，农民在茶产业链中分工协作，经济收入持续增加。

（七）推进茶旅一体化

湄潭县在做大做强茶叶一产、二产的同时，建成天下第一壶茶文化博览园、翠芽27度景区、中国茶海公园3个AAAA级景区，中国茶海公园是贵州十大魅力景区之一。此外，还建有贵州茶文化生态博物馆、象山茶博园等茶文化标志性景点，全县旅游业增速连续两年位居遵义市第一位。

三 栽培技术

（一）茶园建立

1. 选地

茶园土壤一般要求土层厚度1m以上，结构疏松。pH值4.0~6.5（最佳4.5~5.5）的红黄壤，原生长有映山红、铁芒萁、油茶、松树、青冈等植物的，可以种茶。坡度在25°以下，水源较为充足，大气、土壤、水质等环境条件至少应符合无公害茶叶生产要求。

2. 茶园开垦

（1）清园。清除石块、树蔸、草根及其他障碍物。

（2）初垦。深翻50cm，清除恶性杂草等。

（3）复垦（开沟施底肥）。按大行距150~180cm的种植规格开沟施底肥，沟深宽各50cm，每亩施农家肥1000kg以上，磷肥50~100kg，或油饼200~300kg，磷肥50~100kg，或商品茶叶专用肥150~200kg，施肥后及时覆土，若是熟地新建茶园，开沟时表土与心土分开放置，施肥后先覆表土再覆心土。施用农家肥的覆盖松土10cm厚并踩紧备耕待栽；施用商品肥的覆盖松土10cm厚备耕待栽。

3. 茶树种植

（1）良种选择。①优先选用国家级良种，亦可栽培当地品质优良的品种。②优先选用无性系繁殖的良种。③做到品种早、中、晚的合理搭配。④茶苗质量应达到国家二级以上标准。⑤目前较适合湄潭县栽培的品种有‘福鼎大白茶’‘湄潭苔茶’‘黔湄601’等。⑥引进品种应慎重。

（2）种植规格。①中小叶品种：大行距150cm、小行距40cm，株距33cm，双行单株错位种植，亩植2500株左右。②大叶品种：大行距180cm、小行距40cm，株距30~40cm，双行单株错位种植，亩植2000株左右。

（3）种植方法。①时间：每年10~12月和翌年2~3月，1月若无连续低温亦可种植。②浆根：用黄泥浆，目的是增加水分，提高成活率。边浆根边种植。③开种植沟：在施底肥后的定植沟内靠沟壁并用沟壁土壤形成两条深10cm的种植小沟或打窝，将浆根后的茶苗植入。④植苗：做到苗正根伸，细土壅根，浅栽踏紧、浇水定根，亦称“三壅两踏一浇水”。即：移栽时，注意根系舒展，逐步加土，覆土2~3次，层层踩紧踏实，使土壤与茶苗根系紧密结合；第一次埋土踏紧又覆土后，浇足定根水，待水分下渗后继续加土，直至与泥门（茶苗原来入土痕迹）相平，踏紧，再覆土至把原插穗短茎埋入土中3cm。同时，还应假植部分茶苗作补苗之用。

（二）茶园管理

1. 苗期管理

（1）抗旱、防冻保苗。茶苗移栽后，根据天气情况，隔5~7天浇水一次，防止干旱。冬季应注意防冻。

（2）行间铺草或种植绿肥，防止杂草生长和水土流失。新栽茶园必须在茶苗栽植后立即铺草。未投产茶园在茶园水土流失严重和杂草生长旺盛前进行，一般在5月底至6月初进行铺草，秋、冬季结合深耕翻入土壤作肥料。

（3）如有缺苗，应及时补齐，防止缺株断行。所补苗木应是同龄苗。

（4）浅耕松土，勤除杂草，防止草荒。除草应做到“除早、除小、除了”。在秋冬季节茶树生长进入休眠期后，进行深耕翻土，1~2龄茶园离茶树树干15~20cm进行深耕，深度20~25cm。茶树树干周围进行浅耕。

2. 合理施肥

茶园移栽后以施有机肥为主，严格控制无机肥使用。1~4龄茶园的氮、磷、钾比例为1.5∶1∶1。

（1）基肥。一般在每年10月底至11月上旬，结合深耕每亩施入有机肥（厩肥）750kg以上作基肥，有条件的还要增加50~100kg饼肥、25kg过磷酸钙和15kg硫酸钾。施肥方法按沟施（或穴施），1~2龄茶树施肥沟距离根颈15~20cm，在小行距中间开沟施肥并覆土；3~4龄茶树施肥沟距离根颈20~25cm或沿茶蓬边缘开沟施肥，深度为15~25cm，施肥后及时覆土。

（2）追肥。根据苗龄不同各有差别，1~2龄茶树全年亩施纯氮2.5~5kg（1kg尿素含纯氮0.46kg）。茶苗栽植后的第一次施肥，一般是在茶苗完全成活后进行浅耕结合淋施有机肥；施肥方法一般第一次在距茶苗13~15cm的地方，挖7~10cm深的穴，浇上半瓢粪清水（25kg水兑3~4瓢猪粪尿或250~300g硫酸铵），随即覆盖。以后每次每亩可施尿素2.5~5kg。

3. 定型修剪

定型修剪一般要进行3次，每次修剪的高度和方法不同。

第一次定型修剪：修剪时间视苗木生长的高度而定，当苗木75%~80%长至30cm以上，主茎粗0.3cm以上时，即可进行第一次定型修剪。修剪高度以离地面15~20cm为宜。修剪时间一般以2月中旬至3月初为宜，并选择晴天进行。修剪后立即施肥，剪后当年留养，切勿采摘。

第二次定型修剪：一般在第一次定型修剪1年后进行。当苗木高度达到55cm后进行第二次定型修剪，修剪的高度是在上次剪口上提高15~20cm（离地30~40cm）。如果茶苗生长旺盛，只要苗高已达到修剪高度，即可进行。修剪时间一般以2月中旬至3月初为宜。修剪后立即施肥，剪后当年切勿采摘，待秋后可适当打头采，采去一部分鲜嫩芽头以作名优茶。

第三次定型修剪：在第二次定型修剪的1年后进行。修剪高度在上次剪口处提高10~15cm（离地面45~50cm），用篱剪将蓬面剪平即可。如果土壤肥力基础好，茶树长势十分旺盛，为了提高经济效益，这次修剪可采用早采茶迟修剪的办法，即在开春后先采几批名优茶，约20天以后再进行第三次定型修剪，夏秋茶打顶留养。

每次定型修剪的目的都是培养健壮的骨干枝。修剪后发出的新梢是形成骨干枝的基础，千万不可采摘，否则就难以形成良好的骨架，造成难以弥补的损失。经过3次定型修剪，树冠迅速扩展，已具有良好的骨架，即可适当留叶采摘。第四年和第五年每年生长结束时，在上一年剪口处提高5~10cm进行整枝修剪，使树冠略带弧形，以进一步扩大采摘面。5年后按成年茶园进行管理。

（三）成年茶园管理

1. 茶园施肥技术

（1）基肥及其施用。

①基肥施用时期：宜早不宜迟，一般在10~11月中旬。

②基肥施用量：每年亩施有机肥（厩肥）1000kg以上、饼肥100~150kg、过磷酸钙25~50kg、硫酸钾15~25kg。

③施肥方法：基肥要深施（沟施）。通常以茶丛边缘垂直向下位置开沟施肥，也可隔行开沟，一左一右，沟深20~25cm。施肥后及时

覆土。

（2）追肥及其施用。追肥主要作用是不断补充茶树生长发育所需养分，以进一步促进新梢生长，达到持续高产的目的。追肥以速效肥为主。

①次数和时期：茶园追肥一般一年施3次以上。第一次追肥称为催芽肥，应在采茶前20~30天进行，即在2月中旬左右进行；第二次在春茶后进行；第三次在夏茶后进行。遇到春旱或伏旱季节，在旱季不进行茶园追肥，应在旱前或旱后进行。

②追肥施用量：采摘茶园则根据鲜叶产量而定。每亩产鲜叶达100~200kg，需施纯氮7.5kg；每亩产鲜叶达200~400kg，需施纯氮7.5~10kg；每亩产鲜叶达到600kg，需施纯氮15kg。在一年中的不同时期追肥分配比例一般为4∶3∶3或2∶1∶1。只采春茶不采秋茶的茶园可按7∶3的比例分配。每亩茶园全年纯氮施用量以20~30kg为宜。

③施肥方法：施肥部位与基肥相同，沟深5cm即可，易挥发的肥料沟深10cm，施肥后立即覆土。成年茶园也可采用撒施。

2. 茶园耕除

（1）浅耕。一般在追肥前都要进行浅耕除草，一年3次以上，结合施追肥。第一次春茶前（2月中下旬），深度10~15cm；第二次春茶结束后（5月中旬左右），深度10cm；第三次夏茶结束后（6月下旬至7月上旬），深度7~8cm。

（2）深耕。深耕主要是改良和熟化土壤，常与深施基肥结合进行，一般2~3年进行一次。深耕时间一般在茶季基本结束时进行，这有利于因深耕而损伤的根系恢复和再生。成年茶园离茶树树干30cm，深耕深度20~25cm；茶树树干周围进行浅耕10cm左右。

3. 茶园除草

（1）物理除草。主要是采取耕锄除草，手工拔草和刀割除草。

（2）化学除草。即使用除草剂除草。使用除草剂除草是针对茶园大行距间的杂草进行除草；而对于茶园小行距内和茶蓬基部的杂草则应采取人工除草，以确保茶树的正常生长。

4. 茶园修剪

（1）轻修剪。目的是刺激茶芽萌发，解除顶芽对侧芽的抑制，使茶园树冠整齐、平整，调节茶树生产枝数量和粗壮度，便于采摘管理。修剪时间在秋茶停采后的10月下旬至11月进行，每次修剪应在前次剪口上提高3~6cm，修剪宜轻不宜重。

（2）深修剪。经过3~5年的轻修剪，茶树易形成细弱的“鸡爪枝”，对夹叶多。用整枝剪剪去树冠上部10~15cm的蓬面，一般春茶后进行。剪后须留养一季春茶或夏茶，才可采茶。

（3）重修剪。经过多年采摘、修剪，茶树发芽力差，芽叶瘦小，对夹叶增多，“鸡爪枝”多且呈灰白色，开花结果多，产量显著下降。重修剪的高度，一般是剪去树冠的1/3~1/2，离地30~40cm剪去上部枝叶。重修剪一般在春茶前或春茶后进行。剪后当年发出的新梢不宜采摘，并在11月从重修剪的剪口处提高7~10cm轻修剪。重修剪后第二年起可适当留叶采摘，并在秋茶末再进行一次轻修剪（在上次剪口处提高达7~10cm），待树高达70cm，可正式投入生产。

（4）台刈。主要是针对衰老茶树进行更新复壮，一般用台刈剪（或柴刀）在离地5~10cm处剪去上部所有枝干。注意剪口要光滑、不破裂，使之迅速形成一层膜，防止雨水冲刷。最好选择晴天台刈，太阳越大越好。台刈3~8月均可进行，最好在春茶前或春茶采摘后进行台刈。台刈后树冠新梢长到40cm后，离地面35~40cm进行第一次定型修剪；剪后当新梢长到60cm后进行第二次定型修剪，剪口在第一次剪口处提高5~10cm。经2次定型修剪，进行打顶养蓬或轻修剪管护。

5. 鲜叶采摘

（1）细嫩采。一般是采摘茶芽或一芽一叶，以及一芽二叶初展的新梢。大多在春茶前期采制名优茶。

（2）适中采。主要是采制大宗茶类。要求鲜叶嫩度适中，一般以采一芽二叶为主，兼采一芽三四叶。

（3）成熟采。主要是采制边销茶。一般当顶芽停止生长，新梢下部基本成熟时，采摘一芽四五叶和对夹三四叶。

湄潭县退耕还茶成效（宋林摄）

四　模式成效

湄潭县退耕还林工作紧紧抓住当地茶叶品种优良的优势条件，大力推进退耕还茶，取得了显著成效。

（一）助力生态环境改善

退耕还茶把原本粮食产量低而不稳的坡耕地变成了郁郁葱葱的景观茶园，茶园、森林、稻田与整洁的村庄构成了一幅幅美丽的画卷，极大地改善了生态环境，富裕了百姓，真正做到了绿水青山就是金山银山。森林覆盖率、森林蓄积量得到同步增加，从2002年的森林覆盖率33.04%、森林蓄积量242万 m^3 增加到2019年的65.43%、752.85万 m^3。

（二）实现产业脱贫目标

通过退耕还茶创新了茶产业扶贫模式，使农民参与到茶产业链条中，实现脱贫增收致富。湄潭县于2018年全面脱贫，每年每亩投产茶园茶青收入6000元以上。通过退耕还茶带动茶产业发展，茶产业成为湄潭县的支柱产业，其综合效益位居全国茶业百强县第二位，成就卓然，茶叶总产量6万t，产值120亿元，其中农户茶青收入48亿元。

（三）推动社会和谐进步

美观的黔北民居立于茶园、隐于森林，错落有致，凸显茶农殷实和谐。仓廪实而知礼节，衣食足而知荣辱！茶区环境卫生良好，人们精神状态饱满，特别是违法犯罪现象明显下降，凸显社会和谐。退耕还茶也带动了外地农户就业，据统计，全县退耕农户邀请外地农户0.35万户1.59万人到湄潭县茶区居家生活。湄潭因茶而美，茶叶使昔日的荒山穷山变成了绿水青山，转化为金山银山。

五　经验启示

一方水土，养一方人。湄潭这方水土，天时地利人和孕育了品质优良的茶叶。退耕还茶顺势而为，带动了茶产业发展，取得了生态效益良好、经济效益巨大、社会效益明显、茶园景观风光凸显的显著成效，推动了美丽新农村建设，促进了乡村振兴。

（一）选准产业是前提

结合当地的资源禀赋、产业基础和生态环境因素退耕还茶，大力发展茶产业。在发展第一产业的同时，加快发展茶叶加工业，发展休闲农业与乡村旅游业等，促进了茶叶一二三产业融合发展。

（二）政府重视是关键

退耕还林之初，湄潭县委、县政府就把退耕还茶发展茶产业作为后发赶超、产业脱贫的治本之策，制定切实可行的政策措施，激活茶产业发展动力，坚持不懈，一年接着一年干，一届接着一届干，创造了如今茶产业斐然的成就。

（三）农民受益是核心

产业真扶贫、扶真贫的唯一指标是农民受不受益，就是贫困农民是否参与产业发展过程，享受发展成果。通过茶产业链分工，让合适的主体做合适的事情，农户作为产业发展的重要力量，成为产业基地的重要人力资源，实现了茶产业可持续发展，退耕还茶户收入逐年增加。

（四）科技支撑是保障

湄潭县依托贵州省茶叶科学研究所技术支撑，并大力培养自有技术人才，着力用足人才、用好人才、用活人才，营造尊重人才的环境。同时，依托各类职业技能培训平台，加大对技术人员和茶农的培训力度，每年对涉茶农户田间指导培训率达90%，提升了茶农生产技能，推动了茶园高质量培育与经营。

六 模式特点及适宜推广区域

（一）模式特点

湄潭县将茶产业确定为主导产业，上下游发力，产业链联动，农文旅融合，以茶产业带动社会经济发展，“围绕茶、做足茶、突破茶”的发展逻辑，推动湄潭县茶产业成为贵州省农村产业发展的典范，成功走出了一条生态产业化、产业生态化的绿色发展之路。

（二）适宜推广区域

茶树生长的气候条件是温暖湿润的亚热带气候，对温度、湿度、光照的要求较高。最适宜生长温度为20~25℃，全年大于10℃的积温在3000~4500℃，相对湿度为70%~80%，年降水量在1150~1400mm最佳。土壤pH值在4.5~6.5，需要透气性好、富含有机质和矿质元素的土壤。目前，分布较多、品质较好的茶区主要集中在华南茶区、西南茶区、江浙茶区、江南茶区。

模式 17 赤水市竹产业模式

赤水市立足资源禀赋、因地制宜，利用当地独特的气候和环境，深入践行“两山”理念，大力实施“生态优先、绿色发展、共建共享”发展战略。赤水市委、市政府持续 20 年保持生态接力，围绕“竹”确定“山上栽竹、林下养鸡、石上种药、竹水养鱼”的扶贫产业工作思路，利用丰富的竹资源优势，发展竹产业全链条，成功打造“竹经济”，同时为旅游业发展抹上了亮丽的底色，使竹子成为当地聚力脱贫攻坚、推进乡村振兴的“利器”，让 31 万人民过上了富“竹”生活。

赤水市退耕还竹实景（赤水市林业局供图）

一 模式地概况

赤水市位于贵州省西北部，赤水河中下游，地处东经 105°36'~106°14'、北纬 28°15'~28°45'，东南与贵州习水县接壤，西北分别与四川省古蔺、叙永、合江三县交界，县域面积 1852km²。赤水市属中亚热带湿润季风气候区，年平均气温为 18.1 ℃（最高气温 43.2 ℃、最低气温 -1.2 ℃），年平均降水量 1292.3mm，年平均日照时数 1297.7 小时，年平均相对湿度 82%，无霜期 340~350 天，并随海拔上升而递减，800m 以下地区无霜期 300 天左右，800m 以上地区无霜期 210~300 天。赤水辖 3 街道办事处、11 镇、3 乡。全市常住人口 24.55 万人。赤水市是文化旅游产业创新区核心腹地，有赤水大瀑布、竹海国家森林公园、佛光岩、丙安古镇等知名景点，先后荣获中国优秀旅游城市、国家生态建设示范区、国际休闲旅游城市、国家生态市、贵州省森林城市等荣誉称号。

二 退耕还林情况

2001年，赤水市大力实施退耕造竹工程，赤水现有竹林面积132.8万亩，人均竹林面积5.4亩，在全国30个竹子之乡中，竹林总面积和人均竹林面积位居全国前列，为赤水森林覆盖率（80%以上）持续稳定奠定坚实基础。第一轮退耕还林工程实施的58.7万亩（退耕地造林19.6万亩、宜林荒山荒地造林39.1万亩），惠及全市16个乡镇街道办事处和4家国有森工企业，涉及农户50662户189325人。新一轮退耕还林完成实施面积1.15万亩，惠及14个乡镇2103户7886人，其中两轮退耕还林造竹59.02万亩。赤水市退耕还竹主要经验做法如下：

（一）因地制宜，顺势而为选产业

2001年，赤水市被列入贵州省9个退耕还林试点县（市）之一。赤水市抢抓“天然林资源保护”“退耕还林”和“公益林补助”系列政策机遇，变“退耕还林”为“退耕造竹”，由“还林”变“造竹”，一词之差，释放出敢为人先抢抓西部大开发机遇的蓬勃力量。通过将25°以上坡耕地一律退耕造竹，着力壮大竹资源蓄积总量，最终竹林面积发展到132.8万亩，万顷竹海让赤水森林覆盖率由2000年的63.4%提高到2019年的82.75%，形成了以满山翠竹为底色的秀美生态环境。

（二）整体推进，高位谋划抓产业

赤水市按照整体推进的原则，持之以恒把竹产业作为富民强市的支柱产业，始终坚持全方位“吃干榨尽”竹子，成立以市政府主要领导为组长的竹产业建设与发展领导小组，组建了纸制品、家具、竹产业等特色产业发展专班，出台了一系列政策措施。编制竹产业发展规划，实行市级领导挂帮制度，建立行政和技术业务“双线”责任制。同时，与企业联合建立了竹研究所、院士工作站，邀请专家进行指导，积极开展竹资源综合利用标准化示范工作。

（三）政策保障，助农增收成产业

十年之间，赤水举全市之力，营造了近80万亩竹林，惠及赤水5.3万户农户，涉及人口达20万人，工程建设对贫困农户实现了100%覆盖。2009年起，赤水市累计兑现林农退耕还林补助资金5.69亿元，争取巩固退耕还林工程建设资金1.6亿元。选（续）聘建档立卡贫困人口生态护林员2258人次，累计获得管护补助2258万元，有力巩固了脱贫成效。

赤水市依托退耕还竹发展旅游（赤水市林业局供图）

（四）三产联动，链条发展强产业

（1）依竹发展产业。依托随处可见的竹林，赤水因地制宜实施十万亩金钗石斛、百万亩丰产竹林、千万羽乌骨鸡、三万亩生态水产的农业“十百千万”工程，成功构建“竹山种药、竹下养鸡、竹水养鱼”的“竹林经济”立体生态产业。

（2）依竹发展旅游业。立足竹林营造的自然优势，结合“全景赤水·全域旅游”理念，大力发展生态旅游无污染富民产业，建成以竹为支撑的AAAA级景区5个，助推乡村旅游、竹编工艺产业。发展了宾馆酒店、农家乐、竹工艺品门店；形成了以竹笋、竹燕窝等为主题的“熊猫宴”特色全竹菜系；推动了以“森林旅游”为代表的康养产业深化发展。

（五）健全配套，补齐短板推产业

一路通则百业兴，交通是制约产业高质量发展的瓶颈，只有便捷的交通才能盘活沿线丰富的资源。近年来，赤水累计投入资金48.3亿元连续实施通村公路建设“2666”脱贫攻坚决战工程、赤水市交通基础设施建设“2111”工程和农村公路“组组通”等重大交通项目，完成毛坯路改造470km，新建农村公路2554km，硬化公路2880km。真正实现农村因路而活、产业因路而兴、老百姓因路而富。

三　栽培技术

栽种竹子需土质深厚肥沃，富含有机质和矿物元素的偏酸性土壤。竹子生长有其特殊性，它是依靠地下茎（俗称竹鞭）上的笋芽发育长成竹笋，再长成新竹。种植类别总体上分为散生竹（楠竹）、丛生竹（黄竹、绵竹等）两大类。主要培育技术有：

（一）树种的选择及规划

竹种的适应性都很强，在田边、土角、四旁一般均可栽植并正常生长。它们都具有生长快、生长量大、蒸腾作用强的特点，但生长发育都需要较高的温度条件和水肥条件，不耐严寒干燥。丛生竹造林地应选择海拔800m以下区域、土层50cm以上、土壤肥沃湿润的地区或地段；海拔800~1200m的宜选择散生竹。对于土层瘠薄干燥的地区或地段不宜选作造林地。

（二）清理整地

土层深厚、土壤疏松肥沃湿润的地块在造林前一般不必整地，可直接开穴栽植；荒山荒地、积水或板结的地块在造林前需进行整地。荒山荒地一般采用大穴整地即可，安排在造林前的7~11月进行。整地时根据确定的栽植点，清除其周围2m左右的杂草、灌木，再挖栽植穴；栽植穴一般50~70cm见方，深30cm左右，挖出的土壤应尽量耙碎，以利于熟化。25°以上退田造林地要在造林的前一年放干田中的水，开50cm以上的排水沟，使水排干后，根据确定的栽植点挖50~70cm见方、深30cm左右的栽植穴，并耙碎土壤。板结的造竹地整地方法与荒山荒地相同。

（三）造竹定植

丛生竹定植时，在已挖好的栽植穴内先填5~10cm的细土，将母竹正面斜放穴中，地面留节1~2个，使根系舒展。竹秆与地面成15°左右倾斜，马耳形切口向上，然后分层填土，先填表土，后填心土，压实土壤，使竹蔸根系与土壤紧密接触，浇足定根水，再覆一层松土。有条件也可在坑面覆盖一层草皮或秸秆，以减少水分蒸发。常见的慈竹、黄竹密度掌握在50~74株/亩，绵竹、料慈竹以42~56株/亩为宜。栽植时间一般以2月中旬至4月初为宜。散生竹类应先判断好母竹竹鞭的走向，再细心扒开土找到生鞭。向母竹引伸过来的鞭称来鞭，留30~40cm截断，延伸出去的鞭称为去鞭，留70~80cm截断，然后沿鞭两侧逐渐挖掘。

挖取时要多带宿土，做到不伤鞭根，不伤笋芽，不伤“螺丝钉”，不伤母竹。挖出后，留3~5盘枝，砍去竹尾。栽植时先在穴底垫上表土10~15cm，再将母竹放入穴中，注意鞭根舒展，下部与土密接，然后填土、踏实。填土深度要比母竹原入土深度高3~5cm，填土自然形成馒头形状，以防积水烂鞭。在填土踏实时，要防止损伤鞭根和笋芽，栽后浇足“定蔸水”。造林密度一般为33株/亩，以入冬后（12月后）至年前（春节前）为宜，最迟不宜超过正月底。

（四）抚育管护

1. 水分

林地土壤的水分状况是影响造林成活率的

重要因素，只有土壤湿润而又不积水，竹秆及其竹蔸根系既可得到充足的水分，又能得到足够的空气，才有利于吸收水分和恢复生长。新造竹林的第一年内，如遇久旱不雨、土壤干燥时，要及时浇水，而当久雨不晴、林地积水时，则须及时排水。

2. 抚育

在新竹未成林前，每年要除草松土 1~2 次。第一次在 5~6 月较好，此时竹笋已陆续出土，林地上的杂草较嫩，除草抚育有利于消灭杂草，促进幼竹生长；第二次宜在 8~9 月进行，这时新竹正在生长，而林地上的杂草生长也很旺盛，但种子尚未成熟，竹苗与杂草都要消耗大量的养分，适时除草、松土，有利于幼竹生长。如果每年除草抚育一次，宜在 7~8 月进行，此时高温多湿，除下的杂草易于腐烂。

3. 施肥

为促进竹林提早成林，应结合除草抚育进行施肥。新造林各种肥料均可施用，但以有机肥为主，如厩肥、土杂肥、塘泥等。有机肥最好在秋、冬季施用，既能提高林地土壤肥力，又可保持土温，有助于新竹芽眼越冬。速效肥如磷肥、碳铵、尿素等应在春、夏季施用，以便及时供应竹子生长的需要，避免肥效流失。施用速效肥，可在竹丛附近沟施或穴施，也可用水冲稀，直接浇灌在竹蔸附近。每次每丛新竹施化肥以 0.15~0.25kg 为宜。施用方法：一是在林地开沟或挖穴，兑水浇施后盖土。二是在松土前将肥料撒于林内，松土时翻入土中。

（五）病虫害防治

1. 竹枯梢病

该病危害于当年新竹的嫩枝和侧枝，7 月上旬在主梢或枝条的某一节叉处首先出现棕红色小斑点，并扩大成舌状或梭形有淡褐色病斑，后颜色逐渐变成深褐色。随着病斑的扩展，病部以上的枝叶开始萎蔫，叶逐步变黄、纵卷，直至枯萎脱落，枝梢枯死，且不再萌生新叶，形成枯枝、枯梢。病原菌的传播途径是借风吹和雨水溅散作近距离传播，带病母竹、竹材、竹梢的调运是该病远距传播的主要途径。防治方法可清除并烧毁病枯枝的病区，采用甲基托布津 70% 可湿性粉剂 1000 倍液仔细地喷洒或禁止调运竹材出境。

2. 黄脊竹蝗

5~6 月以跳蝻、成虫取食竹叶，为竹林的主要害虫。大发生时，竹林被害如同火烧，立竹成光秆。竹蝗一年发生 1 代，以卵产于背北向阳、杂草稀少、土质较疏松的山腰或山窝斜坡上，深约 4cm。产卵处常见黑色圆形盖状物，这是寻找卵块的最明显标志。防治方法可用 2.5% 溴氰菊酯 6~10g，按药 1 份、柴油 20~40 份比例混合，或者用 741 烟剂，用药量为 1~2kg/ 亩，选择无风的早晨或傍晚用喷烟机喷烟。

3. 竹镂舟蛾

以幼虫暴食竹叶和叶鞘，严重时将成片竹林吃成光秆，幼虫全身光滑绿色、头红褐色，成虫飞翔力强、有趋光性，白天静伏不动，黄昏或晚上 10: 00 及黎明前很活跃。防治可采用灯光诱杀成虫，或用 2.5% 溴氰菊酯 1000~2000 倍液进行低量喷雾。

四 模式成效

赤水市坚持“生态优先、绿色发展、共建共享”的理念，依靠竹产业发展，生动地践行了“两山”理念。

（一）成为长江中下游的绿色生态屏障

赤水生态环境得到有效改善，水土流失得到有效遏制。积极推行“以竹代木”，每年实现木材替代 60 万 m^3，等于每年节约 6 万亩森林，每年向赤水河减少排入长江的泥沙量近 500 万 t，全市空气负氧离子含量高达 5.6 万个 /cm^3，空气优良率常年保持 100%，水源达国家一、二级水质标准，饮用水源水质达标率为 100%，赤水河赤水出境断面水质常年保持在Ⅱ类水以上，连绵翠竹让赤水的山更绿、水更清、空气更新，多年未发生大旱和洪涝灾害，为长江上游筑起了一道绿色生态屏障。赤水市于2015年荣获“中国长寿之乡”“贵州省森林城市”称号，2016年竹海国家森林公园被中国绿色时报评为“中国森林氧吧”。赤水先后被评为国家生态市、中国十佳绿色城市、绿水青山就是金山银山实践创新基地，并获得第十届中华环境奖。

（二）成为农户增收脱贫的“绿色银行”

竹子是可再生利用资源，年年采伐年年发笋，赤水市依托竹发展农业“十百千万”工程，已成为赤水脱贫攻坚优质扶贫产业。100万丰产竹林带动农民年增收7亿元，9.02万亩金钗石斛产业带动农民年增收5.6亿元，1000万羽乌骨鸡产业带动农民年增收6.3亿元，2.4万亩生态水产方面带动农民年增收2.53亿元，为赤水决战决胜脱贫攻坚，助力乡村振兴迈向全面小康，厚筑坚实保障，让扶贫产业成为群众增收脱贫的“绿色银行”，使其成为赤水市巩固脱贫攻坚成效最大的亮点，让赤水脱贫攻坚成色更足、成效更显。

（三）成为竹业循环经济的绿色原料车间

竹子已从编点农具、造点草纸，到现在加工企业如雨后春笋般出现，衍生出了纸制品、竹木家具、竹集成材、竹食品四大产业。赤水132.8万亩竹林，每年可供应杂竹材100万t、楠竹材1200万株、各类竹笋6万t，2015—2019年累计收购林农杂竹材256.96万t，农户直接经济收益达12.848亿元；采伐楠竹材3555万株，林农收入达4.26亿元，采伐竹笋达25万t，实现经济收入达11.5亿元。充足的原料供给，促成了赤水市以竹为主的四大产业发展，建成了竹业循环经济工业园区，园区内竹运、升翔、汇美佳缘等企业生产的纸产品远销欧美、大洋洲及东南亚等地，真正实现了一业兴百业的发展格局。

赤水市退耕还竹成效（杨永艳摄）

五 经验启示

赤水初步实现退耕还林工程“退得下、稳得住、能致富”的目标，并形成了“资源有人管、产品有人买、森林有人游”的良性循环经济发展态势。其主要启示有：

（一）因地制宜选准产业

产业选择，不是一时兴起随意宣传，更不是“跟风式”选择产业，而是需要有“地利”、看“天时”、创“人和”。有“地利”，即选择产业要适合在当地生产，符合当地经济社会发展的战略。赤水就是依托独特的气候环境，非常适合竹类繁衍生长，加之竹以其采伐后可循环生长利用的特性集生态效益和经济效益于一体，非常符合“生态立市”战略，两相结合、两相融合，才能初定产业。看“天时”，即政策支持。赤水竹产业抓住了国家大力推进退耕还林还草政策机遇，用好用活了公益林森林生态效益补偿机遇，解除了农业产业发展和群众的“后顾之忧”，才让竹产业坚持多年依然“受宠有加”。创“人和”，即一个产业发展，必须要有龙头企业拉动，群众的主动参与。赤水竹产业从起步到高质量发展，均得益于企业将资源转换成为经济效益，促使产业得以长期发展并实现了突破性发展，成就了赤水100万亩竹林、100亿级产业。

（二）坚定信念做大产业

赤水选择了竹，同时也秉承了竹“向上生长节节高”的特性。赤水人民持之以恒爱竹、护竹、做竹产业，并把做大竹林规模作为建设生态的重要选择，赤水市委、市政府坚定信心和决策，坚持一张“绿图”绘到底、一份“执着”干到底、一颗“决心”抓到底，守正笃实，久久为功，一以贯之抢抓国家退耕还林政策机遇，充分考量竹子固土护坡、涵养水源的生态效益。历经20年、5届市委市政府持续接力，不断推进低产竹林改造、丰产竹林培育等工程，使全市竹林面积从53.2万亩发展到132.8万亩，一跃成为“全国十大竹乡”之首，成为贵州最绿且最美的地方。

（三）立足长远做全产业

“一个产业，如果群众不能增收、企业不能获利、政府不见成效、社会不见效益，就不是一个优质产业”。事实证明，赤水市选择绿色发展的竹产业，把资源培育与产业发展密切结合起来，对资源进行多层次综合利用。通过“龙头企业＋专业合作社＋农户”等方式，将资源、市场、林农有机地结合在一起，形成多方共赢的合作机制，广大群众，特别是贫困群众的利益在一二三产业相互融合的发展过程中增收得到了持续有力保障，企业综合实力不断增强，环境得到持续改善，地方经济社会得到很好发展，让群众、政府和企业凝聚发展共识、集聚发展合力，实现了人与自然、人与人、人与社会和谐共生、全面发展、持续繁荣，为脱贫攻坚与乡村振兴有机结合打下坚实的产业基础。

六 模式特点及适宜推广区域

（一）模式特点

赤水市是全国唯一以行政区命名的国家级重点风景名胜区。境内有桫椤国家级自然保护区、燕子岩国家级原始森林公园、竹海国家级森林公园，丰富的旅游资源均以原始古朴，自然天成著称，被中外专家誉为“千瀑之市”“竹子之乡”“丹霞之冠”“长征遗址”“桫椤王国”。这里地貌奇特，山峰挺秀，森林葱郁，沟壑纵横，百川竞流，物种繁多，旅游资源丰富。赤水市自2002年以来，共完成退耕还林59.85万亩，其中退耕还竹59.02万亩。如上所述，退耕还竹取得了显著生态、经济、社会效益。此外，退耕还竹为赤水发展旅游产业在景观底色打造方面发挥了不可替代的作用。

（二）适宜推广区域

竹子是适应环境能力比较强的植物，在我国很多区域都能种植，但主要以南方的一些省份，包括长江中下游为主。竹子生长发育需要较高的温度条件和水肥条件，不耐严寒干燥。从生竹造林地应选择海拔800m以下区域，土层50cm以上、土壤肥沃湿润的地区或地段，海拔800~1200m的宜选择栽植散生竹。

模式18 思南县油茶产业模式

油茶作为一种重要的木本油料树种，分布广泛且寿命较长，综合利用价值极高。其油色清亮、味道醇香，富含多种营养物质，具有降血压、降血糖和软化血管等诸多功效。思南县以退耕还林工程为载体，逐步壮大扶贫产业规模，以油茶、花椒为主导的林业特色产业快速发展，实现了种植规模上的突破，不仅盘活了荒地，还带动了群众增收。

思南县退耕还林发展油茶（杨永艳摄）

一 模式地概况

思南县位于黔东北乌江中下游、铜仁市西部、武陵山腹地，介于东经107°52′22″~108°27′24″、北纬27°31′42″~28°9′24″，县域面积2230.5km^2。县域内山峦起伏，河网密布，切割强烈，地形破碎，因而地貌类型多样，地势组合较复杂，全县大致可分为山地、丘陵、岗（盆）地、谷坝等。思南县属中亚热带季风湿润气候，季风气候明显，冬无严寒，夏无酷热，年平均气温17.3℃。具有热量充足，无霜期长，降水较为丰富，光、热、水同季，干湿季节较明显的气候特点。思南县辖17个镇、3个街道办事处、8个民族乡，有汉族、土家族、苗族、蒙古族等18个民族。户籍人口66.89万人，常住人口45.54万人，人口自然增长率为0.171%。思南县生态环境保存完好，有白鹭湖国家湿地公园、万圣山森林公园、四野屯自然保护区，有红豆杉、千年楠木王、千年银杏等珍贵植物，被国家林业和草原局命名为“中国楠木之乡”。

二 退耕还林概况

思南县委、县政府深入总结全县多年来的产业发展经验，立足区位优势，根据全县气候特点、土质土壤、群众基础、技术保障、市场前景等产业发展要素，经过反复比选，确定将油茶作为全县农特主导产业之一，依托退耕还林工程、石漠化工程、植被恢复项目、财政扶贫（衔接）项目等集中重点发展油茶产业。目前，全县依托退耕还林工程、石漠化工程、森林抚育项目、财政扶贫项目等资金已建成油茶基地 11.2 万亩，其中万亩油茶乡镇 4 个，已辐射带动全县 20 个乡 136 个行政村发展，形成 6 个油茶产业种植区，完成油茶产业布局。引进油茶加工企业，建成占地超 4000m^2 的“加工—包装—销售”一体的综合场所，基本形成“基地 + 企业 + 销售”的产业发展格局。

三 栽培技术

（一）选择种植场地

油茶宜选择交通便利，排水良好，土壤肥沃，土层深 60cm 以上的酸性、微酸性土壤。海拔最好在 800m 左右，不宜超过 1000m。积水的低洼地、水田不能种植，石山地不宜规划种植。“湘林”系列油茶适宜生长于低海拔，“长林”系列适宜生长于高海拔。

（二）栽植技术

1. 造林地清理

在整地前，清除林地和土坎上的杂草、灌木。远离森林的地块，可焚烧在土中，作为肥料。林地清理时，应在山顶、山腰和山脚部位保留部分原生植物，防止水土流失。

2. 种苗选择

种苗是产业建设的重要基础，是决定产业成败的关键因素之一。选择的“长林”品系、“湘林”品系油茶种苗，具有适应性强、丰产性好、抗逆性优、抗病虫害强、出油率高等特点。

3. 整地

根据地形及坡度，可采用全垦、带垦、大穴等方式整地。林地清理完后，应在植苗前 2 个月以上进行整地作业，使土层充分熟化、沉降。在整地的同时，预留好机耕道、生产便道、排灌水系统及蓄水池等建设用地。

4. 底肥

种植穴挖好后，每穴应放入底肥。使用农家肥时，一定要提前 2 个月发酵腐熟才能使用。施用方法为表土充分拌匀后施入种植穴内基部，再覆盖 20cm 生土层后植苗。

5. 栽植

种植密度一般每亩栽植 74~95 株，便于后期管理和今后可能的机械化操作。种植时间最好在 11 月至翌年 2 月。栽植方法是将裸根苗放入种植穴内，然后用细土分层压实，栽植时嫁接口与地面相平，有条件的地方浇一次定根水，做到根舒、苗正、土实。栽植好后将苗木四周加盖稻草或覆盖地膜。种植穴垒成馒头状，覆土超过嫁接口 2~3cm 为宜，不能过深。

（三）管理技术

1. 中耕除草

为节约成本，采用割灌机对油茶园内的杂草、灌木进行机械性割除。为防止伤害油茶苗木，在油茶苗木四周 20cm 内，采取人工拔除。全面或局部割除油茶林内的杂草，避免杂草与油茶苗木争夺养分。

2. 水肥管理技术

（1）松土。造林当年除草松土一次，以后每年 2~3 次，第一次在 3~4 月，第二次在 8~9 月，第三次在 10~11 月。先对油茶园内杂草灌木进行清理，再用锄头对油茶幼林进行松土，油茶行间锄深掌握在15cm左右，油茶周围20cm范围内实行浅锄，深度掌握在10cm左右，以不伤根和松动苗木根系为原则。造林当年宜浅除，以后逐年加深。

（2）合理施肥。油茶四季花果同期，俗称“抱子怀胎”。每年需要消耗大量养分，选准肥料种类、把握施肥时间、确定合理用量、熟悉施肥技巧、采用科学施肥方法是促进油茶高产稳产的关键。幼林期以营养生长为主，施肥以氮肥为主，配合磷、钾肥平衡施用。随树龄大小施肥量从少到多，逐年提高。

3. 修剪技术

（1）疏剪。将油茶枝条自分生处（即枝条基部）剪去，是减少树冠内枝条数量的修剪方法。不仅1年生枝从基部剪去称疏剪，2年生以上的枝条，只要是从其分生处全部剪除，统称为疏剪。

（2）轻短剪。即剪去枝梢全长的1/5左右，轻剪后生长势缓和，萌芽率提高，增加中、短枝数量，有利于结果。

（3）中短剪。即剪去油茶枝梢的1/3左右，多用于骨干枝、延长枝的冬季修剪。中短剪能增加油茶树苗中、长枝的数量，有利于油茶树新梢的生长。

（4）重短剪。即剪去枝梢的1/2以上。一般只用于控制个别强枝，平衡枝势。冬季重剪，虽萌发少量强枝，但由于叶面积的减少，实际上是抑制了该枝的生长，如配合生长季的摘心，效果就更明显。

（5）极重短剪。在油茶树的枝条基部轮痕处或留2~3芽剪截。剪口芽为瘪芽，芽的质量差，常生1~3个短、中枝，有时也能发旺枝。

4. 病虫害防治技术

危害油茶的病虫害种类较多，为了使榨出的茶油达到有机食品要求，采用无公害防治。本着预防为主的指导思想和安全、经济、有效的原则，以营林技术措施为基础，于害虫暴发的初期采取措施，以生物的、物理的、机械的方法为主，以达到保护环境和人畜安全以及保证林产品高产、优质、无公害的目的。禁止使用国家禁止使用的六六六、DDT、毒杀芬等农药。

（四）果实采收

油茶物种和品种不同，果实成熟期不一致，一般集中在9月下旬至11月中旬，普通油茶一般在10月成熟，“寒露籽”油茶于10月上旬寒露节，“霜降籽”油茶于10月下旬霜降节后采摘。一般高温干旱提早成熟，低温阴雨推迟成熟。茶果成熟的特征是油茶果皮上的茸毛自然脱落，变得光滑明亮，树上少数茶果微裂，容易剥开，种子乌黑有光泽或呈深棕色。

油茶果实采摘后应及时妥善处理。果实采收后拌上少量石灰，在土坪上堆沤3~5天，完成油脂后熟过程，增加油分。然后在晴天，摊开翻晒2~4天后，茶果自然开裂，多数果的茶籽能分离，未分离的用人工剥离，然后过筛扬净，继续晒干，一般要晒1~2天，才能使淀粉和可溶性糖等有机物充分转化为油脂。

（五）生产加工

采用机械压榨法制取原茶油，再进一步精炼加工的生产工艺。成品茶籽油质量指标要求达到《油茶籽油》（GB/T 11765—2018）压榨成品油一级标准。主要工艺流程如下：

原料清理、烘干→脱壳、粉碎→冷榨→初滤→精炼→灌装→包装→出厂。

四　模式成效

（一）生态效益

油茶终年常绿，花果满枝，对绿化、美化环境具有独特效应。一般油茶种植8年左右即可郁闭成林，具有保持水土、涵养水源、调节气候等生态效益。营造油茶林，生动地践行了“两山”理念。同时，油茶又是一个抗污染能力极强的树种，对二氧化硫抗性强，抗氟和吸氯能力也很强，因此，油茶具有净化空气的作用。油茶花色浓艳，花果同期，规模化种植，可形成一道亮丽风景，有利于打造乡村旅游。

（二）经济效益

采用3年生轻基质容器苗，高度集约经营水平条件下，第3年开始初挂果，以后每年逐年递增，8年后进入盛产期，11年左右可稳产，每亩产值可达4000元，除去生产成本1000元左右，可获得净利润3000元。从整地开始到第5年，预算生产成本需要5000元左右，种植后8年左右可收回成本。同时，有效带动农村剩余劳动力就业，种植、管护、采摘、运输等每人每天收入150~300元不等，极大地增加了农户的收入。

（三）社会效益

油茶产业建设过程中，当地群众，特别是贫困户，可获得务工收入，实现短期脱贫。同时，在生产过程中，通过技术培训，让群众掌握了一门实用技能，增强了适应市场经济的能力。油茶产生效益后，将成为几代人农村经济持续增收的长效产业，带动运输业、加工业、旅游业等相关产业发展。

五 经验启示

（一）持续推进油茶高质量发展战略

思南县委、县政府将油茶产业作为思南县实施乡村振兴首要支柱产业来抓。高起点、高定位、高标准规划油茶高质量发展。

新一轮退耕还油茶成效（杨永艳摄）

一是坚持打造有机油茶的高标准“质”的定位。充分发挥思南县生态良好资源禀赋，将资源优势转化为经济优势，打造“梵真坊”山茶油。思南县“梵真坊”山茶油在天猫、京东等电商平台排名在全国同行业中居第28位，贵州省第1位。目前，贵州一航生态农牧科技开发有限公司“梵真坊”山茶油已入选贵州省委、省政府依托贵州茅台酒打造的“贵州名特优产品”重大项目，引领“黔货出山”。

二是因地制宜地科学规划“量”的目标突破。在管好现有基地，实现现有基地质量提升和面积巩固前提下，因地制宜在符合条件区域适度增加油茶种植面积。在严格执行耕地保护政策、不占用基本农田的前提下，对适宜种植油茶的土地资源开展普查，将坡耕地、造林失败地、低效杨树林、低效灌木林、四旁等纳入适种范围进行规划。巩固好现有11.2万亩基地，实行分类经营管护。对有管护价值部分，实行高标准精准管护。“十四五”期间，在条件适合的情况下新建基地面积5万亩，其中利用人工纯林树种结构调整对上一轮退耕还林低产杨树和经济林更新改造成油茶林3万亩，推进四旁种植和土埂种植油茶林2万亩。重点支持思南县万亩油茶乡镇，如兴隆乡、青杠坡镇、杨家坳乡、胡家湾乡发展，发挥整乡推进效应和辐射带动效应，在已建基地基础上扩大种植规模，将破碎的油茶林集中连片形成产业带，不留空地死角。

（二）建立健全产业发展制度机制

思南县委、县政府根据油茶产业高质量发展的需要，出台一系列政策，从资金、制度、人才等方面制定一系列符合实际、可操作性的具体措施。县油茶产业专班牵头，编制《思南县油茶产业发展“十四五”及长远规划》，县委、县政府研究出台《思南县推动油茶产业高质量发展实施意见》，指明了油茶产业发展方向、指导思想、工作思路和工作举措。

一是建立资源培育由政府主导、加工销售端由市场主导的推进机制。乡（镇）村两级为油茶产业基地管护的责任主体，压紧压实镇村两级责任，推动对现有基地实施分类精准管护和提质增效。企业为推动加工销售端的责任主体，推动油茶产业加工、产品研发、品牌创建和市场拓展。

二是探索出有效的组织方式。结合乡情、村情推出“村合作社＋农户”“反租倒包＋大户”和“民营企业＋村合作社＋农户”模式。落实农户“债转股”“土地入股”等经营模式。其管护任务由村集体经济合作社组织劳务工程队实施，采取“反租倒包”方式，分包给有劳动力的村民实施。对一些民营企业经营面积过大，资金链断裂无法继续维持经营管护的，为保证产业可持续发展，在理清投资主体，算好投入账、收入账的前提下，组织民营企业与村合作组织合作经营模式，以财政资金作为村集体经济股权注入民营企业，撬动社会资本实施基地后期管护。从保障投资主体和群众收益的角度，建立健全切实可行的利益联结机制，充分激发投资主体的活力和群众参与的积极性。

三是建立村干部投入村集体经济事务的激励机制。村干部在参与油茶基地种植管理中，应合法获得与务工人员同样的劳动报酬。

四是建立油茶林以耕代抚、林下套种补贴机制和茶果产量奖补机制，调动了群众管护积极性，吸纳社会资本投入油茶产业。据不完全统计，全县共计撬动社会资本5000万元以上投入油茶产业发展。

（三）产业发展要素保障能力不断增强

近年来，为加快油茶产业发展，思南县积极统筹退耕还林工程、森林抚育、林业产业补助及整合涉农资金等注入油茶产业基地建设，进一步增强了产业发展资金保障能力。据统计，截至2021年年底，思南县累计投入油茶基地建设财政资金18578万元，其中纳入退耕还林工程8.8716万亩，应补助资金13978万元（种苗造林费3332万元、退耕农户补助10646万元）；整合财政涉农资金3600万元，森林抚育资金1000万元。2022年，思南县解决县财政衔接资金2000万元，县林业争取退化林修复和低改项目650万元，用于支持全县油茶基地管护。此外，累计解决油茶产业实体林业贷款贴息108万元，油茶产业基地资金保障能力不断加强。

（四）建立健全风险防控体系

有效防范油茶产业发展风险，提升自然灾害能力。

一是抓好油茶特色保险。如2022年全县油茶投保面积96201.58亩，投保资金338.19万元，省、市、县、投保人按4：2：1：3比例缴纳保费。2022年夏秋季，持续高温天气，对油茶产业基地造成较大损失，通过保险公司核准，共赔付1248.4万元，用于油茶产业基地重建，大大增加了全县油茶抵御自然灾害能力。

二是预留销售风险基金。县政府、县国有平台公司、油茶收购企业按5：2：3比例预留油茶销售风险基金，保障各油茶基地资金回流，保障广大群众利益。

（五）抓好油茶基地标准化建设

一是抓技术服务体系。县林业局承担起全县油茶技术支撑主责，集中人力资源解决油茶技术人员不足的问题，抽调懂技术、懂生产的专业技术人员形成技术团队，为思南县油茶标准化、规范化、高效率、高质量建设提供强有力的技术和人才保障。明确县、乡、村三级服务技术人员，每个乡镇聘请2~5名油茶技术辅导员，完善了县、乡、村三级技术服务网络，通过线上线下协同发力，确保技术服务不断档、不缺位，强化技术培训，进一步加强与大专院校、科研院所的对接联络，通过“走出去、请进来”等方式，聘请油茶专家加大对思南县的“土专家”“田秀才”的培训力度。通过授课和现场实操等方式开展油茶技术培训，提高其技术管护水平。

二是抓龙头企业培育。截至2023年，参与全县油茶种植主体有168家，基地规模较大民营企业有贵州一航生态农牧科技开发有限公司、思南金大地生态农业开发有限公司等。其中，贵州一航生态农牧科技开发有限公司是集基地、生产、加工、销售为一体的综合公司，先后获得了“贵州省级扶贫龙头企业”“贵州省级林业龙头企业”“贵州省级农业产业化经营龙头企业”“贵州省科技型企业”等称号。其创建的“梵真坊”山茶油品牌，于2019年被评为贵州省名牌产品，并且通过国家森林生态标志产品认证和有机标志产品认证。

三是抓油茶示范基地建设。通过重点抓好兴隆天山油茶产业示范基地、凉水井泡木寨油茶产业示范基地、青杠坡望天云油茶产业示范基地、鹦鹉溪沙溪坝油茶产业示范基地和胡家湾铺桠产业示范基地建设，重点打造胡家湾乡、青杠坡镇、杨家坳乡、兴隆乡4个“万亩油茶乡”。利用中国农业发展集团有限公司国家储备林区油茶基地收储，发展带动一批高产油茶示范基地，以科技示范引领，充分发挥示范带动作用，推广先进实用技术，抓出样板，做出示范，推动全县油茶标准化基地建设和相关标准体系建设。

（六）严抓严控种苗供应

一是引进一户省油茶保障性苗圃，将苗圃建在县域内，使苗木出土就适应思南本土气候。二是严格控制苗圃穗条来源，油茶品种（系）已是种植成功具有适应思南本土气候、适合本土生长、挂果好、出油高等特点的油茶品系。三是县检疫站、种苗站随时防控苗圃种苗检疫性病虫害，一旦发现，随时处理。

六 模式特点及适宜推广区域

（一）模式特点

思南县生态环境良好，在此基础上发展林业特色产业可谓事遂人意。多项目集中发展油茶产业，加快了“基地＋企业＋销售”的产业发展格局的形成，高起点助力油茶产业的形成，高定位打造优质油茶品牌，高标准推进油茶“量”的突破。

（二）适宜推广区域

油茶喜温暖湿润的气候，年平均气温16~18℃，花期平均气温为12~13℃。要求水分充足，年降水量一般在1000mm以上，坡度30°以下、侵蚀作用弱的向阳山坡栽植。对土壤要求不甚严格，耐较瘠薄的土壤，凡生长有映山红、铁芒萁、杉木、茶树、马尾松等植物的丘陵、山地都可选为造林地。一般适宜土层深厚（60cm以上）、pH值5.0~6.5的沙质红壤、黄壤、黄红壤。

油茶挂果（杨永艳摄）

模式 19 仁怀市毛叶山桐子产业模式

毛叶山桐子是一种具有高经济价值的食用木本油料作物，具有速生、耐旱、耐贫瘠、耐高温低寒，且果实产量大、含油率高、油质好、可食用等特点，同时还具有药用价值。它的果实可以入药，具有清热解毒、消肿止痛的功效。仁怀市将林业产业发展作为践行“两山”理念、守好“两条底线”的具体实践，围绕扩规模、优品种、调结构、提质量、拓市场等目标，创新林业产业发展模式，把林业产业作为促进农村经济新的增长点。按照“生态产业化、产业生态化”思路，大力发展新型木本油料种植，集中种植发展毛叶山桐子产业。如今山桐子产业初见成效，逐渐成为农户致富奔小康的“新路子”。

仁怀市退耕还林发展毛叶山桐子成效（仁怀市林业局供图）

一 模式地概况

仁怀市位于贵州省西北部，赤水河中游，大娄山脉西段北侧，背靠历史名城遵义市，属云贵高原向四川盆地过渡的典型山地地带，是黔北经济区与川南经济区的连接点，是红军长征“四渡赤水”战斗过的地方，也是驰名中外茅台酒的故乡。2004 年 7 月，怀仁市被正式认定为“中国酒都”。其地理坐标为东经 105°59'49"~106°35'50"、北纬 27°33'30"~28°10'19"，县域面积 1788km^2，辖 20 个乡镇（街道），常住人口 65.53 万人。全市平均海拔 880m，年平均气温 16.3℃，年平均日照时数 1400 小时，年平均无霜期 311 天，年降水量 800~1000mm。2021 年，地区生产总值

1566.95亿元，全市财政总收入660亿元，一般公共预算收入85亿元，稳居全省县域经济第一方阵，西部百强县（市、区）排名第4位。

二 退耕还林情况

仁怀市围绕“两山”理念，坚守“生态”和“发展”两条底线，利用新一轮退耕还林政策，大力发展木本油料作物——山桐子产业。截至2022年，毛叶山桐子种植面积达6800亩，主要分布在合马镇新坪、联合和水田3个村，苗木保存率在90%以上，达到了规模化连片种植的效果。种植区域2021年开始初挂果，2022年挂果面积已超过40%，产量达25t，取得了初步成效。种植区域覆盖村民组40个，利益联结农户1704户，惠及贫困户166户538人。其主要经验做法如下：

（一）党政重视抓产业

为助力林业产业发展，仁怀市成立了以市主要领导为组长的退耕还林领导小组，出台了《仁怀市新一轮退耕还林实施意见》《仁怀市经果林产业后续管护方案》和《仁怀市关于加快推进林下经济高质量发展的实施意见》等政策文件，带动了全市林业产业的发展。

（二）统筹规划谋发展

仁怀市编制了《仁怀市新一轮退耕还林总体规划（2016—2020年）》《贵州省仁怀市特色林业产业和林下经济发展规划（2022—2025年）》等总体规划和专项规划，提前布局，将项目实地落实，谋求高质量发展。同时，还成立了林业产业高质量发展工作指导组，对林业产业发展开展业务和技术指导。

（三）资金保障取实效

仁怀市从本级资金中安排配套新一轮退耕还林、经果林管护、林下经济发展等相应补助资金，将新一轮退耕还林种苗造林费提高到800元/亩，对经果林按300元/亩的标准进行后续管护补助，并在扶贫（乡村振兴）资金中预算安排扶持林下经济发展专项资金。“十三五”以来，仁怀市累计投入林业产业发展资金3.64亿元，确保政府引导取得实效，林业产业健康有序发展。

（四）凝心聚力育品牌

按照“一镇一品一示范”的安排部署，仁怀市积极引导涉林企业（合作社、大户）创建了“新华丰”毛叶山桐子油等品牌，逐步实现林业产品品牌化生产和销售，为全市林业产业规模化和企业化的发展奠定了基础。

三 栽培技术

（一）造林地选择

为做到适地适树，以培育山桐子果实为主的原料林，造林地宜选择坡度不大于25°、背风向阳、土层深厚和排水良好的地块，地类包括疏林地、灌木林地、迹地和宜林地等，海拔宜在800~1800m。

（二）林地清理与整地

林地清理一般采用块状或带状清理，块状清理规格不小于80cm×80cm，带状清理规格宽度不小于80cm。

整地一般采取带状梯田或穴状整地方式。其中，带状梯田整地适合于山坡地，沿山体等高线进行，带宽60~70cm、深40~50cm，带长根据地形而定，以成林后小型抚育机具能进入林地为宜。坡体较长可每水平距离30m保留5m以上自然植被带，以提高林地水土保持能力；穴状整地的规格根据苗木规格来定，一般规格为50cm×50cm×40cm、60cm×60cm×40cm，以保证根系舒展为前提，表土与心土分开堆放。整地需在造林前1~3个月完成。

（三）造林时间

以山桐子苗木落叶后为宜，可在11月至翌年3月进行，栽植时间宜选择阴天或雨后。

（四）造林密度

立地条件较好的地块，纯林造林初植密度42株/亩（株行距4m×4m）至56株/亩（株行距3m×4m）；混交林宜选择22株/亩（株行距5m×6m）至33株/亩（株行距4m×5m）。

（五）栽植

栽植时做到栽正、栽紧、舒根、不吊空、不窝根，将苗木周围的土由边缘向中心踩实，有条件情况下覆盖枯枝落叶或割下的灌草覆盖于栽植坑面。注意授粉树的配置，一般8株雌树环绕1株雄树栽植，或全部栽植雌树，另建雄树园地生产花粉，以人工授粉方式保证雌树均匀授粉，实生苗造林应在原料林开花结果后按照上述雌雄株比例进行高接换头。

（六）施肥管理

1. 施基肥

造林前应施足基肥，结合挖穴回土工序进行。基肥以农家肥或有机肥为宜，并根据土壤条件确定施肥数量，一般穴内施腐熟农家肥5~10kg/穴、商品有机肥3~4kg/穴或复合肥（15：15：15，总养分不低于45%）1~2kg/穴。基肥应与一定量的表土混合均匀后施入种植穴内，表面盖土，避免肥力流失。

2. 幼林水肥管理

造林后，有条件的情况下每年在旱季灌溉2~3次，松土除草的同时可进行追肥。雨季前追肥以氮肥为主，施用量为每株50g，雨季后追肥以复合肥为主，每株300g左右，随着树体的生长，逐年增加。采用环沟法或两侧开沟法施肥，沟深20cm左右，肥料距苗干15~20cm，避免烧根。催芽肥于叶萌动前施入，以氮肥为主，适量配施磷、钾肥（氮：磷：钾=3：1：1），以恢复树势，有利于加快植株的营养生长，防止植株徒长。根据树体大小施肥量为1~5kg/株不等。

3. 成林施肥管理

株产5kg果实的山桐子，每年施肥2次，其中第一次在2月中下旬至5月中旬，以速效肥为主，施复混肥或复合肥0.3~0.6kg/株，农家肥6~12kg/株；第二次在8月中旬至9月中旬，以长效肥为主，施复混肥或复合肥0.6~1.05kg/株，农家肥12~21kg/株。平缓地在树冠投影1/3~2/3范围挖环形沟，深度20~40cm，坡地在树的上坡1~2m挖半环形沟，深度20~40cm，郁闭后可在树间挖一些横沟，将肥料均匀施入沟内覆土，不宜在地表撒施化肥。

（七）整形修剪

1. 幼树定干及整形修剪

采用疏散分层型树体为宜，即每个单株为7~9个主枝，分2~3层轮盘排布。第1年进行平茬或在30cm高处截干促其成活、抽生壮苗，形成健壮侧枝；第2年冬季，刻芽处已形成的第一层主枝，在第一层主枝上方中心干延长枝中部饱满芽处进行短截，除主枝外，其他枝条进行短截或拉平，以培养辅养枝；第3年冬季，在主干距地面150~170cm处进行短截；第4年冬季，每层主枝的每个枝条上，多年生枝条疏除直立旺长枝条，短截或缓放平斜枝。

2. 成林树修枝整形

以疏剪为主，树体进入盛果期，应及时疏除过密枝、病虫枝、下垂枝、平行枝、轮生枝、徒长枝和竞争枝等，促进果实良好发育。修剪后要及时除萌抹芽。

（八）病虫害防治

1. 炭疽病

常引起叶枯、梢枯、芽枯、花腐、果腐和枝干溃疡等症状。防治方法可采取冬季清理病果和病叶，及时销毁。发病初期喷施75%的托布津1500倍液，或50%的多菌灵500倍液，或75%

的百菌清 500 倍液，每隔 7~10 天喷洒一次，连续 2~3 次。

2. 黑斑病

高温滋生病菌导致叶片、叶柄及木质化程度较低的茎等部位产生黑色不规则的病斑，影响苗木生长。防治方法：一是冬季清除病枝、病叶烧毁、减少越冬病源、加强栽培管理、增施生物有机肥和及时排灌促壮树体；二是使用 30% 悬浮剂戊唑・多菌灵、龙灯福连 1000 倍液 + 70% 默赛甲基硫菌灵 1000 倍液，在花后 1 个月至 1 个半月喷雾防治，15 天左右 1 次，连续喷 2~3 次。

3. 茎腐病

主要危害茎。秋冬季节清扫园地，将病枝剪下集中烧毁，消除病原；3~9 月喷施 30% 甲霜・恶霉灵或福美双 600~800 倍液防治。

4. 天牛类虫害

成虫危害新枝皮和嫩叶，幼虫蛀食枝干，造成毛叶山桐子生长势衰退、凋谢乃至死亡。防治方法：①树干涂白。用生石灰 10 份、硫黄粉 1 份、食盐 0.2 份、牛胶（预先热水融化）0.2 份、水 30~40 份，或加敌百虫 0.2 份，调成涂白剂，涂在树干下部离地面 2m 范围内，不要涂漏。②杀成虫。成虫出孔盛期喷 2.5% 溴氰菊酯（敌杀死）、2.5% 三氟氯氰菊酯（功夫）、5% 高氰戊菊酯（来福灵）、5% 高效氯氰菊酯（高效灭百可）、20% 氰戊菊酯（速灭杀丁）、20% 甲氰菊酯（灭扫利）1000~4000 倍液，隔 5~7 天喷树干 1 次，每次喷透，使药液沿树干流到根部。③杀幼虫。4~5 月和 7~10 月正是幼虫危害期，找到新排粪的蛀虫孔，先挖去粪屑，将 40% 氧化乐果乳油等药剂塞入或注入蛀道内，随即用湿黏土或湿黄泥将孔口封严，7~10 天后检查效果，如有新粪便排出孔应进行补治；或将 3% 呋喃丹颗粒剂均匀撒施于表土用于杀死树干中幼虫。

5. 食叶虫害

主要包括漆树叶甲和刺蛾等。食叶虫害主要取食叶片，造成缺刻或空洞，影响光合作用。防治方法：①生物防治。利用白僵菌防治成虫或幼虫。②物理防治。利用部分害虫种类具有趋光性的特点使用灯光诱杀成虫。③化学防治。在幼虫危害高峰期或成虫羽化高峰期喷施高效氟氯氰菊酯、阿维菌素和甲维盐进行防治。

四 模式成效

（一）生态效益

毛叶山桐子根系发达，能有效蓄水保土，预防水土流失。仁怀市种植毛叶山桐子后，项目区内防风固沙、固土保肥、涵养水源和森林美化得到了明显改善，极大提高了项目区的森林覆盖率，减少了水土流失，促进了生态平衡，改善了生态环境。

（二）经济效益

毛叶山桐子盛产期单株一般可挂果 50~60kg，进入丰果期后，按亩产 2000kg、每千克 4 元计，亩产值可达 8000 元，6800 亩总产值可达 5440 万元。按利益联结机制比例，辖区农户总收入 2720 万元（平均每户增收 1.6 万元），村集体净收益 544 万元，公司收益 2176 万元。毛叶山桐子树成熟后，可连续挂果 50~70 年，在此期间农户只需要简单管理维护即可获得收益。

（三）社会效益

种植毛叶山桐子发展林业产业，可推动产业结构的调整，从而保护和改善自然环境，尤其在果熟期有很好的观赏效果，可带来生态旅游的价值，为乡村振兴旅游开发提供条件。另外，群众可以在种植区内进行管理、采摘等作业增加务工收入，促进了区域经济的发展，保障了当地群众就近就业，对新农村建设与和谐社会建设起到了促进作用，也提高了社会效益。目前，毛叶山桐子基地建设劳务支出已达 1000 余万元，创造就业岗位约 2000 个。

村民采收毛叶山桐子（仁怀市林业局供图）

五　经验启示

仁怀市抓住全省林业产业发展前所未有的机遇，认真践行“两山”理念，按照全省林业产业发展的统一部署，紧扣毛叶山桐子产业发展作为粮油安全保障的战略定位，围绕全市林业产业中长期发展目标，因地制宜、顺势而为、乘势而上，在守护生态安全的同时，强化统筹协调、示范带动和要素保障等工作，积极探索毛叶山桐子产业发展新路径，走上木本油料产业发展新赛道。其主要启示有：

（一）政策支撑强后劲

仁怀市毛叶山桐子基地建设以来，得到国家、省、市和县的高度重视，各级领导多次到基地进行调研指导，有关部门也多次到实地开展考察学习，尤其是省级印发了《贵州省山桐子产业发展行动方案》《山桐子栽培管理技术指南》，给仁怀市发展毛叶山桐子注入了强劲动力，为加强管理提供了有力依据和参考。仁怀市抓住发展机遇，大力发展木本油料产业，将山桐子纳入经果林并对管护给予政策性补助，同时争取毛叶山桐子的管护项目，利用扶贫资金建设、初级加工基地建设和机耕道建设，使山桐子产业发展如火如荼。

（二）构建体系增效益

为防止出现只栽不管的问题，仁怀市毛叶山桐子产业采取“统一规划、统一栽植、统一管理、统一回收”的模式。坚持以企业投入为主，村集体配合管理和群众带地入股的方式进行，充分发挥“公司+村集体+农户”作用，形成强劲合力，有效构建“林业增效、林农增收、山区发展”产业发展体系。

（三）技术保障促发展

山桐子产业对仁怀来说是一个新兴产业，在栽植、管护和榨取等方面都是新尝试。因此，在项目实施之初，邀请了四川省林业科学研究院、贵州省林业科学研究院、中山大学的专家教授亲临基地，对栽植、管护技术进行指导和培训，使产业后期发展得到有效保障。同时，指导企业与多家高等院校合作，从超临界萃取、低温冷榨到毛油加工、精炼技术方面着手，推动产品研发。在常见病虫害防治、高产丰产技术方面与科研院所合作，开展专项研究突破发展技术难题，为产业发展注入科技含量。

六　模式特点及适宜推广区域

（一）模式特点

毛叶山桐子适于在海拔400~2500m的区域生长，具有耐高温、抗低寒、耐盐碱、耐瘠薄等

毛叶山桐子食用油（仁怀市林业局供图）

特点，以及产量高、出油多的特性。经过多次外出考察，仁怀市选定了毛叶山桐子产业在合马镇发展。经过多番探索，仁怀市统筹发展资金将退耕还林和毛叶山桐子产业发展有机结合，提升山区林业产业可持续发展能力，拓宽林业增收空间，多渠道带动山区农户发展林业产业，以兴林富民为目标，真正把退耕还林工作建成惠民工程，为贵州毛叶山桐子产业发展提供可复制经验，实现绿色、循环、低碳、可持续发展，为巩固拓展脱贫攻坚成果接续乡村全面振兴作出了林业贡献。

（二）适宜推广区域

山桐子通常集中分布于海拔 900m（秦岭以南地区）至 1400m（西南地区）的山地，在我国湖南、陕西、甘肃、四川、安徽、江西、云南、贵州等地均有分布。山桐子喜光，不耐庇荫，喜深厚、潮润、肥沃疏松的土壤，能耐 -14℃低温，在降水量 800~2000mm 地区的酸性、中性、微碱土壤上均能生长。

模式 20 龙里县刺梨产业模式

刺梨果肉脆、口感酸甜、芳香味浓，每百克果肉中含维生素就高达 2000mg，可以说是名副其实的“维 C 之王”。此外，刺梨还具有很高的营养价值和医用价值，其花、果、叶均可入药，有健胃、消食、滋补作用，根皮有止泻的功效。龙里县实施退耕还林，因地制宜大力发展人工刺梨种植，成效显著。全县现有人工刺梨种植面积 10.5 万亩，刺梨已发展成为龙里县的农业支柱产业。实施退耕还林发展刺梨产业带领群众创造了一条脱贫致富之路。

龙里县刺梨基地（杨永艳摄）

一 模式地概况

谷脚镇茶香村位于龙里县中北部，距龙里县中心城区 16km，交通便利，有 924 县道千洗公路过境，每个村民组已通硬化路，具有四通八达的通组公路连接，属省级二类贫困村。全村总面积 25.65km²，耕地面积 2600 亩，现有刺梨面积 1.68 万亩。该村具有明显的亚热带季风湿润气候特征，气候宜人。年平均气温 14.8℃，年平均无霜期在 290 天左右，海拔 1300m 左右，属立体气候。森林覆盖率达 86%，全村辖 9 个自然村寨组，有 476 户 2046 人。水、电、路基础设施完善，绵延数十里的“十里刺梨沟”，是个乡村生态观光旅游好地方。

二 退耕还林情况

谷脚镇茶香村2000年实施退耕还林工程发展人工刺梨3000余亩。截至2019年，全村刺梨种植面积已达1.68万亩，刺梨已发展成为该村的支柱产业。通过发展刺梨产业人均纯收入已达1.38万元，退耕还林成效十分显著。

三 栽培技术

（一）品种选择

谷脚镇茶香村选用的刺梨优良品种有‘贵农2号’‘贵农5号’‘贵农7号’。

（二）园地选择

1. 气候条件

年平均气温13~17℃，绝对最低气温-9℃，1月平均气温不低于5℃，大于10℃的年积温3900~4500℃，年降水量1000mm以上，年日照时数1000小时以上。

2. 地形地势

宜选择坡度25°以下、开阔向阳的平地、缓坡地建园。坡度15°~25°的山地，建园时宜修筑水平梯带。

3. 土壤条件

土壤质地以壤土为好，土壤疏松肥沃，土层厚度0.6m以上，地下水位距地表1m以内，pH值5.5~7.0。

（三）苗木质量

采用经过审定的优良品种扦插苗。苗木质量规格：苗高不低于50cm，地径不低于0.5cm，有分枝。

（四）栽培技术

农地采用全面清理，山地采用水平带状清理，带宽2~3m。整地规格为80cm×80cm×60cm，挖穴时将表土与心土分别堆放。每穴施熟效农家肥25~30kg（或施复合肥5kg），加磷肥0.5~1kg，先将腐熟农家肥（或施复合肥）和磷肥与表土充分混匀，再回填穴内，然后用心土回填至地面。

（1）栽植密度。株行距2m×3m或2m×2m，每亩种植111~167株。

（2）栽植时间。秋季落叶后至翌年春季萌芽前栽植，以每年的11月至翌年2月上旬为最佳栽植时间。

（3）品种配置。选择2个能够互相提供授粉机会的品种栽培，以保证良好的授粉条件。主栽品种与授粉品种比例为（4~5）: 1，行列式配制方式。

（4）栽培技术。在回填好的定植穴内挖直径30cm的栽植穴。栽植时，将苗木的根系和枝叶进行适度修剪，剪去伤根，定干高度50cm，保留3~5个分枝。将苗放入穴中央，舒展根系，再分层填土踏实，覆土至苗木根颈上方1~2cm，覆土高出地平面5~10cm，呈馒头形，浇足定根水，使根系与土壤紧密接触。有条件的可在定植穴上做直径0.6m、高10~15cm的树盘。

（五）土肥水管理

1. 土壤管理

（1）幼龄园。幼龄园（定植后1~3年），每年夏秋两季各进行1次除草和松土，深度为15~20cm。间作的刺梨园结合间种作物管理进行除草、松土。

（2）成年园。①深翻扩穴，熟化土壤：每年深秋或冬季对成年园（3年后）深翻扩穴改良土壤1次。在树冠外围滴水线处，挖30~40cm深、40~50cm宽的扩穴沟，逐年向外扩展。在扩穴沟内回填绿肥、秸秆或畜粪、堆肥、厩肥、饼肥等。②中耕除草：刺梨园在林分没有郁闭前，每年对树盘中耕除草2次，在春（3~4月）、夏（6~7月）两季进行，保持树盘土壤疏松。中耕深度8~10cm，将铲除的草覆盖在树盘周围。

2. 施肥

（1）基肥。选用腐熟有机肥，施肥时间为秋季采果后（10~12 月），结合土壤深耕压绿施肥。定植后第 1~3 年，每株施有机肥 10~15kg（或施复合肥 1~1.5kg），3 年后每株施有机肥 20~30kg（或施复合肥 5kg）。

（2）追肥。定植后第 1~2 年，在 2~3 月，每株追施尿素 150~200g；从第 3 年起，每年 2~3 月，每株追施氮磷钾复合肥 250~300g；6~7 月，追施 1 次氮磷钾复合肥，每株施用 300~500g。有微喷和滴灌设施的刺梨园，提倡液体施肥。

3. 水分管理

刺梨在春梢萌动及开花期和幼果发育期（3~5 月）、果实膨大期（7 月）对水分有较高的需求，在此期间若发生干旱（田间相对含水量在 60% 以下时）应及时灌溉，有条件的地方，提倡喷灌。多雨季节或果园积水时应疏通排水沟及时排水。

（六）整形修剪

（1）修剪时间。每年 11~12 月进行修剪。

（2）幼树修剪。栽植后 1~2 年，以轻剪整形为主。选定主枝和副主枝，主枝过多适当疏剪，其他枝梢作为营养枝保留。

（3）结果初期修剪。栽植后 3~5 年，培养结果枝，保留辅养枝，疏去过密枝、细弱枝，保持枝条分布均匀。修剪时期以落叶后的冬剪为主，以生长期的适量疏剪辅之。

（4）盛果期修剪。栽植后 6~20 年，对冠内外密生的细弱枝、干枯枝、重叠枝、下垂枝、病虫枝要从基部剪除，及时回缩结果枝、衰老枝和下垂枝，促使基部萌发抽生新枝培养新的结果母枝。盛果期树的修剪量在 15%~25%。宜在落叶后冬剪，要求剪口平滑。

（5）复壮修剪。栽植后 20 年以上，可逐年进行骨干枝的更新，利用萌发强壮的徒长枝，重新形成树冠，恢复树体生长。宜在冬季进行树冠回缩更新修剪，以回缩树冠 1/3 或 1/2 的修剪方法为宜，间隔 3~5 年更新修剪一次。对于严重衰老、产量极低的刺梨园，冬季进行隔行更新。从地面以上 20cm 处将大枝全部剪除。结合刺梨园的深翻，重施基肥，加强水肥管理，春季选留 15 个左右的强旺新梢培养成为结果母枝，更新后两年可恢复正常产量。

（七）病虫害防治

1. 物理防治

（1）灯光防治害虫。用频振式杀虫灯诱杀害虫。黑光灯诱虫时间一般在 5~9 月，每亩设一盏黑光灯，夜晚开灯。还可在果园内设置灯光设施，在灯光下放置一盆加洗衣粉的水，水面离灯 40~50cm，利用水反射灯光的原理引诱趋光成虫扑水来诱杀。

（2）色彩防治害虫。用黄板诱集蚜虫、梨小食心虫成虫等害虫。将纸板或纤维板裁成长 30cm、宽 25cm 的粘板，用油漆涂成黄色，再涂上一层粘油（可用 10 号机油加少许黄油调匀），每亩设 20~30 块，置于刺梨园与植株高度相同处，可有效诱杀白粉虱、蚜虫、潜叶蝇等。

2. 营林措施

实施翻土、修剪、冬季清园等管理措施，减少病虫源；加强栽培管理，增强树势，提高树体自身抗病虫能力；在高温高湿天气控制氮肥施用，避免诱发白粉病。

3. 人工诱杀害虫

（1）糖醋液诱杀成虫。糖醋液诱杀时间在 5 月中旬至 8 月上旬，糖醋液的配制比例为糖：白酒（30~40 度）：食醋：水：敌百虫 =6：1：（2~3）：10：0.5。将配好的诱液放在盆里，保持 3~5cm 深，每亩放 1~2 盆，盆要高出刺梨树冠 30cm，放置 15 天，可诱杀斜纹夜蛾、黏虫、梨小食心虫等。

（2）毒饵诱杀。一种是麦麸豆饼毒饵：先将麦麸和豆饼粉碎做成饵料炒香，每 5kg 饵料加入 90% 晶体敌百虫 30 倍液 0.15kg，并加适量水拌匀。每亩施用 1.5~2.5kg，设 6~10 个点，每点

25g，均匀放在刺梨园中，诱杀蝼蛄、地老虎等地下害虫。另一种是香蕉菠萝毒饵：用香蕉皮或菠萝皮 40 份与 90% 敌百虫晶体 0.5 份加水调成糊状，每亩设 20 个点，每点 25g，均匀放在刺梨园中，可诱杀果实蝇等害虫。

4. 生物农药防治

在不影响天敌活动的情况下，使用微生物源农药（BT 制剂、白僵菌等）、植物源农药（茼蒿素、苦参碱等）、矿物源农药（如石硫合剂、波尔多液等）和昆虫生长调节剂（灭幼脲等）中等毒性以下的生物农药进行防治。

5. 化学防治

根据病虫害的发展动态及时发布趋势预报，及时进行防治。

（1）蚜虫。预防蚜虫危害在萌芽和展叶期，用 10% 吡虫啉可湿性粉剂 1500~2000 倍液或艾美乐 70% 水分散粒剂 2~4g/hm² 兑水 40~60kg 喷雾。

（2）食心虫。在开花期预防食心虫，选内吸性农药多虫清 30mL，或阿克泰 2~4g，或康宽 5~10mL 兑水 50~60kg 喷雾。喷雾时用背负式或机动喷雾器将喷雾器喷头向上将药液均匀喷在刺梨花蕾背面，隔 10 天再施药一次，一般喷 2~3 次。

（3）白粉病和锈病。在早春预防白粉病和锈病等，喷 15% 粉锈宁可湿性粉剂 1000 倍液或 70% 甲基托布津可湿性粉剂 800~1000 倍液或 1：2：100 倍波尔多液，每 15 天喷一次，连喷 2~3 次。

龙里县刺梨果实（杨永艳摄）

（八）果实采收及其处理

（1）采收。在果实果皮由绿开始转为黄色时（8 月下旬至 9 月中下旬）采收。宜选择无雨阴天的早晚采摘，采果时戴帆布手套将果实摘下放于容器中带回。

（2）果实清选及包装运输。采后剔除烂果、次果、小果，装入塑料果箱或纸果箱后即可运输、销售。

四 模式成效

该模式在龙里县茶香村实施后，取得了较大的生态、经济和社会效益。

（一）实施退耕还林助推脱贫攻坚

谷脚镇茶香村实施退耕还林前，全村耕地以旱地为主，旱地全部用于种植玉米，农民生活粮食主要靠国家救济和自己生产的玉米。2000 年通过实施退耕还林，选择刺梨作为退耕还林树种，国家在前 8 年每亩补助资金 239 元，后 8 年每亩补助资金 134 元，解决了基本口粮问题。刺梨产生经济效益后，每亩平均收入可达 4000 元左右，加上刺梨育苗和出售刺梨扦插育苗枝条及加工产品，每户最高收入可达 10 万元，全村大部分农户通过实施退耕还林种植刺梨走上了脱贫致富之路。据统计，在实施退耕还林前，全村大部分农户为贫困户，现全村农户 476 户，只有 45 户为孤老、大病或残疾等特殊人群家庭。退耕还林种植刺梨有效推动了脱贫攻坚工作。

（二）生产生活环境明显改善

走进现在的茶香村，茶香村村民自己都不敢想象，十年前的茶香村虽然解决了温饱问题，但住的是低矮的土墙房，走的是泥土路，实施退耕还林种植刺梨增加了农户的经济收入，现在各家各户建起了小洋楼，修建小庭院，大部分买上了小汽车。通村公路修成了柏油路，串寨、串户路全部变成了水泥路，改变了过去晴天尘土飞扬、雨天泥浆飞溅的状况，人民的生产生活条件发生了翻天覆地的变化。

（三）为乡村生态旅游发展奠定了坚实的基础

茶香村实施退耕还林工程，不仅改变了茶香村村容村貌，而且美化亮化了茶香村的自然生态环境，连绵十余里的退耕地刺梨，独特刺梨花开时节，与周边的青山交相辉映，形成了一幅美丽的画卷。茶香村茂密的森林植被，优美独特的自然环境，穿梭于林中的刺梨花带，星星点缀于林中的农家，是城里人休闲之余返归大自然养身养心、赏花品果、品尝原生态农家乐的好去处。每年5~9月，茶香村刺梨花香迷人，刺梨果香味扑鼻，前来赏花和采果的游客络绎不绝，很多游客流连忘返。茶香村实施退耕还林种植的刺梨给茶香村带来了生态文化旅游的契机，为生态文化旅游打下了坚实的基础。

五 经验启示

退耕还林既是生态建设工程，也是改善民生工程，更是一项增加农民收入的具体经营活动。龙里县利用实施退耕还林工程大力发展人工刺梨种植，带领人民群众走上了脱贫致富奔小康之路，成效显著，主要经验启示有：

（一）加强组织领导

为做好退耕还林工程，龙里县各级各部门建立领导机构，层层签订责任状，成立了以县长为组长，分管副县长和副书记为副组长，有关科局长、镇（街道）一把手为成员的退耕还林工程领导小组，下设办公室在林业局，并从林业部门抽调有关技术员到退耕还林工程领导小组办公室工作，各镇（街道）也相应成立领导小组及其办公室。县政府、县林业局成立退耕还林督查小组，不定期对退耕还林工作进行督查。县林业局抽调技术员组成规划设计小组和技术指导组分别到各镇（街道）做调查，进行规划设计和造林技术指导，确保了退耕还林工程的顺利实施。

（二）因地制宜，科学选择退耕还林模式

按照生态优先的原则，结合产业结构调整，促进经济增长，使农民群众脱贫致富奔小康。根据本村具体情况，科学选择退耕还林治理模式和退耕树种，既保护了生态达到退耕还林目标，也产生了经济效益实现以短养长的目标。

（三）加大科技培训力度，掌握科学管理方法

为进一步让农户科学掌握刺梨管理方法，达到高产优质管理水平，每年春夏秋冬季，县林业局聘请专家或技术人员对刺梨的施肥、修剪、采果等作了科学的技术培训，让退耕农户真正掌握刺梨的科学管理方法。

（四）加大宣传力度，提高刺梨知晓率

为了扩大龙里县刺梨知名度，龙里县做了大量的宣传工作，在新闻媒体、报刊、杂志上做宣传，同时举办刺梨赏花品果节、山地自行车比赛等，通过多种方式宣传龙里县刺梨产业。

（五）完善体系，确保刺梨产业工作取得成效

建立了政府主导、部门联动、定期考核、民主监管为一体的长效机制，推动刺梨产业健康有序发展。各职能部门科学制定发展规划，出台有力推进措施，加大督查验收力度；各镇（街道）加大政策宣传引导，细化分解发展目标，将工作任务落实到村组、农户，并突出各自的特色，“一村一品、一县一业”的产业格局初具规模，

有力地促进了龙里县刺梨产业的可持续发展。

（六）狠抓龙头企业发展，注重品牌建设

为了打消农户种植刺梨的顾虑，按照特色农业发展需要，多层次、多渠道、多形式培植发展龙头企业，加强能带动群众增收的产业化龙头企业发展，在资金和项目安排等方面予以重点倾斜。龙里县现有刺梨深加工企业 7 家，年消耗刺梨原料 1 万 t 以上，龙里县的刺梨产量基本能满足本地刺梨深加工企业的需求。

刺梨是山地农业中的新兴产业，要想在市场上有一席之地，必须创建出自己的特色品牌。龙里县自 2012 年以来，先后荣获了“中国刺梨之乡”“中国刺梨名县”“贵州省经济林基地示范县”“中国地理标志保护产品”等荣誉称号，刺梨品牌的发展，赢得了市场的话语权。

龙里县谷脚镇茶香村实施退耕还林种植刺梨取得的成功经验，已作为龙里县农村调整产业结构的一项主要措施，刺梨产业形成了全县农村经济的主要支柱产业，未来前景广阔。

六 模式特点及适宜推广区域

（一）模式特点

刺梨适应性强，生态幅度广，在贵州各地均可种植。2019 年，刺梨产业被列为贵州十二大特色农业产业之一。茶香村是贵州最早试验种植刺梨新品‘贵农 5 号’‘贵农 7 号’的地方，也是最早实施规模化种植之地，由于成效显著，借助退耕还林工程，模式辐射到龙山镇、哪嗙乡、醒狮镇、洗马镇等 14 个乡镇，龙里县因此获得“中国刺梨之乡”“贵州省经济林（刺梨）基地建设示范县”“贵州刺梨良种繁育地”“无公害标识示范县”和“刺梨无公害产地”等称号。新一轮退耕还林实施以来，贵州各地共种植刺梨 96 万亩，模式原产地茶香村成为贵州各地发展刺梨产业的优质苗木提供地及刺梨基地建设示范地。

（二）适宜推广区域

刺梨适宜于温暖湿润的气候环境。在年平均气温为 13~17 ℃，大于 10 ℃的年积温 3900~4500 ℃，年降水量 1000mm 以上，年日照时数 1000 小时以上，土层厚度 0.6m 以上，土壤 pH 值 5.5~7.0 为佳。常见种植的地方有贵州、四川、云南、陕西、湖北、湖南等地。

龙里县十里刺梨沟赏花节（龙里县林业局供图）

模式 21 贞丰县花椒产业模式

贞丰县地处珠江上游北盘江畔，属典型的喀斯特地区，被誉为“喀斯特公园县”，是国家扶贫开发工作重点县之一。贞丰县利用退耕还林政策，将花椒产业作为脱贫攻坚主导产业进行培育。‘顶坛花椒’是贞丰县的特产，已有20年的种植历史，以香味浓、麻味重、产量高而闻名，为国家地理标志保护产品。贞丰县探索出了一条山旮旯变出金疙瘩的新路子，充分将发展林业产业与脱贫攻坚进行完美结合，同时也是退耕还林的成功典范。

贞丰花椒种植基地（贞丰县林业局供图）

一 模式地概况

贞丰县位于云贵高原东部，贵州省西南部，地处珠江水系西江上源北盘江畔，东与镇宁、望谟，南与安龙、册亨，西与兴仁，北与关岭各县接壤。介于东经105°25′~105°56′、北纬25°07′~25°44′，县域面积1511km^2。境内气候温和，冬无严寒，夏无酷暑，雨量充沛，年平均气温16.6℃，年降水量在1000~1400mm，平均海拔1000m，年平均无霜期335天，森林覆盖率51.9%。贞丰县享有“中国花椒之乡”的美誉，创建了在全国推广的“顶坛模式”。全县森林面积117.7014万亩，其中耕地面积52.3196万亩，全县辖17个乡镇（办事处）156个村（社区），共106520户426076人，2019年农村居民人均可支配收入10206元。

二 退耕还林情况

自2002年实施退耕还林工程以来，贞丰县围绕“绿色发展、生态优先”和“治理贫瘠荒山、守护绿水青山、打造金山银山”发展理念，宣传、引导广大退耕农户从传统耕种的自给自足方式逐渐转变成以特色经济林花椒为主导的集约化产业发展方式，抓住退耕还林的政策机遇，利用当地坡耕地多，土质、气候适合花椒种植的优势，大力发展花椒产业，积极探索林业发展与乡村振兴的双赢模式。贞丰县上一轮退耕还林完成7.15万亩，新一轮退耕还林完成26.1万亩，其中利用退耕还林工程共种植花椒12万亩，共涉及农户27385户112541人，其中涉及贫困户9136户36545人。

三 栽培技术

花椒是在北盘江镇顶坛片区长期适应且表现优良的林木，具有抗旱性强、生长势好、适应性广、抗寒、抗病、产量高等优良特征。主要培育技术有：

（一）花椒选址及规划

应选择海拔在1200m以下，坡度35°以内，周围植被覆盖率较好的缓坡山地或山脚地、水浇地作花椒苗圃地。以土层深厚肥沃、土质疏松、pH值6.5~7.4的土壤为宜。水源方便充足，排灌良好。花椒规划必须遵循科学合理和可持续发展的要求，实行园、林、路、水合理布局。

（二）精细整地

花椒四周要挖排水沟，沟深为80cm、宽为60cm。面积较大的地块，园内还要有腰沟，沟与沟相通，保证排灌方便。清除杂物，定植行的表土必须彻底粉碎。花椒地块挖深60cm以上、宽80cm的基肥槽，每亩施腐熟圈肥5000kg，将土壤回填后整平表面土。

（三）花椒定植

花椒苗移栽以雨季、秋季为主，苗木选用1年生健壮花椒苗，苗高应在40cm以上，且须根发达，花椒苗应尽量减少伤根。种植时挖定植坑按照定植密度2m×3m株行距在定植时把坑挖好，规格为60cm×60cm×50cm，挖坑时要心土、表土分开放，回填土时，要先填表土，再填心土。栽植时将苗放入定植穴中央扶正，保持根系舒展，先用细土覆盖，踩紧，再覆土，然后覆盖踏实，覆土呈馒头状，用草覆盖定植穴。

（四）花椒管护

花椒幼苗成活后第2~3年后逐年向外深翻扩大栽植穴，直至株间全部翻遍。幼树每次深翻扩穴可结合施入氮肥进行，注意增施农家肥，随着树龄的增长，应适当增施磷、钾肥的用量。花椒新梢打枝原则：打上不打下，打翘不打吊，打内不打外，打弱不打强，打密不打稀，清除病虫枝、重叠枝，具体做法视其树势和年龄而定，旨在培育伞形树冠，扩展挂果面积。花椒追肥，在各轮新梢生长前，及时分批施用追肥，一般全年3次，以复合肥为主，配合磷、钾肥进行根际追肥，促进生长。

（五）病虫害绿色防控

花椒主要病虫害有蚜虫、天牛、根腐病、叶锈病、介壳虫等。蚜虫主要危害树叶，防治措施主要是在每年10月中下旬清除地中、树穴、石缝杂草，消除蚜虫越冬场所，每年4月中下旬用1500倍液敌敌畏防治。天牛防治主要是在秋季采收花椒后，将虫梢剪除烧毁或用铁丝钩杀。根腐病防治是及时剪除病根，剪口处涂石硫合剂，并施草木灰。叶锈病防治在6~8月喷施1~2次0.3~0.5波美度石硫合剂。介壳虫防治在3月下旬用 0.2 倍氧化乐果溶液涂抹树干防治。

四 模式成效

花椒不仅带来了显著的经济效益、社会效益，还带来了显著的生态效益。据统计，截至 2023 年，全县退耕还林种植花椒面积达 12 万亩，产量 1.34 万 t，产值 2.45 亿元。

贞丰花椒（贞丰县林业局供图）

（一）生态环境得到显著改善

通过退耕还林的实施，林地面积增加，土壤侵蚀量明显减少，林草植被和生物多样性得到恢复，森林覆盖率提高，水土流失和土地石漠化得到了缓解，取得了良好的生态效益。为全县森林覆盖率的提高贡献了 7 个百分点。

（二）脱贫增收步伐明显加快

退耕还林是解决“三农”问题、实现农民增收的重要举措之一，农民群众除从工程建设得到收入，还从花椒产出得到实惠，为稳定脱贫增收长远之计打下基础。如核心产地顶坛片区仅花椒一项农民年人均纯收入 2000 多元，云洞湾村年人均收入则高达 3000 元。

（三）社会效益显现

贞丰县退耕还花椒，大力发展‘顶坛花椒’‘贵峰系列’及‘九叶青’等新老品种标准花椒园，兴建标准化花椒加工厂等举措，着力提升花椒产业带动力，为贞丰县实现“以花椒促游、以游兴花椒、花椒旅融合”发展再助力。目前，贞丰县在退耕还林的政策推动下，积极从生态建设、产业发展和脱贫攻坚中寻找结合点，大力发展花椒产业，‘顶坛花椒’‘贵峰 1 号’已成为贞丰县生态产业的新名片。

五 经验启示

（一）充分发挥政府引导作用

贞丰县委、县政府十分重视花椒产业的发展，把花椒产业作为全县农村经济发展、促进农民脱贫致富的支柱产业来抓。

（二）加强新技术推广

为保护贞丰花椒品种纯正，贞丰县建立了两个良种基地，推广花椒新品种的嫁接技术和结果枝组更新复壮技术。通过精细修剪，提高花椒树的单株产量。

（三）加大资金投入

整合农林、财政、金融等部门项目资金与退耕还林资金相结合，增加基地投入。充分运用财政资金的杠杆效应，综合利用市场、税收、信贷和奖励等多种激励机制，大力招商引资，鼓励社会资金投入花椒产业。

（四）创新发展模式

鼓励并扶持林农建立专业合作社，积极推广“龙头企业 + 合作社 + 贫困户”和“订单式生产、保底盈利、全产业链管理、服务企业化经营”经营模式，通过农户和贫困农户花椒种植务工收入、花椒反包倒租收入、参与园区建设收入、土地入股分红收入、花椒产值绩效收入等利益联结机制，引导农民开展多渠道、多领域联合与协作，实行相对集中连片开发和规模经营。依托科研院（校）单位、专业科技服务小组，积极推行校（院）企联合，鼓励科技人员通过技术服务、技术承包、技术入股、技术转让等方式参与花椒产业开发，提高产业经营管理水平。

（五）大力发展地方优势品种

通过在全县范围内进行良种筛选，培育良种壮苗，为椒农提供用苗保障。同时，从重庆等地引进‘九叶青’‘贵峰’等其他优良花椒品种，新老品牌共同发力，打出贞丰花椒“组合拳”。

（六）加大政策保障

农户种植花椒面积符合退耕还林政策的，全部纳入国家退耕还林，享受退耕还林补助，增加农户收益。

六 模式特点及适宜推广区域

（一）模式特点

借助退耕还林工程，贞丰县规模化种植花椒已达 12 万亩。近年来持续将花椒产业作为脱贫攻坚主打产业进行培育，“擦亮老品牌，塑造新品牌”，以‘顶坛花椒’为代表的老品牌持续稳占市场，以“贵峰”系列为代表的新品牌引领技术革新发展势头强劲，新老品牌共同发力，助推全县花椒产业提质升级，贞丰县也被授予“中国花椒之乡”的称号。

（二）适宜推广区域

花椒在中国大部分地区均可以种植，花椒喜欢温暖湿润的环境，适宜生长在年平均气温为 16~18℃，年降水量 1000~1500mm，全年光照时间为 1200~1500 小时，土壤疏松肥沃、排水良好的环境。现广泛栽种于四川、贵州、云南、湖南、山西、陕西等地。

贞丰花椒产品（贞丰县林业局供图）

模式 22 织金县皂角产业模式

织金县立足皂角精市场销售占全国 95% 的份额优势，深入践行“两山”理念，大力实施“生态优先、绿色发展、共建共享”发展战略，将皂角产业作为“一县一业”主导产业来抓。按照种植业“5311”产业布局，围绕“建设全国县域最大的皂角种植基地、创建贵州省皂角产业创新工程研究中心、建设皂角综合产业园”三大目标，大力发展皂角产业，初步形成了种植、加工、销售、研发一体化的全产业链条，成功闯出一条“一县一业”的新路子，皂角产业已成为当地乡村振兴主导产业，被列入贵州省十二大特色产业。皂角精具有食用价值和药用价值，有养肝明目、美容养颜等功效，是一种珍贵的纯天然绿色滋补品。织金皂角精被认定为“国家地理标志保护产品”，被评为“贵州省十大山地生态特色农产品”。

织金县退耕还林发展皂角产业（织金县林业局供图）

一 模式地概况

织金县位于贵州中部偏西，乌江上游支流六冲河、三岔河交汇处的三角地带，地处东经 105°21′~106°10′、北纬 26°21′~26°51′，县域面积 2868km²，东临清镇市、安顺市平坝区，东南连安顺市西秀区，南毗普定县，西接凉都六盘水市，北抵大方县、黔西市。织金县地处黔西高原向黔中丘原盆地过渡地带，地势西高东低，最低海拔 860m，最高海拔 2262m，县城海拔 1310m。属北亚热带高原季风温润气候。因受季风影响，常年雨量充沛，气候温和，四季分明，春季温和，夏无酷暑，秋季凉爽，冬无严寒，年平均气温 14.1℃，年平均降水量 1436mm，年平均日照 1172 小时，年平均无霜期 327 天。全县辖 7 个街道、16 个镇、3 个乡、7 个民族乡。全县总人口 123.66 万人。1991 年被列为贵州省级历史文化名城。织金城文物古迹有 74 处，其中颇为著名的有“四庵”“四阁”“四寺”“四祠”“八大庙”，多系清代乾隆盛世建筑。除此之外，还有 20 多处自然景点。国家 AAAA 级景区织金洞地处本县官寨乡，境内还有乌江百里画廊、织金大峡谷、织金瀑布、织金古城、营上古寨等 112 处景物景观。先后荣获“中国特色农产品优势区”“全国县域旅游发展潜力百佳县”“贵州省森林城市”“贵州省园林城市”“贵州省文明城市”等荣誉称号。

二 退耕还林情况

2017 年，织金县在实施新一轮退耕还林工程中，立足自身实际，结合产业发展，把皂角作为新一轮退耕还林工程主打树种，实现了“生态产业化、产业生态化”的目的。织金县现有皂角面积 52.07 万亩，惠及农户 10.41 万户 39.84 万人，户均种植皂角 5 亩以上，全部投产后，预计户均加工皂角 280kg，户均增收 2.5 万元以上。皂角种植总面积和人均皂角面积位居全国前列，为织金森林覆盖率持续稳定在 63.02% 以上奠定坚实基础。织金县退耕还林结合皂角产业的主要经验做法如下：

（一）因地制宜，抓住契机选产业

2018 年，“织金皂角精”获国家地理标志产品登记保护认证；2019 年，贵州省委、省政府将皂角纳入十二大特色产业重点予以支持，“织金皂角”被列为全省十大山地生态特色农产品。织金县抢抓新一轮退耕还林政策机遇，把退耕还林与“一县一业”皂角产业结合起来，以皂角为新一轮退耕还林的主要树种，着力培育壮大皂角资源总量。目前，全县种植皂角面积发展到 52.07 万亩，为实现“生态美、百姓富”，助力脱贫攻坚与乡村振兴贡献林业力量。

（二）强化统筹，推进产业特色化

一是科学化布局。围绕资源禀赋，立足产业基础，把皂角作为特色主导产业进行全产业链谋划和推进。出台《织金县皂角产业发展实施方案》《贵州省毕节市织金县皂角产业五年（2021—2025 年）专项规划》，按照建设一个皂角苗圃场、做大一个 50 万亩以上的皂角基地、建好一个皂角研发所、打造一座皂角文化城、创办一个皂角文化旅游节“五个一”工程制定皂角产业发展规划，成立皂角产业发展领导小组、办公室和皂角产业商会，负责统筹指导全县发展皂角产业。

二是多元化投入。以退耕还林工程、国家储备林项目建设为契机，加大招商引资力度和专项贷款投入力度，多渠道吸引社会资本参与皂角产业发展，每年安排 1000 万元财政资金作为皂角产业发展专项资金，探索以奖代补、先建后补和有偿使用、滚动发展方式，充分发挥财政资金的使用效率和综合效益。积极争取国家、省、市产业化项目资金向皂角产业倾斜，鼓励农户、种植大户、专业合作社、专业企业以自筹资金、土地、劳动力、技术等多种方式投入，建立多层次、多形式、多元化的产业投入机制。目前，已整合各类资金 2.7 亿元用于支持皂角产业发展。

三是示范化引领。建立皂角产业“一把手”负责制，把发展皂角产业纳入农业农村工作责任制年度目标考核，层层签定目标责任状，实行年度考核制。明确县委、县政府主要领导和分管领导在建设年度内，每人带头创建示范点 3000 亩以上，四大班子副县级以上领导每人带头创建示范样板点 1000 亩以上，乡镇主要领导和分管领导创办 1000 亩以上规范化种植样板基地，带动全县皂角产业发展。目前，全县共建设示范基地 32 个。

（三）强化主体培育，推进产业规模化

一是龙头企业带动。采取项目覆盖、公司投资、政府补助、融资贷款“四位一体”合作方式，2019年成立皂福万家实业有限公司，按照“基地建设—产品研发—产品加工—市场培育—产业拓展—销售网络”模式，以政府主导、市场运营、政策叠加、多元投入，以“公司＋合作社＋农户”模式推动皂角产业发展。目前，全县共有皂角龙头企业9家，合作社47家。

二是合作组织联动。充分发挥合作社一头联龙头、一头带农户的纽带作用，在33个乡（镇、街道）分别成立联合总社，在各村成立“村社合一”专业合作社，最大程度整合资金、技术、人才优势，发挥“公司＋联合社＋村集体合作社”组织优势，全力实现生产经营资源要素最优组合。目前，全县33个联合社带动339个村集体合作社共同发展皂角产业。

三是种植大户拉动。引进湖南耀泓生态农业开发有限公司、云南勐海豪扬农业发展有限公司、乌蒙利民农业开发有限公司，通过“公司＋大户（能人）＋村集体”模式，采取林下套种南瓜、茶叶、蔬菜等特色经济作物，实现以短养长。目前，全县已有37户皂角种植大户通过土地流转、股份合作、订单生产等形式参与基地建设，公司、农户、村集体按5∶4∶1的比例进行分红。

（四）强化产品研发，推进产业精细化

一是研发食用品。制定皂角食品地方安全标准，将皂角精纳入地方特色食品，着力打造“黔树燕窝”地方特色公共品牌，不断扩大皂角产品知名度。与岭南现代农业科学院与技术广东省实验室、广东省食品质量安全重点实验室合作完成皂角米营养成分分析，采用国家标准方法，对皂角米样品中的一般营养成分、氨基酸和必需微量元素含量进行了测定。结果显示，皂角米是一种高钾、低钠，且高铜的食品，具有养心通脉、清肝明目等功效。目前，贵州省卫生健康委员会已出台织金皂角米地方食用标准，研发推广的“皂角银耳莲子羹”及皂角精、桃胶、雪燕“三宝”组合套装已走进省内外市场。

二是研发药用品。皂角刺属于重要的中药材，具有消肿脱毒、排脓、杀虫的功效。织金县积极与中国科学院昆明植物研究所、国家中草药工程技术研究中心等科研平台对接，大力开发皂角中药产品。目前，与贵州中医药大学签订合作协议，深入开展“黔产皂角米（精）营养成分分析、毒性评价及产品研发”合作，通过皂角生物活性治癌抗癌药物研发，结合细胞治疗、畜牧用药等前沿科技成果，全面推动织金皂角生物药用产品开发及全面药物应用推广。

三是研发日用品。委托织金县皂福万家实业有限公司从事皂角产业种植改培和系列产品研发。借助上海复旦大学、江苏苏州大学、常熟理工学院等高等院校在学科专业、科研技术、实验平台等方面优势，加大皂角产品研发力度，围绕皂角生物表面清洁作用，结合现代萃取技术提取果荚中的皂素及其他清洁物，辅助其他植物提取物配置纯天然洗涤用品和护肤用品。目前，已与广州日化企业开展合作，研发生产“织皂金福”系列皂角内衣抑菌清洗液、皂角首乌洗发露、皂角无患子沐浴露等日用产品。

（五）强化市场导向，推进产业品牌化

一是强化品牌打造。依托织金皂角米加工集散地优势，围绕织金特色自然条件、生态环境，用好“织金皂角精”这一品牌，加强品牌管理和规范品牌运营机制。积极开展“织金皂角精”食品认证工作，由皂福万家实业有限公司牵头在猫场镇组建混合制公司，提质改造、投资建设标准化皂角米食品加工厂，围绕皂角产业，在产品包装、文化创意、广告宣传等方面策划挖掘，着力打造知名品牌，推进品牌创建，培育壮大“织金皂角精”品牌影响力。2018年12月，织金县皂角精成功入选国家地理标志保护产品。

二是强化溯源监管。积极推进“产地与销地”“市场与基地”“加工与生产”的对接与互认，在皂角生产企业和专业合作社建立完整的全程质量追溯信息采集系统，建立健全生产销售档案登记制度，对生产者实行生产销售全过程档案登记管理，形成产地有准出制度、销地有准入制度、产品有标识和身份证明的全程质量追溯体系。建立和完善产品生产经营企业自检、委托检验和执法监督检测体系，对皂角生产（苗木繁育）产地环境、检疫性病虫害、农药残留、重金属、加工企业等进行有效监控，增加检测频率，增强检测能力，把好皂角基地准出和市场准入关，保证产品质量。

三是强化产销对接。充分利用织金县作为“全国电子商务进农村示范县”名片，加快建设完善集生产加工、包装贮藏、商品化处理、电商交易、信息发布等为一体的现代皂角物流市场，扶持工商企业及社会力量从事皂角配送、连锁经营、电子商务业务，支持重点生产企业、农民专业合作社等开展“农超对接”“农企对接”，建立皂角产品直销店，开展“点对点”生产销售，实现生产与销售无缝对接。支持和引导皂角营销大户、企业有组织地在国内重点城市组建销售中心，在中小城市建立销售网点，提高国内市场占有率。目前，织金皂角商会和皂福万家实业有限公司负责市场开拓等，按需组织生产，统一质量技术标准，统一提供种苗、物资，统一组织抚育管护，统一收购、加工、销售。

织金县皂角米（织金县林业局供图）

三 栽培技术

（一）树种选择及规划

皂角属喜光树种，在阳光条件充足、土壤肥沃的地方生长良好。喜温暖向阳地区，喜光不耐庇荫。在石灰岩山地及石灰质土壤上能正常生长，在轻盐碱地上，也能长成大树。适生于无霜期不少于 180 天、光照不少于 2400 小时的区域。要求年平均气温 10~20℃，极端最低气温不低于 −20℃，年降水量 300~1000mm 最好，宜选择土层深厚、肥沃、土壤湿润的壤土或沙壤土作为造林地。

（二）造林整地

种植前，造林地要用 5% 甲拌磷颗粒剂进行防虫处理，每亩用量为 1.5kg；用 50% 多菌灵可湿性粉剂 1kg 兑水 500kg 喷洒土壤，进行灭菌。栽植采取穴状整地或带状整地。一是穴状整地。采取“品”字形定植，规格为 60cm×60cm×50cm 或半径为 25cm、深 50cm 的圆柱形大坑，冬季开挖，施足基肥，拌肥回填。二是带状整地。沿等高线开挖 1m 左右宽的梯带，在带上深翻土壤 40cm，将杂草、石块拣净，形成里低外高的梯带，带间距依栽植株行距而定。

（三）苗木栽植

一是造林时间。冬春两季均可造林，以冬季造林为好，在叶芽萌动前完成造林。以入冬后（12 月后）至年前（春节前）为宜，最迟不宜超过正月底。

二是初植密度。根据不同的经营目的采取不同的株行距：采果专用为 4m×4m 或 3m×4m，42~56 株 / 亩；果刺兼用为 3m×3m，74 株 / 亩；果材兼用为 2m×3m，111 株 / 亩。3~5 年后株间树冠交接，可考虑去密留稀，以保证林间通风透光。

三是苗木栽植。种植前，适当修剪苗木根系。在已采取大穴整地并回填的基础上，于坑中心挖一小坑，放入苗木，苗木正直、根系舒展，再覆土踩实，浇足定根水，松土覆盖，保土保墒。

（四）抚育管护

一是中耕除草。造林成活后，及时松土除草。松土深度一般为10~20cm，避免损伤苗木根系。造林前3年每年中耕除草2次，分别在6月、8月进行。

二是施肥。根据土壤养分状况和树种特性，测土配方施肥，每年追肥1~2次为宜，结合中耕除草同时进行。施肥时注意不可离根系太近，沿树冠垂直投影范围内侧，采用穴状、环状、放射形条状方式施入肥料后，用土覆盖。肥料使用应符合《肥料合理使用准则　通则》（NY/T 496—2002）和《微生物肥料》（NY/T 227—1994）的规定。

三是整形修剪。适时对枝干进行整形修剪，剪除主干上多余的分枝，保留主干2.5m左右，保留3~5个分枝角均匀的主枝，保证通风透光。

（五）病虫害防治

皂角树主要虫害有象甲、食心虫、木虱、蚜虫。皂角树病害主要有炭疽病、立枯病、白粉病、褐斑病等。在对皂角树进行管理的过程中，合理地采用营林防治、化学防治、物理防治以及生物防治等防治措施，对皂角树的病虫害情况进行适时的监控，做好及时准确的病虫害预测预报工作。具体的防治措施包括以下几个方面：

一是营林防治。对皂角树要及时进行适时松土除草、合理修剪，对其受到病虫侵害的病虫株、死亡株、枯枝、枯叶等进行清理，以尽可能减少病虫源，不断强化皂角树的抚育管理，以使其抵御能力得到大大提升，并在林中进行黄豆、花生、中药材等矮秆类经济植物的套种，在丰富生物的多样性的同时，起到以耕代抚、长短结合、以短养长的效果。

二是生物防治。通过对天敌的保护与利用对有害生物进行有效的消除与控制，不断扩大以虫治虫、以鸟治虫等应用范围，使生态的平衡得到有效的维护。

三是物理防治。采用黑光灯、性诱剂、诱虫剂等对害虫进行诱杀。

四是化学防治。采用化学防治措施时应符合国家相关法律法规及相应标准的规定，农药的使用应符合《农药合理使用准则》（GB/T 8321—2002）的规定。

四　模式成效

织金县坚持“生态优先、绿色发展、共建共享”的理念，依靠皂角产业发展，生动地践行了“两山”理念。

（一）生态效益显著

截至2023年，全县累计种植皂角52.07万亩，成林后，可增加森林覆盖率12.11个百分点。发挥推动实现碳中和愿景中的重要作用，促进生态产品价值实现，实现绿水青山向金山银山转变。

（二）经济效益明显

一是大力发展皂角林下套种南瓜、蔬菜、辣椒、大豆、马铃薯等矮秆农作物15万亩，达到“以短养长、以耕代抚”的目的，有效解决了皂角见效周期长、群众无收益问题。二是培育皂福万家实业有限公司和毕绿生态产业发展有限公司2家国有龙头企业，在猫场镇建设皂角精加工厂一座，入驻加工企业7家。全县从事皂角加工或销售企业107余家，入驻皂角商会会员92家。有一定规模的企业49家。年均外购皂角籽超4000t，加工销售皂角精超1600t，年产值达3.8亿元以上。三是带动了农村剩余劳动力就近就业，织金县皂角产业年支付劳务工资4800万元左右，提高了群众的经济收入。

（三）社会效益显现

织金县在产业发展的道路上，贯彻落实新发展理念，依照整体性和关联性进行了系统的谋划，在实施乡村振兴战略中，因地制宜，以重点突破“产业兴旺”带动整体推进，既稳扎稳打，又与时俱进，走出了一条产业兴、生态美、农民富的新路子。一方面，产业发展有效带动本县农村剩余劳动力就业。另一方面，皂角产业作为县主导产业，2019 年省委、省政府将皂角列入十二大特色产业，同时，“织金皂角”被列为全省十大山地生态特色农产品，发挥了附属效应，为巩固脱贫攻坚与乡村振兴有效衔接提供产业发展支撑，助力农民增收致富。

织金县退耕还林发展皂角产业（织金县林业局供图）

五 经验启示

织金县将皂角产业纳入十二大特色林业产业，是贵州农村产业革命发展的一个生动缩影。皂角产业已作为全县主导产业来抓。其主要启示有：

（一）发挥农民主体地位

广大农民是巩固脱贫攻坚与乡村振兴有效衔接的受益者，是产业发展的力量源泉，尊重主体地位，发挥主体作用，激发调动主体的积极性、主动性和创造性，是产业发展的基础和保障。织金县在巩固脱贫攻坚与乡村振兴有效衔接和产业发展中，采取规划引领和产业扶持导向原则，改善生活条件和生产条件相结合原则，主导产业与以短养长产业相结合原则，村级组织、致富能人引领和示范带动等措施，将农民组织起来，发挥农民自身主体地位，拓宽致富渠道，增效增收，全面脱贫致富。

（二）因地制宜选择主导产业

20 世纪 80 年代末，织金县开始在当地加工皂角米，销往东部沿海地区，历经 40 年，织金县成为全国皂角精加工、销售的重要集散地，年加工销售皂角精超 1600t，占全国市场份额 90% 以上，销售产值达 3.8 亿元，主要销往广东、福建、台湾、云南及东南亚等地，年支付劳务工资 4800 万元左右。小小皂角精，已成为当地群众增收致富脱贫的大产业。因此，根据织金县是全国皂角精最大集散基地，选择皂角作为主导产业，使皂角特色产业得以迅速发展壮大，实现增效、增收。

（三）规划引领，科学布局

组织编制《织金县 2017—2019 年皂角产业发展实施方案》《织金县皂角产业五年（2021—2025 年）专项规划》《织金县推动皂角产业发展提质增效三年行动方案（2023—2025 年）》等，规划涉及 31 个乡镇（街道）。以猫场镇为中心，按照产、学、研、销为一体的思路，强化种植基地管护，推动皂角产业提质增效发展。同时，加强与各高校和科研机构深度合作，以科技为支撑，促进科研成果转化，推进皂角产品精深加工，在织金猫场镇建设皂角综合产业园，充分发挥织金猫场全国皂角米加工集散地优势，将织金打造成为“中国皂角米之乡”，建成集皂角种植规模、人才汇聚、产业集群的皂角特色产业大县。

（四）项目叠加，多元投入

通过国家储备林、退耕还林、产业结构调整等项目叠加，国有平台融资贷款，申请林业产业发展资金、财政衔接资金等资金支持，多样化投入，促进全县皂角产业发展。全县已完成建设皂角种植基地52.07万亩。整合农业、林业、扶贫、生态环境建设等资金，多层次、多形式、多元化的产业投入机制，重点用于新植皂角种苗补助和新品种引试、示范基地、产业园区建设、技术培训、品牌创建、龙头企业扶持、专业合作社建设等，整体推进皂角产业发展。

（五）培育主体，注重品牌

充分利用猫场镇皂角精加工基地是全国最大的皂角米加工集散地的优势，掌握市场和定价的“话语权”，积极培育地方皂角米加工企业，成立皂角产业商会，培育当地皂角米加工企业107余家，入驻皂角产业商会92户，成立国有企业皂福万家实业有限公司和毕绿生态产业发展有限公司，加大了皂角种植基地投入。通过经营主体培育，延长产业链条，形成品牌效应，全面提高织金皂角的市场知名度、竞争力和占有率。通过推行原产地标记制度和原产地保护制度，织金皂角精被认定为国家地理标志保护产品及十大山地生态特色农产品。继续抓好无公害、绿色、有机产地认定和产品认证，加快“三品一标”认证步伐，建立完善皂角生产检验检测、安全监测及质量认证体系。进一步拓宽织金皂角产品销往广东、福建、台湾、云南等地的渠道，逐步在全国范围内提高皂角米食品的认知度和市场份额。

六 模式特点及适宜推广区域

（一）模式特点

织金县按照产、学、研、销为一体的思路，推动皂角产业提质增效发展。建立织金皂角产业创新工程技术研发中心，促进科研成果转化，推进皂角产品精深加工。同步抓好“五大基地”建设，即采穗圃基地建设、种质资源圃基地建设、嫁接种苗储备基地建设、品种选育基地建设、种植示范基地建设。充分发挥织金猫场全国皂角米加工集散地优势，通过引进培育龙头企业，延伸皂角产业链，将织金打造成为“中国皂角米之乡”，建成集皂角种植规模、人才汇聚、产业集群的皂角特色产业大县。

（二）适宜推广区域

皂角树为苏木科皂角属落叶高大乔木，盛果期有200年，树龄可达600年，是一种在我国有广阔发展潜力的生态经济型多用途树种。其耐旱节水，根系发达，适生于无霜期不少于180天、年平均气温10~20℃、极端最低气温不低于-20℃、年降水量300~1000mm、光照不少于2400小时的区域。耐热、抗寒、抗污染，是用于城乡景观林和道路绿化的优良树种，也是重要的绿篱树种。皂角树能固氮，适应性广、抗逆性强、综合价值高，是林业产业的优选树种，能较好地改良土壤，与松树混交可抑制松毛虫的发生。皂角树生长较快，木材物理性质好，较坚硬，是优良的工艺材和蜜源树种。

织金县皂角果和皂角刺（织金县林业局供图）

模式 23 桐梓县方竹产业模式

桐梓方竹笋营养丰富，富含氨基酸等多种微量元素，蛋白质含量（3.85%）超过牛奶，具有很高的营养价值，被誉为“笋中之王、竹笋之冠”。桐梓县是革命老区、夜郎故地，先后荣获“中国方竹笋之乡”“中国大娄山方竹之乡”荣誉称号。桐梓方竹更被誉为“世界一绝，中国独有”。桐梓县结合生态建设和产业发展布局实施退耕还竹工程，与“一镇一特”特色产业优势互补，为全县产业发展，乡村振兴和森林覆盖率的提升奠定了基础。

桐梓县退耕还方竹基地（桐梓县林业局供图）

一 模式地概况

桐梓县位于贵州省北部，北与重庆市接壤，南接汇川区、仁怀市，西连习水县和重庆市綦江区，北抵重庆南川区、万盛经济技术开发区。地理坐标东经106°26′~107°17′、北纬27°57′~28°54′，全县南北最长处81km，东西最宽处52km，县域面积3207km^2，辖20镇、3乡、2街道，215个行政村、11个村居，2021年年末全县户籍人口75.1万人，县城区建成面积22km^2，城镇化率51.2%。桐梓县多年平均阴天数245天，多年平均日照时数1091.6小时。1978年，中国气象局整理的全国气候之最中列出桐梓县年平均总云量8.4，年平均低云量7.2，冬季低云量8.5，均列全国第一。桐梓县年平均气温14.6℃，最冷月平均气温-5℃，最热月平均气温24.5℃。

极端最高气温37℃，极端最低气温-7℃。由于海拔高差大，气候垂直变化差异显著，可谓“一山有四季，十里不同天”。桐梓县属全省少雨区，年平均降水量1038.8mm。夏季降水量最多，冬季降水量最少，呈冬干夏湿现象。

桐梓县被评为“中国大娄山方竹之乡”（桐梓县林业局供图）

二　退耕还林情况

2002年开始，桐梓县结合实际开展退耕还林工程建设，截至2020年，已实施退耕还林59.42万亩，上一轮12.2万亩，涉及农户10122户41052人；新一轮47.22万亩，涉及25个乡镇65356户261520人，其中退耕还竹22.8万亩，占退耕还林总任务的38.4%。桐梓县现有竹资源总面积101万亩，涉及全县25个乡镇（街道），可采方竹资源55.8万亩，采笋量达5.5万t，产值6.5亿元。其主要经验做法如下：

（一）因地制宜，适地适竹

2002年，桐梓县充分考量退耕还林政策、脱贫攻坚实际需求及赤水河上游生态屏障等多方面因素，遵循群众意愿，大力开展退耕还竹工程。一是海拔1200m以上区域栽植金佛山方竹，1200m以下栽植以楠竹为主的竹种，最后形成山山有竹、四季有笋的竹产业发展格局。二是结合国家退耕还林种苗款补助政策，桐梓县政府自筹200元/亩补助造林，提升工程成效。

（二）精心部署重谋划

一是确定方竹产业为“一县一业”，调整充实了100万亩方竹产业发展领导小组，并由书记、县长共同担任组长，多次实地考察指导方竹产业，专题召开县委常委会、县政府常务会讨论研究方竹产业发展，要求以“方竹引领、竹旅一体、多竹同台、助推脱贫”为总揽，以农村“三变”为动力，基地产业化为抓手，竹笋精深加工、竹材综合利用、竹旅普遍发展为带动，不断改造方竹低效林，新造各类适宜竹种，壮大竹资源总量，健全方竹产业链，实现“山山有竹、四季产笋”的发展目标。二是成立桐梓县方竹产业发展中心专抓方竹产业，组建县林发公司专抓方竹产业融资。制定了《中共桐梓县委桐梓县人民政府关于加快方竹产业发展的实施意见》《桐梓县100万亩方竹产业发展实施方案》，精心谋划了2020年方竹产业建设“三个六”的工作目标，编制了《方竹产业发展规划（2019—2030年）》和《桐梓县方竹全产业链建设项目可行性研究报告》，为产业发展明确了目标，提供了科学依据。

（三）政策衔接竹农增收

一是退耕还林与退耕还竹相衔接，适应地方产业发展要求和群众意愿需要。二是整合资源，把退耕还竹和竹产业发展融合，从产业政策角度支持成效提升。三是尽可能全覆盖区域脱贫户，有利于产业发展助推易地搬迁区域的“三块地”盘活。四是尽可能衔接生态护林员政策，把栽种与管护融为一体，达到有栽有管，确保成效。

（四）健全基础配套，补齐短板助推产业发展

一是强化交通基础设施建设服务产业发展，修建组组通公路。二是建设中国方竹笋交易中心，促进“产加销”一体化推进，促进产业发展。

（五）优化方式，保证苗源

由县林业局推荐有资质、有技术、有资金的苗圃与基地群众成立育苗专业合作社实行订单育

苗。全县按北部、中部、城郊结合部合理布局5个育苗基地，统一标准、统一购种、统一指导，合理确定苗价，确保苗壮价优。采取节约化、规模化、标准化育苗，确保种子、种苗不外流、苗价不上涨，确保桐梓县打造竹产业有合格苗源，确保方竹资源培植工作顺利进行。

三 栽培技术

（一）立地条件

方竹适合在海拔1000~2200m、壤质土和山地黄壤、土壤pH值5.0~7.0、土层厚度不低于40cm及有机质含量不低于2.0%的环境生长。

（二）栽培

1. 育苗地选择

选择海拔1000m以上、交通方便、水源充足、排灌方便、土层深厚、肥沃疏松的沙壤土或壤土为育苗地。

2. 育苗地整理

应按《育苗技术规程》（GB/T 6001—1985）的规定执行。

3. 育苗方法

4月下旬至5月上旬，采集光亮、呈黄绿色，种仁饱满、呈米白色的成熟种子。采回的种子净种后晾于阴凉通风处，摊放厚度不宜超过15cm，净种后的种子发芽率应大于60%、千粒重250~340g。

4. 播种方法

随采随播，播种前用0.3%高锰酸钾溶液浸种消毒。采用直播或容器育苗两种方式，直播分撒播、沟播和穴状点播3种方式，每亩播种13~20kg；容器育苗宜选择10cm×12cm无纺布营养袋，每袋1~3颗，每亩宜5万袋。

5. 苗期管理

（1）除草。根据杂草生长情况及时除草，做到除早、除小、除了。近竹苗处用手拔草，稍远处可用锄头浅锄，避免伤苗。

（2）追肥。应按《育苗技术规程》（GB/T 6001—1985）的规定执行。

（3）水分管理。整个育苗期既保持土壤湿润，又防止积水。应根据土壤情况，适时浇水，每次浇水应浇透，雨水过多时应及时排除积水，灌溉用水应符合《农田灌溉水质标准》（GB 5084—2021）的规定。

（4）遮阴。采用黑色遮阴网遮阴，遮光率宜控制在75%，适时揭网炼苗。

（5）起苗。直播苗宜在冬春季节起苗，保持根系完好并带好宿土。容器苗宜根据造林时间起苗，起好的竹苗应避免风吹日晒。

6. 竹林营造

造林时间宜在当年10月至翌年4月，应避开凝冻期。

7. 造林地整理

（1）整理时间。造林前进行。

（2）整地方法。方法分3种。一是全面整地：全面开垦造林地。二是带状整地：沿等高线采用水平带状开垦造林地，带宽1.0m，带距2.0~4.5m。三是块状整地：按造林密度定点块状开垦，块状大小宜为1.0m×1.0m。

8. 挖穴

母竹和2年生苗：80cm×50cm×40cm；1年生容器苗：60cm×50cm×40cm。

9. 栽植苗木选择

（1）容器苗。每袋不低于3秆，高度不低于20cm，地径不低于0.15cm，无病虫害。

（2）两年移植苗。自然丛，每丛不低于8秆，最大株地径不低于0.5cm，无病虫害。

（3）母竹。2~3年生，地径不低于2cm，来鞭不低于20cm，去鞭不低于30cm，竹鞭带宿土，每株保留枝盘1~3盘，砍口平滑，呈马耳形，无破损，无病虫害。

10. 栽植密度

每公顷不高于1100株，其中栽植竹占比86%，阔叶树占比14%。造林地有原生乔木树种的，根据乔木树种数量调减阔叶树种植株数。栽植方法为苗正根舒，浅栽紧围。

（三）新造林抚育管理

抚育时间为每年春秋两季。管护措施采用刀抚和锄抚相结合的方式，每年至少2次。新造林前3年宜锄抚与刀抚结合，3年以上竹林宜刀抚。根据长势情况疏除多余的弱、小、密笋，保留粗壮笋、走鞭笋。施肥类型为复合肥或有机肥。结合幼林管护开展施肥，4~5月施用促鞭肥，6~7月施用孕笋肥。根据土壤、地域、肥料等特性确定施肥量，1~2年每次每丛施复合肥0.1~0.3kg；3年起每亩施复合肥25kg或有机肥2000~5000kg。成林前沿竹丛外围50cm处环状撒施，沟深15~20cm，并将清除的杂草覆盖在土表。

（四）成林管理

管理时间为竹林新竹抽枝展叶后至出笋前一个月。林地不应放牧，杂灌、枯立竹应全部清除，病虫竹带出林区集中处理，剩余清理物稀疏平铺于林地内任其腐烂，清理与间伐同步进行。通过砍老留幼、砍小留大、砍密留稀、砍坏留好等措施，4年生以上老竹沿地面切断，按需整理分类收集。间伐强度为立竹株数的30%~40%。在采笋期间，选留一定数量径级大、生长健壮的竹笋，培育成新竹。坚持留中期笋，采早期笋和后期笋。不应采伐乔木树种或珍贵植物，对部分乔木过密的地块进行适当修枝，控制郁闭度在0.3~0.5。病虫害防治应按《金佛山方竹栽培技术规程》（LY/T 1906—2010）的规定执行。留蓄新生母竹的地径不应小于立竹的平均地径，且应分布均匀，要求如下：

（1）立竹平均地径小于2cm的，每亩保留660~810株（母竹间距0.9~1.0m）。

（2）立竹平均地径2~3cm的，每亩保留440~660株（母竹间距1.0~1.2m）。

（3）立竹平均地径3~4cm的，每亩保留296~463株（母竹间距1.2~1.5m）。

（4）立竹平均地径4cm以上的，每亩保留167~296株（母竹间距1.5~2m）。

（五）竹笋采收

采笋时间为9月上旬至10月中下旬。用笋锹带根挖取或从竹蔸处分离采取。采小留大、采密留稀，不采林中空地和竹林边沿的走鞭笋，尾期退化笋应全部采除。

1. 采笋要求

竹笋地径不高于2.5cm，采笋地面高度不宜超过25cm；竹笋地径2.5~3.5cm，采笋地面高度不宜超过35cm；竹笋地径不低于3.5cm，采笋地面高度不宜超过45cm。

2. 竹笋加工

原料为采收后的带壳竹笋（鲜笋），其自然保存时间从采摘后不超过12小时，若放在1~5℃保鲜库中保存，不应超过3天。加工用水应符合《生活饮用水卫生标准》（GB 5749—2022）的规定。

（1）保鲜笋加工。工艺：去笋壳→杀青→冷却→装桶→保鲜液→贮存。

（2）烘干笋加工。工艺：去笋壳→煮熟→烘烤→翻压→制形→贮存。

（3）盐干笋加工。工艺：去笋壳→加盐煮熟→烘烤→翻压→制形→贮存。

桐梓方竹笋（桐梓县林业局供图）

四 模式成效

（一）生态效益

桐梓县坚持“生态优先、绿色发展、共建共享”的理念，县人民政府把方竹产业定位“一县一业”，紧紧依靠广大干部群众，既落实退耕还林计划任务，又巩固扩大特色林业产业基地面积，为未来全县森林覆盖率的提高和绿水青山向金山银山的转变奠定了基础。

（二）经济效益

除耕地补助带来的直接收入外，2015 年以来，桐梓县结合自身优势原生方竹林，整合各类政策资金 4000 余万元促进低产低效林改造，累计提质改造低产低效林面积达到 30 万亩，通过竹林提质增效，有效带动群众务工和竹林单位亩产笋量稳步提升。2016—2021 年，桐梓县方竹笋产量由 1.6 万 t 增加到 5.5 万 t，直接产值由 1.2 亿元提高到 6.5 亿元。方竹产业的带动使山区百姓脱贫增收成效更加显著，在方竹笋主产区，农户每年竹笋收益超过 5 万元的比比皆是，一定程度上为新一轮退耕还竹的实施增加了群众积极性和认可度。

（三）社会效益

在新一轮退耕还林工程补助资金和耕地保护等诸多因素交替下，实施退耕还竹极大地提高了群众积极性，为桐梓县新一轮退耕还林 47.22 万亩工程实施，特别是树种选择奠定了坚实基础，为工程建设落实提供了巨大帮助。

五 经验启示

桐梓县退耕还林工程初步实现“工程退得下、成效稳得住、生态有效果、产品有增收”的可持续目标，并形成了“已成林地有提质改造，未成林地有长短结合”的生态发展与群众增收的生态良性循环发展。主要经验启示有：

（一）尊重群众意愿，产业发展布局和退耕还林规划相融合

桐梓县拥有世界面积最大的原生方竹林，随着近年方竹笋价格逐渐提高，群众对方竹产业的认知和主动管护的积极性越来越高，发展意愿越来越强烈。在县委、县政府的坚强领导下，桐梓县坚持竹产业发展布局与退耕还林工程规划建设相互融合、相互促进，既把退耕还林工程建设落实，又最大限度把产业发展做到规模化、生态化、群众化。

（二）适地适树，工程建设多向乡土树种靠齐

坚持地方特色树种选择和区域小气候产业布局规划产业。方竹是桐梓县分布面积最大的乡土树种，也是群众收益和受益最大的树种，桐梓县退耕还林结合方竹和地方特色产业实施，最大限度为退耕还林成效奠定基础。

（三）立足长远谋产业，引导当下促增收

在长远发展的同时，不得不看到退耕还林短期的不足，如退耕还林实施后未成林的几年，群众单纯地靠土地补助获取收益，容易导致退耕还林不被理解、被破坏等。桐梓县坚持长期效益与短期效益结合，加强未成林地套作短期收益较好的蔬菜、烟叶等经济作物，增加群众收入同时，提高工程管护效果，避免牛羊破坏、土地板结等影响成效。

（四）坚持栽与管的统筹兼顾

强化退耕还林工程建设，加大纵向上级部门政策对接和横向单位部门间政策融合，促进工程管护和成效提升。

六 模式特点及适宜推广区域

（一）模式特点

一是坚持了群众意愿，适地适树，确保“能栽、能管、管得住并管得有成效”，促进退耕还林工程建设和生态效益发挥。二是坚持了产业生态化和生态产业化的随机转化。在一些土地稍微贫瘠、生态相对脆弱的区域，着力引导工程向生态效应功能转变。一些土地肥沃、群众意愿和群众主体地位发挥较好区域，加强退耕还林工程向产业功能转变，增加群众产业收入和生态振兴。三是加强了工程管护，促进巩固脱贫成效与乡村振兴有效衔接，特别是生态振兴和产业振兴。这一模式为百姓富生态美的新时代美丽乡村建设贡献生态产业的基础作用。

（二）适宜推广区域

金佛山方竹对土壤的适应性较广，砂岩、页岩、紫色砂页岩及各类碳酸盐岩风化母质发育的酸性或中性土壤均可生长，但以土层深厚、疏松湿润及富含有机质的微酸性壤质土和山地黄棕壤最好。在自然条件下，多生长在海拔1300~2200m温凉、湿润、多雾山地的高山丛林之中。金佛山方竹是中国西南地区特有竹种，自然分布于我国西南地区的贵州北部、重庆南部、四川东南部和云南东北部。

模式 24 雷山县银球茶产业模式

雷山县牢固树立绿水青山就是金山银山的发展理念，守好发展和生态两条底线，坚持生态建设与脱贫致富和乡村振兴有效结合，立足资源优势，以退耕还林项目为契机，高位推动，大力发展茶叶种植，走出了一条生态产业发展新路子。雷山银球茶加工工艺独特，是一个直径约 20mm 的球体，表面银灰墨绿，含硒量是一般茶叶平均含硒量的 15 倍，被列为地理标志保护产品。雷山县荣获“2021 年度茶叶百强县”称号，被评为国家级出口茶叶质量安全示范区，实现茶叶综合产值 10.88 亿元。茶叶产业已成为雷山县决战脱贫攻坚、助力乡村振兴的主导产业。

雷山县退耕还茶基地（雷山县林业局供图）

一 模式地概况

雷山县距省会贵阳 184km，距州府凯里 42km，是个“九山半水半分田”的山区农业县，位于黔东南苗族侗族自治州（简称黔东南州）西南部，东经 107°55′~108°22′、北纬 26°02′~26°34′，东临台江、剑河、榕江县，南抵三都水族自治县，西连丹寨县，北与凯里市接壤。地处云贵高原与湘、桂丘陵盆地过渡的斜坡地带，地势东北高、西南低。境内峰岭纵横，飞瀑流泉，主峰雷公山最高处海拔 2178.8m，最低处海拔 480m。辖 5 个镇、3 个乡、1 个街道，有 41806 户 16.5397 万人，苗族人口占总人口的 85% 以上。全县面积 1218.5km^2，历年退耕茶叶面积 11587 亩。森林覆盖率达 72.75%。属中亚热带季风湿润气候，大部分地区年平均气温 14~15℃，最高气温 35.6℃，最低气温 -8.9℃。年平均降水量 1375mm，年平均相对湿度 80%，无霜期 240~250 天，年平均日照数 1225 小时。土壤跨黄红壤、黄壤、黄棕壤、山地灌丛草甸土四个土带。优越的生境条件非常适宜雷山茶叶生长。

二　退耕还林情况

雷山县历届领导以茶叶产业为主要目标，大力营建茶叶基地，发展茶叶产业。自2000年国家退耕还林政策在雷山县试点以来，全县茶园种植面积达16.3万亩，其中可采摘面积13.78万亩，退耕茶叶面积11587亩。茶叶产业覆盖全县8乡（镇）132村，全县涉茶茶农达1.7万户7.8万余人。2022年，全县年茶产品产量超6000t，产值10.88亿元，覆盖带动贫困户12041户47512人。近几年来，已涌现出了脚尧、公统、望丰等茶叶专业村。脚尧村全村44户204人，户均茶叶面积80亩，人均茶叶面积20亩，人均茶叶增收98039元。茶叶产业已成为雷山县脱贫致富和乡村振兴主导产业。其主要做法如下：

（一）坚持因地制宜，大力营建茶叶基地

雷山县近1/3的面积属于雷公山国家级自然保护区，常年云雾缭绕、空气清新、气候温和、雨量充沛，病虫害少，低纬度、高海拔、多云雾、无污染的生态优势明显，茶园均分布在雷公山区海拔1200~1400m最佳地带，造就了雷山茶与众不同的优良特质。云雾中生长的雷山茶，富含氨基酸等多种营养物质。在专家多次实地考察和可行性论证后，县委、县政府最终选定茶叶作为雷山主导产业，借力退耕还林政策，大力营建茶叶基地。坚持技术先行，大力培训技术人员。茶叶基地建设和生产加工，技术最关键。茶叶产业健康发展，必须注入科技含量，才能提高品牌影响力、竞争力和市场占有率。雷山县十分重视和大力推行技术培训，积极邀请技术专家开展种植和生产加工技术培训。实现茶叶种植户户均技术人员1.3人，茶叶加工企业每家拥有技术人员3人。

雷山县春茶采茶（雷山县林业局供图）

（二）坚持茶叶优先，大力统筹发展资金

以茶叶基地建设和生产加工为目标，积极争取上级各项资金统筹发展茶叶产业，有效扩建茶园面积，大力修建茶产业路和兴建茶加工厂，积极培育茶龙头企业。近年来，争取扶贫、林业等专项扶持资金4500余万元营建退耕还茶基地，投入1亿元用于老茶叶基地改造，改善生产条件。

（三）坚持龙头带动，大力培育龙头企业

实行多元化发展，积极培育壮大龙头企业，优化提升专业合作社，取得了较好的社会、经济和生态效益。龙头企业强力带动，茶农自愿入股、统一种植、统一管理、统一销售，贫困户通过务工及分红等形式获得收益。全县注册茶叶市场主体达156家，SC生产许可企业31家，省级龙头企业5家，州级龙头企业7家，规模以上茶叶企业3家。

（四）坚持奖励机制，大力反哺当地茶农

推行年底分红机制，依据签约茶农当年提供茶青量，通过奖励政策、产业扶持、技能培训、物资发放等方式，反哺给当地茶农，形成紧密的利益联结机制，确保茶农长期稳定受益。年初，对全年茶生产计划进行详细安排部署，与各乡镇签订茶叶生产目标责任书，表彰一批先进个人和

先进企业，制定下发《雷山县茶叶产业发展以奖代补实施方案（试行）》，对基地建设、加工、销售环节进行奖励扶持，有力助推全县茶产业高质量发展。

（五）坚持质量监管，大力强化服务保障

一是加强茶基地提质增效建设和新建茶基地管护，提升基地质量。二是改建、扩建标准化茶叶加工厂房，提升加工能力建设，进一步提高雷山茶叶加工能力和水平。三是及时开展企业服务，春茶开展前，深入各茶叶加工企业开展设备检修、安全生产指导等工作，全力为茶青加工做好充分准备。四是各企业已明确在各乡镇33个村设立茶青收购点，企业与茶农实现无缝对接。五是县农业农村局、县市场监管局、县茶叶协会联合加强茶叶质量监督管理，加强对加工过程的标准化管理，注重流通环节的市场准入，指导县茶叶协会全体会员企业加工厂按照茶产品标准化生产，确保茶产业达到相关行业标准。六是充分利用各种营销手段，有效帮助企业营销茶产品。

（六）坚持品牌创建，大力强化茶叶品牌

加强茶产品标准执行，严格要求企业按照《地理标志产品　雷山银球茶》（DB52/T 713—2015）、《贵州绿茶》（DB52/T 442）、《贵州红茶》（DB52/T 641—2017）等进行生产和加工，县农业农村、市场监管等部门联合开展常态化监督，确保全县茶产业达到相关行业标准。

三　栽培技术

（一）立地条件选择

在雷山县海拔1500m以下的平缓坡地区，土壤呈酸性或弱酸性，疏松、肥沃，排水良好，灌溉方便的地方，均适宜茶叶种植。

（二）栽植方法

1. 单条栽

一般的种植行距1.3~1.5m，从距25~33cm，每丛种植2~3株，每亩用苗2500~4000株。在气温较低或海拔较高的茶区，行距可适当缩小至1.2~1.3m，从距缩小至20cm左右。

2. 双条栽

在单条栽基础上发展起来的种植方式，每2条以30cm的小行距相邻种植，大行距为1.5m，从距为25~33cm，每丛种植2~3株，每亩用苗4000~6000株。与单条栽相比，双条栽成园和投产较快，同时保持了日后生产管理的便利性，目前已逐渐成为北方地区主要的栽植方式。

3. 种前整地与施基肥

茶树能不能快速成园及成园后持续高产，首先是由种前深垦、种前基肥来决定的。种前深垦既加深了土层，直接为茶树根系扩展创造了良好的条件，又能促进土壤进行一系列的理化变化，提高蓄水保肥能力，为茶树生长提供了良好的水、肥、气、热条件。深垦结合施入一定量的有机肥料作为基肥，更能发挥深垦的作用，种前未曾深垦的必须重新深垦，已经深垦的，则开沟施入基肥，按快速成园的要求，应有大量的土杂肥或厩肥等有机肥料和一定数量的磷肥，分层施入作基肥。生产实践中的种前基肥用量相差较大，按大多数丰产栽培经验，种前以土杂肥为基肥每亩应不少于15~25t、磷肥50~100kg，结合深垦，分层施于种植沟中。平整地面后，按规定行距，开种植沟。

（三）抚育管理

一是加强幼苗期管理，主要是加强水肥管理和补苗。二是成年茶树的周期修剪。为了维持茶树的旺盛生长，维持树冠的良好群体结构，便于茶园管理，并有效延长茶树延长高产年限，在加强水肥管理基础上，年度修剪调控不可或缺。轻修剪：主要目的是平整树冠面，使发芽部位相对

一致，调节芽数和芽重，控制树高，刺激下轮茶萌发，提高鲜叶质量等。轻修剪的深度应依据茶树品种、树龄、气候条件、茶园管理水平及树势状况而定。树势强健的修剪宜浅，剪去3~5cm即可，树势较弱的修剪稍重，以剪去5~10cm为宜。修剪偏重可使单芽重明显增加，但芽的密度减少，修剪较轻的则有利于提高发芽密度，修剪时需根据茶园具体情况灵活掌握。轻修剪可以每年秋末冬初（11~12月）进行，也可隔年修剪一次。如在高寒山区为了早发春茶，多采春茶，轻修剪最好延迟至春末夏初（5月下旬）时进行。修剪的茶树以弧形为好，可增大发芽面和采摘面。深修剪：茶树经过几年轻修剪和采摘，树冠面的枝条会变得密集而瘦弱，为使采摘面上的枝条得到更新就需进行深修剪。深修剪程度一般是剪去树冠面绿色层10~15cm，即基本上剪掉上一年留下的全部枝叶，对大叶种茶树则需剪去20~30cm才能达到目的。深修剪对当年产量有一定损失，不宜短周期进行，通常每隔3年进行一次较恰当。雷山县各茶区大多在春茶采后进行深修剪，这对当年产量的损失会相对少一些，且夏季高温多雨又有利于快速恢复。

（四）茶树病虫害防治

茶树从嫩梢至地下部的各部分，均可遭受病虫危害。茶树病虫害种类繁多，雷山县茶树病虫害有100多种。其中，危害最大和较普遍发生的虫害有假眼小绿叶蝉、茶叶螨类、粉虱类、茶丽纹象甲、毒蛾类、茶蛀梗虫、介壳虫类等。病害有茶饼病、轮斑病、赤叶斑病、炭疽病、白星病、圆赤星病、茶煤病等。要根据不同的病虫害有针对性地进行科学防治。

（五）制作工艺流程

银球茶以雷公山海拔1000m以上高山上的茶树所产一芽两叶的新茶青叶为原料，经高温炒制，利用炒制所产生的茶胶黏合作用，用手工将茶青搓揉成球体，再进行烘干成球状茶品。雷公山银球一般每颗直径为20cm左右，重2.5g。

四　模式成效

（一）生态效益明显

雷山县退耕还林实施以前，全县植被稀少，森林覆盖率只有45%，生态环境脆弱。退耕还林后植被覆盖率明显升高，森林覆盖率达72.75%，生态环境明显改善。

（二）经济效益明显

雷山县茶园种植面积达16.3万亩，其中可采摘面积13.78万亩、退耕茶叶面积11587亩。茶叶产业覆盖全县8乡（镇）132个村，全县涉茶茶农达1.7万户7.8万余人。2022年，全县年茶产品产量超6000t，产值10.88亿元。覆盖带动贫困户12041户47512人，人均茶叶增收98039元。茶叶产业已成为雷山县脱贫致富和乡村振兴主导产业，助力农民增收致富。走出了一条产业兴、生态美、农民富的新路子。

（三）社会效益明显

在数家龙头企业的带动下，雷山县茶产业实现了健康发展，同时有效促进了全县旅游业提质

雷山银球茶产品（杨永艳摄）

增效。雷山县茶系列产品在西江千户苗寨受到了海内外广大游客的青睐，2019 年实现旅游综合收入 118.97 亿元，茶旅有效深度融合，探索出了一条生态美、产业兴、百姓富的新路子。

五 经验启示

雷山县因地制宜大力发展山区特色林业，实现茶产业健康有序发展，是贵州农村产业革命发展的一个典型。其主要启示如下：

（一）发挥山区立地优势，因地制宜选择主导产业

雷山县地处苗岭山脉雷公山腹地集中连片特困地区，是国家级贫困县，经济发展底子薄、动力弱、短板多，如何推动高质量发展，是当地政府亟待破解的重大课题。县境内海拔 1500m 以下的缓坡地带最适宜发展茶叶。近年来，政府立足资源优势、挖掘潜力、扬长补短，发挥山区立地优势，努力走出了一条具有雷山县特色的茶叶高质量发展之路。农业产业做大做强、健康可持续发展，实现增效、增收，关键在于产品和品质的“特优”，具有不可替代性，选择主导产业，要因地制宜、突出优势。

（二）龙头企业带动引领产业发展

在产业发展中，龙头企业起到关键的引领作用，不仅对区域内其他同类企业起到引领示范作用，还能够带来多家与之相关的配套企业，完善产业链条，加速产业集聚，带动整个地区产业的发展。近年来，在茶叶产业发展过程中，雷山县十分注重培育和扶持龙头企业，充分发挥龙头企业的引领作用，带动产业集群集聚发展。雷山县立足本地产业实际，先后制订一系列计划，出台一系列政策，持续完善龙头企业培育机制，不断加大龙头企业的培育和扶持力度，打造龙头企业梯度培育格局，实施龙头企业晋档升级工程。经过积极努力，全县注册茶叶市场主体达 156 家，其中省级龙头企业 5 家、州级龙头企业 7 家。优秀的龙头企业，为全县茶产业高质量发展提供了强大引擎和坚实支撑。

（三）坚持人人就业，大力拓宽就业渠道

雷山县对移民搬迁到县城的建档立卡脱贫户、易返贫致贫户进行安排，组织到相对偏远茶园、茶叶生产企业务工，统一提供车辆接送、免费就餐等服务，有力促进了群众增收。茶农在参与茶产业发展中实现了在家门口“三次就业，三次获益”，即在茶叶种植、茶园管护上实现第一次就业；鲜叶采摘、茶初加工均由茶农主导完成，每天采摘鲜叶的收入有 100~500 元，村级初级茶叶加工厂吸引了大量的加工人员，为茶农提供了第二次就业机会；茶农在农闲期间还可以到茶企从事制茶、包装、拣梗、销售等工作，实现第三次就业。

六 模式特点及适宜推广区域

（一）模式特点

雷山县素有“九山半水半分田”之称，山区人民只能靠山吃山，化劣势为优势，念好山字经，写好山字篇，走出一条适合自身长期稳定发展的产业路子，实现“一县一品”“一户一技能”。雷山县曾经为发展林业产业进行了长期的探索，走过很多弯路，先后发展过杉木、油桐、

雷山县采茶（雷山县林业局供图）

杜仲、竹子、杨梅、梨子、青钱柳等产业，但都因经济效益不好而逐渐放弃。雷山县得天独厚的立地条件非常适宜茶叶种植。自2000年退耕还林政策在雷山县试点以来，政府抢抓机遇，经专家科学论证和多年实践，大力发展茶叶种植和加工是雷山县产业的正确选择。

（二）适宜推广区域

红壤、黄壤、沙壤土、棕色森林土等均适宜茶树生长，需保水性强，pH值在4.5~6.5的偏酸性土壤（pH值4.5~5.5最适宜），土壤中的有机质含量丰富，疏松性、透气性良好。茶树适宜的年降水量为1000~2000mm，生长季节的月降水量在100mm以上，相对湿度一般以80%~90%为宜，土壤含水量以70%~80%为宜。阳光充沛，生长季节月平均气温应在18℃以上为宜，最适气温为20~27℃，生长适宜的年有效积温在4000℃以上。

茶树最高种植在海拔2600m高地，最低仅距海平面几十米。我国的许多省份都出产茶叶，主要集中在南部各省份。基本分布在东经94~122°、北纬18~37°范围内。

模式 25　习水县厚朴产业模式

厚朴的树皮、根皮、花、种子和芽都可以入药，其中以树皮为主要药材，具有燥湿消痰、下气除满、健胃养胃等功效。习水县在上一轮退耕还林中，创新理念机制，突出抓好退耕还林中的药用林建设，把中药材产业发展同“生态建设”“脱贫致富”有机结合，充分利用自身地理优势、抢抓退耕还林机遇，大力发展中药材厚朴种植，走出了一条绿色发展新路。

习水县厚朴林（习水县林业局供图）

一　模式地概况

习水县地理位置为东经105°50′20″~106°44′30″、北纬28°06′35″~28°50′15″，东西长87.5km，南北宽77.5km，东与桐梓县接壤，西与赤水市相连，南与仁怀市、四川古蔺县相依，北与重庆市綦江区、江津区及四川省合江县毗邻，全县总面积3128km^2，森林覆盖率达63.22%。全县辖20个镇、2个乡、4个街道办事处、247个行政村，总人口为74万人。境内以山地为主，地形复杂多样，山峦起伏，沟壑纵横，地势东高西低，最高海拔1871.9m，最低海拔275m。习水县属亚热带湿润季风气候，气候温和湿润、四季分明、冬无严寒、夏无酷暑、雨水充沛、热量较丰富、年平均无霜期248天。全县年平均气温13.6℃，年平均积温5640℃，年平均日照时数1160.7小时，年降水量900~1200mm，相对湿度75%。境内分布大量野生猕猴桃、竹荪、刺梨、方竹笋、魔芋、山葵、蕨苔等天然绿色食品和天麻、厚朴、杜仲、黄柏等中药材。量大面广，开发价值极大。

二　退耕还林情况

习水厚朴是贵州省厚朴主要生产区，其面积、产量均居贵州省之首，也是全国厚朴种植面积最大的县，是“全国厚朴生产标准化示范区”和“贵州省经济林基地建设示范县”。

早期习水县境内有零星野生厚朴分布，20世纪70年代末开始规模种植，效益较好，但产量少。2002年以来，习水县把握退耕还林机遇，因势利导发展厚朴产业，全县退耕还林任务16.6万亩，其中在适宜厚朴生长的退耕地种植厚朴11.9万亩，使厚朴种植面积达到18万亩。2009—2015年，习水县争取省、市、县级项目资金营造厚朴药用林的投资超过1500万元，完成各项厚朴生产任务4万余亩，取得初步成效，使习水县现有厚朴种植面积达到了22万亩。

全县以特色中药材厚朴建设发展战略和发展生物医药的产业布局，坚持以林业科技创新为突破口，从厚朴育苗、栽植、管理、采剥等方面开展研究和技术培训，通过标准化生产，示范带动产业发展。2009年，习水县被国家林业局批准为“全国厚朴生产标准化示范区建设县”，开展了厚朴生产标准化示范区建设和厚朴药用经济林基地建设，有计划、有步骤地相继建成了厚朴种苗示范基地300亩、厚朴环剥再生示范基地600亩、厚朴丰产示范基地6000亩，示范农户达到了5521户。通过项目的实施，已基本建立和完善了《习水县厚朴标准化生产采种育苗技术规程》《习水县厚朴标准化生产栽培采收技术规程》和《厚朴干皮分级标准》等厚朴相关规范的技术体系，并在全省推广。2011年5月，通过国家林业局验收后授予习水县“全国厚朴生产标准化示范区”称号，2014年1月被中国经济林协会授予“中国厚朴之乡”称号。

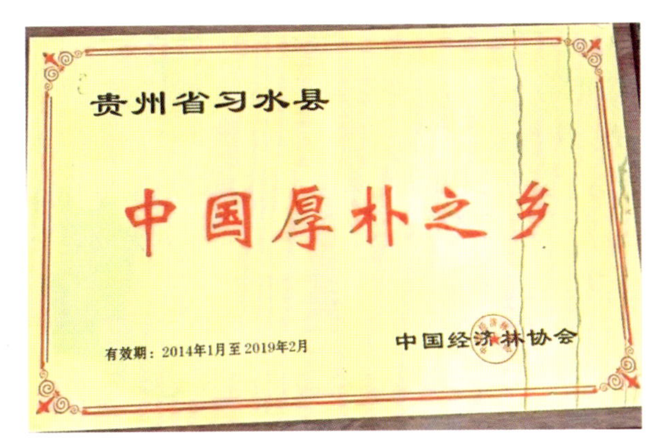

习水县荣获“中国厚朴之乡”称号（习水县林业局供图）

三　栽培技术

（一）造林地选择

造林地选择在海拔600~1700m的地区。以朝南向阳的坡地为宜，以土层深厚、土壤疏松肥沃、排水良好、中性或微酸性、富含有机质的壤土或沙壤土为佳。

（二）造林密度

选择合理的造林密度是培育速生丰产优质厚朴林的关键措施之一。根据项目区条件、经营水平，选择合理的造林密度，每亩控制在110~133株，立地条件好、经营水平高、混交造林的采取2m×3m的配置方式；纯林稍密，采取2m×2.5m的配置方式。

按照不同区域的情况，大力提倡混交造林。厚朴生长前期发育较慢，林间空隙大，为充分合理利用土地，可采用厚朴乔木与灌木或草本植物如禾本科类、豆类、观赏植物等间作，既可增加收益，又利于树木的管理。同时，按照习水发展厚朴生产的经验，厚朴与针叶树杉木混交造林，对木材生长有明显的促进作用，并能减少病虫害，做到林药兼顾。混交造林的株行距比厚朴纯林适当加长加宽，一般以2m×3m左右为宜，每间隔1行杉木定植1行厚朴。杉木是厚朴的伴生树种之一，针叶树与阔叶树混交造林是符合植物生态群落学理论的。据观察测定，在大面积人工厚朴纯林中，厚朴叶枯病和金龟子的危害相当严重，但厚朴、杉木混交林中，却很少发生病虫危害，混交林的厚朴平均树高比纯林的厚朴高 90~110cm，平均胸径比纯林的厚朴粗 0.77~2.17cm。因此，在有条件的地方采取混交造林，可兼顾林药。

（三）整地规格与造林时间

整地规格为 60cm×60cm×40cm，每穴植苗 1 株。先将苗木放入穴内，使根向不同方向平展，不弯曲，然后分层将土放入穴内压紧，浇足定根水后再盖上一层松土即可。

根据厚朴的浅根性和早期速生性等特点，在选择宜林地的基础上，应重视整地质量，缓坡采用带状，陡坡宜块状。不论采取带状还是块状，厚朴造林都应采用穴植，穴底要平，定植时先在穴中回填部分表土，然后把苗放直，回土，一提一踩，再回填表土。这样能使根系舒展，提高造林成活率。由于厚朴苗木基部萌蘖能力强，故应适当深栽，一般以苗干入土 10~15cm 为宜。栽植一般选择在 2~3 月阴天或傍晚时进行。

（四）造林地管理

1. 肥水管理

如移植后即遇晴天，应隔天浇 1 次水，连浇 2~3 次，以免缺水死苗。立地条件较好的地块，因肥力较高，整个生长期不需人工施肥。如果是种植在土壤肥力较差的地块，应结合中耕除草进行追肥，可施用人畜粪尿、圈肥、堆肥、硫酸铵等，生产上通常施用磷酸二铵，株施 0.1~0.3kg 后培土 15cm 以上。

2. 中耕除草

定植后前 3 年每年 2 次中耕除草，每年 5~8 月生长高峰期之前进行首次抚育，9~10 月杂草种子成熟前进行第二次抚育，进行药（粮）间种的，实行以耕代抚。通过抚育，使林地疏松，有利于根系生长发育，实现速生丰产。杂灌杂草既争肥又争水，会影响厚朴的生长，因此应结合林地中耕及时除掉。

3. 有害生物防治

厚朴有害生物的防治首先从营林措施着手，重视适地适树，选好造林地，严格种苗检疫，提倡混交造林，是防治厚朴病虫害的关键。

厚朴是多年生乔木，以厚朴为优势种的森林生态系统具有连续性和较强的稳定性。在这个生态系统里，厚朴害虫种类多，天敌种类也多，危害植物的昆虫与其天敌基本上处于自然调节状态，既相互依存又相互制约，多数种类的个体数量都维持在较低的水平，不会造成严重的危害。

危害厚朴最严重的是立枯病、叶枯病、金龟子、天牛等，因此必须注意防止滥用农药，避免误杀天敌。立枯病发病后叶片干枯，逐渐导致整枝干枯。发现病状要清除病叶，之后用 1000 倍的波尔多液喷雾防治 2~3 次，3 天 1 次。厚朴的虫害主要是刺蛾及其幼虫和褐天牛。刺蛾和褐天牛均可用 40% 氧乐果乳油 1000 倍液喷洒防治，3 天 1 次，连喷 3 次。

（五）中幼林抚育管理

对现有厚朴林实施中幼林抚育管理，在幼林阶段，采取深翻土壤、合理修剪等抚育措施。深翻土壤是提高土壤肥力、促进林木生长的一项有效措施，冬季深翻 30~40cm，生长季节浅翻。合理修剪、人工整枝的目的是增加枝下高，为培育优良的主干皮打基础，清除枯枝、弱枝，摘芽可在幼林郁闭前后一两年内，劈除林中萌条，整理干形，保持主干明显。

厚朴在进入壮龄林阶段后，进行生长抚育，或称疏伐。其主要任务是林分自壮龄后至成熟主伐利用前的一个时期内，为了解决目的树种个体间的矛盾，不断调整林分密度，使保留木得以良好生长，并提高干皮产量，实现优质、丰产的目的。采取下层疏伐法，即砍伐处于林冠下层生长落后的被压木、濒死木和枯立木，也就是砍伐在自然稀疏过程中将被淘汰的林木。

厚朴成林后，修剪弱枝、下垂枝和过密的枝

条。为了促进厚朴树皮增厚，可在春季对生长15年以上的树体，于树干处将树皮倾斜割2~3刀，使养分积聚，树皮增厚，割后4~5年即可收获。

在作为采种基地培育时，选择树龄在12年以上的厚朴林，采取疏伐定株。本着留优去劣、兼顾结实状况、适当考虑均匀分布的原则，可采用均匀疏伐、定株疏伐或自然疏伐等。主要伐除枯立木、风折木、病腐木、被压木、形质低劣的不良母树和非目的树种。疏伐后的树冠能充分伸展，树冠距离相隔1m左右，林分郁闭度不低于0.5，每亩保留株数在60株左右，一般3~5年疏伐一次。

（六）森林保护体系建设

1. 资源信息管理与监测体系建设

建立以林地林权、森林资源、退耕还林档案为主要内容的森林资源林政信息管理系统，加强资源监测，实现厚朴资源管理的现代化、数字化，提高森林资源管理的决策水平。在资源监测方面，重点开展厚朴林生态环境监测，习水作为全省退耕还林效益监测县，也是全省天然林资源保护工程效益监测县，现有林业技术人员已经完全掌握了效益监测的方法与操作规程，有能力在每一个项目区根据造林类型设置监测样地，完成厚朴林生态效益监测工作。

2. 护林防火体系

提高森林火灾预防、扑救能力，实现森林防火工作的科学化、法制化、规范化、标准化和专业化。在GAP示范园区、杉木和厚朴混交林示范区、采种基地以及其他连片面积较大的区域，由县森林防火机构统筹安排，设置护林防火步道，配置防火机具等。

3. 有害生物监测防治体系

强化林业有害生物防治工作。认真实行“预防为主，科学防控，依法治理，促进健康”的方针，综合协调运用营林、生物、基因、人工、物理和化学等防治措施，把林业有害生物防治贯穿于林业生产全过程，着力促进森防工作由重防治向重预防战略转变，由治标向治本转变，由一般防治向工程治理转变，由以化学防治为主向以生物防治为主转变。提高森林尤其是人工林自身抗御林业有害生物功能，提高预防和消灭林业有害生物的能力。重点完善有害生物监测预警体系、检疫御灾体系、防治减灾体系、应急反应体系和防治法规体系五大体系建设。

厚朴形态特征（习水县林业局供图）

1. 厚朴鲜花；2. 厚朴树；3. 厚朴果；4. 厚朴干花；5. 厚朴树皮；6. 厚朴树皮成品

四 模式成效

习水县抓住国家退耕还林等生态建设工程契机，把经济发展和生态建设有机结合，在25°以上的坡耕地内，因地制宜，采取针阔混交、纯林等种植模式，狠抓厚朴中药材主导产业，实现基地种植规模化、设施配套化、管理精细化、经营产业化的发展，强力推动了林业产业发展，减少了水土流失，形成了青山绿水的美丽画卷，极大改善了生态环境，取得了良好的生态、经济和社会效益。

（一）生态效益显现

厚朴为我国特有的珍贵药用及用材树种，被列为国家二级保护野生植物，具有保持水土、涵养水源、调节气候的生态效益。厚朴叶大浓荫，花大而美丽，漫山遍野，是一道亮丽的风景，退耕还林后植被覆盖率明显升高，生态环境明显改善，生态效益十分明显。

（二）经济效益突出

通过对习水厚朴林的实地调查，厚朴生产周期为5~15年，15年生厚朴胸径可达20cm，每株可产厚朴干皮6.5kg、枝皮0.5kg。按现行价格测算，干皮市价20元/kg，枝皮12元/kg，价值达136.0元。木材50元/株，按每亩100株计算，亩产值18600.0元。22万亩厚朴林总产值达40.92亿元，农户户均可增收28146.0元。随着基地的建成与GAP的认证，开展切片加工以及精深加工已是必然的选择，产值将成倍增加，农民收入也随之成倍增长。因厚朴萌发力极强，可连续利用3~4代，采取间伐利用方式，经营成本降低，产值将大大提高，实现了厚朴产业的可持续发展。

（三）社会效益显著

1. 优化农业产业结构

通过招商引资项目，形成规模化的特色木本中药材产业基地和生态经济兼用林产业基地，引导和提高项目区农民规模化种植意识，推进集约化经营水平，走向专业化、合作化道路。能有效优化农业产业结构，改善投资环境，吸引社会资金投入到中药材产业及林副产品加工业中来，促进更多农民从事以农业服务为主的二、三产业。

2. 转移农村富余劳动力

可有效增加工程区就业岗位，吸纳农村剩余劳动力，缓解农村劳动力就业压力，提高农民收入。按一人管理50亩厚朴林计算，22万亩厚朴林每年可解决4400个农村劳动力就业问题。

3. 助推旅游产业发展

厚朴叶大浓荫，花大而美丽，漫山遍野，是一道亮丽的风景，生态效益十分明显。通过乡村旅游建设、森林康养基地建设、农村道路建设，拉动了地方餐饮等服务行业，探索出了一条生态美、产业兴、百姓富的新路子，为产业结构调整创造了一个亮点纷呈的鲜活样板，为打赢脱贫攻坚战和乡村振兴有机衔接奠定良好的基础。目前，沿线厚朴景观得到全面升级，特别是厚朴花、叶带来的森林植物季相变化自然景观将更加丰富艳丽，将有力助推形成新的森林休闲景观和现代生态农业景观，有效改善人居环境，促进以“农家乐”和现代生态农庄为主的休闲旅游产业发展。

五 经验启示

（一）政策带动，促经济收入稳增长

习水县共计纳入退耕还林补助16.6万亩，退耕还林直补资金解决了农户短期和中期的资金问题，有效激发农户种植厚朴的积极性，退耕还林政策带动效果显著。为进一步增加农户收入，习水县在脱贫攻坚和产业发展中，采取规划引领和产业扶持导向原则，改善生活条件和生产条件相结合原则，实现产业规模增长。

（二）因地制宜选择主导产业

发展产业实现可持续发展，实现增效、增收，关键在于产品的品质和地理、土壤、气候等资源要素的特有性。选择主导产业，要因地制宜，突出优势。习水县根据地理区位、土地资源及特有土壤和气候等优势，选择经过长期积累有丰富经验形成的习水厚朴为主导产业，最终将特色产业发展壮大，实现了增效、增收。

（三）发挥广大农民主体作用

农民是脱贫攻坚和农业产业发展的受益者，是脱贫攻坚和产业发展的力量源泉，尊重主体地位，发挥主体作用，激发调动主体的积极性、主动性和创造性，是脱贫攻坚和产业发展的基础和保障。

（四）加大品牌建设力度

习水县积极推动厚朴产业的品质提升与标

习水厚朴（习水县林业局供图）

准化进程，主动将厚朴样品送至专业科研单位进行检验分析。经检测，习水厚朴酚含量高达8.55%，远高于《中国药典》规定不得低于2%的标准，质量上乘，属全国之首。在厚朴主产的地区中，以四川省、湖北省所产质量最佳，称“川朴”或“紫油厚朴”。由于习水紧邻四川盆地南缘，所生产的厚朴品质优良，为“川朴”之首，深受全国药商的青睐。习水县将积极引进企业，开展厚朴中药材GAP和GMP认证，促进产业发展。

（五）健全完整的厚朴产业链，引进和发展中药材企业进驻

习水县积极与省内外科研单位及企业进行接洽，逐步引资建设“厚朴中药饮片生产开发”“厚朴酚提纯加工”“厚朴中成药开发”等厚朴中药材提纯精深加工项目。下一步将如何为投资业主提供一切可能的优惠政策、配套服务措施和如何提高服务效能，是习水县亟待思考的问题。

（六）倾力打造厚朴生态农旅品牌，推动习水旅游发展

厚朴揭示了“厚实质朴”的实质，厚乃厚重、厚道、敦厚，朴乃质朴、朴素、朴直之意。厚朴与广玉兰、深山含笑同属于木兰科木兰属植物，树形高大，树姿雄伟壮丽，枝叶浓密，叶大质厚而有光泽，花大而芳香，初夏开放，花形与广玉兰特别是深山含笑的花形相似，为优良的观赏树种。依托22万亩厚朴，结合习水自然风光和红色旅游等资源，切实打造游山玩水、赏花赏果和农旅结合的乡村旅游品牌，将厚朴深厚的人文意蕴与习水的红色文化对接，传递“遵义会议”与“四渡赤水”精神，其深厚的人文意蕴已成为厚朴产业做大做强的强有力的文化支撑和习水红色文化的有效载体。

六　模式特点及适宜推广区域

（一）模式特点

习水县26个乡（镇、街道办）中有16个乡（镇、街道办）种植厚朴，至2015年全县种植面积达22万亩，3.6万多农户在种植厚朴中受益。全县初步形成药材公司、林药场、中药材专业合作社、种植大户等多种生产发展模式，厚朴正成为习水县林业的支柱产业和特色产业。习水县根据自身自然地理条件、社会经济状况，把握退耕还林机遇，采用“龙头企业+合作社+农户”模式发展，因地制宜发展林业中药材厚朴产业模式，化地理劣势为产业优势，以一棵厚朴呈一县

一品，带一方产业，富一方百姓。厚朴必将成为决战脱贫攻坚、振兴乡村的一把利剑。

（二）适宜推广区域

厚朴主产贵州、湖北、湖南、四川、浙江等省份。适生于海拔300~1700m的地区，生长期要求年平均气温16~17℃，最低温度不低于-8℃，年降水量800~1400mm，相对湿度70%以上的环境中。宜生于雾气重、相对湿度稍大、阳光充足的山间谷地和沟旁。以疏松肥沃、排水良好、腐殖质含量丰富，呈中性或微酸性的沙壤土和壤土为好。

模式 26 湄潭县黄柏产业模式

黄柏适应性强、喜光耐寒，是一种适合在较高海拔处生长的落叶乔木，具有清热湿燥、解毒疗疮等功效，是常用中药材之一，市场需求量巨大。湄潭县具有得天独厚的黄柏生长自然条件，退耕还林紧抓这一优势条件，大力实施退耕还黄柏产业，促进群众持续增收，为乡村振兴打下坚实基础。

湄潭县退耕还黄柏成效（杨永艳摄）

一 模式地概况

湄潭县隶属贵州省遵义市，地处长江上游一级支流乌江边上，素有“云贵小江南”之美誉。地理范围东经 107°15′36″~107°41′08″、北纬 27°20′18″~28°12′30″，县域面积 1844.9km²。下辖 3 个街道、12 个镇，常住人口 37.18 万人。辖区内海拔变幅 631~1556m，平均海拔 940m。属中亚热带湿润季风气候，冬无严寒，夏无酷暑，雨热同季，年平均降水量 1137.6mm，随海拔增高降水量增大，年平均气温 14.9℃，月均温变幅 4.1~24.9℃，年平均总积温 5475℃，年平均无霜期 284 天，年均日照时数 1163 小时。良好的气候与土壤条件为多种植物的生存繁衍创造了优越环境，境内森林资源丰富，主要森林群落有马尾松针叶纯林、针阔混交林、常绿落叶阔叶混交林、竹林、茶叶灌木林。森林覆盖率达 63.59%，活立木蓄积量 752.85 万 m^3。

二 退耕还林情况

2014 年新一轮退耕还林工程启动，湄潭县全面总结了上一轮退耕还林成效，在发展茶叶的基础上，不适合退耕还茶的，适地适树发展黄柏。至 2023 年，湄潭县实施新一轮退耕还林 9.53 万亩，其中退耕还黄柏 4.26 万亩，工程覆盖全县 15 个镇（街道）、113 个村。

湄潭县黄柏林（杨永艳摄）

三 栽培技术

（一）造林地选择

黄柏属喜光树种，选择栽植在海拔 800~1200m 的地区，以土层深厚、土壤疏松肥沃、排水良好、中性或微酸性、富含有机质的壤土或沙壤土为佳。

（二）造林密度

黄柏幼林生长迅速，3~4 年即可郁闭成林。因此，选择合理的造林密度是培育速生丰产优质黄柏林的关键措施之一。根据项目区实际条件与经营水平，选择合理的造林密度，每亩控制在 110~134 株，立地条件好的株行距 2m × 3m，其他的选择在 2m × 2.5m。这样的造林密度可使黄柏生长迅速，干形通直。生长到 8~12 年采伐一部分后，可促进茎生长。

（三）种苗选择

选择 1 年生实生苗，地径不低于 0.4cm，苗高 30~70cm，须根发达，枝叶色泽正常，苗木充分木质化，无检疫性病虫害的苗木。

（四）整地规格与造林时间

根据黄柏早期速生性等特点，采取穴状整地，统一放线定位，整地规格 40cm × 40cm × 30cm。栽植时，把苗放直，根系舒展，细土壅根，逐步加土，覆土 2 层，逐层踩紧踏实，再覆土平整即可，栽植深度一般以苗干入土 10~15cm 为宜。栽植一般选择在 2~3 月的阴雨天进行。

（五）造林地管理

1. 肥水管理

立地条件较好的地块，因肥力较高，整个生长期无须人工施肥。如果是种植在土壤肥力较差的地块，可用农家肥作底肥，亩施 3000kg 左右。

2. 抚育管理

造林后第一年的 3~4 月进行扩穴培土，第 2~3 年的生长高峰期 5~6 月和 8~9 月全面锄草松土。进行药（粮、茶）间种的，实行以耕代抚。通过抚育，使林地疏松，有利于根系生长发育，实现速生丰产。杂灌杂草既争肥又争水，会影响黄柏的生长，因此应结合林地中耕及时除掉。

3. 有害生物防治

黄柏是多年生乔木，最常见的病虫害主要有锈病、根腐病和刺蛾、斑衣蜡蝉等。锈病可以用粉锈宁防治；根腐病用 70% 甲基托布津 800~1000 倍溶液灌根防治；刺蛾、斑衣蜡蝉等用速灭菊酯、阿维菌素等农药喷洒防治。

四　模式成效

截至2023年，湄潭县实施退耕还黄柏4.26万亩，将生态建设与经济收益有机结合，达到了生态效益良好、经济效益突出、社会效益显著的成效。通过退耕还林政策补助及黄柏种植收益，湄潭县在推动精准脱贫、促进农民致富，建设美丽新农村的同时，也推进了本县生态文明建设。

（一）退耕还黄柏经济效益明显

湄潭县退耕还黄柏4.26万亩，部分成林见效。从退耕户角度计算经济收益，黄柏存活率高，相对其他树种后续经营管理，不管是资金还是精力投入都较少，因湄潭县农村外出务工人员较多，农村劳动力较少，故农户多愿意栽植黄柏。黄柏一般8~10年胸径可达15cm，一株黄柏可收获树皮10kg左右，每斤价格5~6元，每亩收入10000~13000元，平均每年可收入1000~1500元。

（二）拓宽了农民收入渠道

退耕还林后，将农民从繁杂、耗力的坡耕地耕作中解脱出来，将剩余劳动力投入基本农田建设中，开展多种经营增加收入。此外，将剩余土地流转后，直接外出务工或在当地从事二三产业，既提高了当地土地规模种植效能，又改善了自身生产生活条件，可谓一举多得。退耕农户通过再创业，其生产生活条件基本得到改善，收入均有所提高。

（三）退耕还黄柏政策补助解决了退耕户基本生活

湄潭县退耕还黄柏，充分利用兼用树种黄柏造林，退耕户享受到退耕还林最大政策补助。据统计，湄潭县退耕户退耕面积在1~20亩，特别是山区贫困户分布较多的地区，退耕还林面积多，户均退耕还林面积达5.2亩，新一轮退耕还林补助1200元/亩，基本可以解决日常生活开支，缓解基本生活压力，助力脱贫。

（四）有力推动了生态文明建设

湄潭县退耕还黄柏提高了森林覆盖率，减少水土流失，把原本粮食生产低而不稳的坡耕地变成了郁郁葱葱的高质量森林，且布局合理，与当地人文协调和谐。

黄柏种子和树皮（杨永艳摄）

五　经验启示

湄潭县在不断探索总结的基础上，因地制宜、适地适树，走出了一条退耕还黄柏之路。

（一）领导重视，责任明确

退耕还林工作是一项政府行为，政府是工程建设的领导者，对工程实施与建设负有主要责任，从县到镇（街道）各级政府均成立了领导小组和办公室。抽调精兵强将专门负责退耕还林工作，明确任务，落实责任，层层签订目标管理责任状、责任书、合同书，主要领导亲自抓，分管领导具体抓，从而使退耕还林工程有序实施。

（二）广泛宣传发动，让政策深入人心

为加强退耕还黄柏宣传，积极动员群众参与，充分利用广播、电视、标语和设置标志牌等多种方式，广泛深入宣传退耕还黄柏的重大意义和政策措施，积极引导退耕农户在国家投入的基础上，投工、投劳种植黄柏，为退耕还黄柏项目

的顺利实施创造了良好的舆论氛围。通过强有力的宣传，使退耕还黄柏好政策家喻户晓，同时组织退耕户利用其部分农户成熟的黄柏种植经验，开展互帮、互学活动。

（三）科学规划，有序推进

退耕还林工程启动时，湄潭县就编制湄潭县退耕还林工程总体规划，根据各年度退耕还林任务，组织48名工程技术人员深入现地调查，编制作业设计。通过合理的规划布局，做到长、中、短期效益相结合，使陡坡耕地植被迅速得到恢复，发挥长远的保水抗旱功能，农民在退耕还黄柏项目中得到经济收益。

一是在保证群众基本口粮田的前提下，按小流域、一条沟、一面坡相对集中连片治理，突出规模治理效益。二是突出重点，稳步推进，优先安排坡耕地和粮食产量低而不稳的耕地退耕还林。三是工程技术人员深入基层，上山下沟，进村入户，与镇村干部一起重点引导群众种植黄柏，达到了国家要生态、群众要经济的双赢目的。四是建设与保护并重，防止边治理边破坏，通过作业设计，将任务以镇、村为单位落实到组、到户、到山头地块、到小班，建立分户退耕还林卡片，并由镇（街道）政府与退耕农户签订合同，使退耕户吃上定心丸，解除后顾之忧，确保了退耕还林工作的顺利开展。

（四）强化监督与管理，确保工程质量

湄潭县退耕还黄柏工作始终将严格管理、保证质量作为一切工作的重中之重。在工程实施过程中，深入到小班地块进行不间断巡查，发现问题，及时责令整改，保证制度规范、管理严格，从而使造林质量达到要求。

（五）严格检查验收，为保证工程建设质量和政策兑现提供依据

按照国家林业局《关于开展退耕还林工程退耕地还林阶段验收的通知》《退耕还林工程退耕地还林阶段验收办法》等要求，逐小班认真开展检查验收，对历年工程的保存面积、工程质量、工程措施、成果巩固和技术档案进行严格检查，达不到标准的及时采取补救措施，整改到位。认真开展退耕还林公示和补助资金兑现工作，要求严格按政策兑现程序、兑现标准、兑现时限，将政策补助及时足额发放到退耕户手中。

六 模式特点及适宜推广区域

（一）模式特点

黄柏树皮在中药中被广泛应用，黄柏树木材坚硬，适合作家具和装饰材料。湄潭县适地适树发展黄柏种植，以较少的资金和精力投入获取了较高的经济收益和生态收益。低投入、高收益的模式既提高了土地种植效能，也改善了当地农民的生产生活条件。

（二）适宜推广区域

黄柏是一种耐寒树种，成树喜光，适合生长在良好自然环境的低温多湿的气候环境中，最适于年平均气温8℃左右、海拔1000m左右的高山冷湿、凉爽气候。栽培黄柏的地区应有明显的季节变化，春季温和，冬季较冷，夏季温暖且雨水充足。黄柏喜深厚肥沃土壤，喜潮湿，喜肥，怕涝，耐寒，松散、肥沃、通气性好、排水性强、富含有机质的中性或微酸性土壤有利于黄柏的生长。

模式 27 兴义市无患子产业模式

无患子经济价值很高，具有药用价值、纯天然皂素价值，园林绿化价值及生物柴油价值。同时，因其具有抗旱、抗寒、抗风等特性，可以在喀斯特山石环境中顽强生长、枝繁叶茂。生命力旺盛，可延续百年以上，挂果周期较长，发展前景广阔。自退耕还林工程实施以来，兴义市则戎镇坚持以高质量发展为目标，以推动产业集聚发展为方向，依托“近城近景近高速”优势，大力发展无患子产业，积极引导农户在合作中谋共赢，共同推动产业发展专业化。

兴义市退耕还林发展无患子产业（兴义市林业局供图）

一 模式地概况

则戎镇位于兴义市东南部，地跨东经104°56′~104°01′、北纬24°54′~24°34′。处于国家级风景名胜区马岭河峡谷、万峰湖、万峰林和东西峰林四景区交汇处的旅游“金三角”地带，镇政府所在地距兴义市区12km，国土面积107.11km^2。辖10村1社区134个村民组6494户26064人。则戎镇2/3以上面积是石山或半石山，平均海拔为1120m，最低海拔668.5m，最高海拔1634.3m，海拔高差近1000m；年平均气温17℃，年平均降水量1500mm，年平均日照时数1720小时，年平均无霜期340天，属气候温和、雨量充沛的亚热带季风气候。该区域为喀斯特地貌区，为地表裸露岩石或地下有溶洞，土壤表层较薄或几乎没有，土质肥力较差。该地区无严格意义上特有的土壤类型，其土壤多为红、黄、灰壤，很少黑壤。土壤质地差，土壤有机质含量 1.5% 以下，土层厚度 60cm 以下。

二 退耕还林情况

兴义市共计种植无患子面积 2.76 万亩。则戎镇为典型且发展态势良好的无患子苗木培育基地和种植基地，已成功实施规模达 1.93 万亩的项目建设。在推进项目进程中，对精准扶贫户和困难户实行优先用工，带动贫困户增加收入。无患子产业区带动入股农户 2680 户，带动精准扶贫户劳动力 257 户 750 人就业，为决战脱贫攻坚、决胜全面小康提供产业发展支撑，助力农民增收致富。无患子的生物学特征及价值如下：

（一）生物学特征

无患子属无患子科无患子属落叶乔木树种，分布于黄河流域以南的中国大部分省份，在日本、朝鲜及南亚多个国家均有分布。树高可超过 20m；树皮灰褐色或黑褐色，嫩枝绿色，无毛；枝开展，叶有柄、互生、无托叶；花小，圆锥花序，顶生及侧生；花两性，花冠淡绿色，有短爪；花盘杯状；花丝有细毛，花梗常很短；子房无毛；核果球形，熟时黄色或棕黄色，干时变黑；种子球形，黑色。花期 6~7 月，果期 9~10 月。

（二）主要价值

无患子在园林上用于孤植树、行道树、片植树、树池、树阵和绿化造林，其树木寿命较长，树龄可达 200 年。树干被焚毁及旱死，根部也可萌发嫩芽迅速成长。属深根性树种，根系发达，能有效固着土壤，减少水土流失，是水土保持与土地石漠化治理选择的优选树种。

（三）主要功效

1. 医药价值

无患子作为我国传统的中药材，其植物的根、韧皮（无患树皮）、嫩枝叶、果肉、种仁均可供药用，主治清热、祛痰、消积、杀虫、喉痹肿痛、咳喘、食滞及肿毒等，在肠胃、动脉硬化、高血压、癌症、艾滋病等疾病的防治药物及避孕药的开发方面具有很大的潜力。

2. 日化领域的应用价值

无患子提取液具有很强的表面活性，为天然的非离子型表面活剂，其去污能力可以优于市场购买的一般洗涤剂。而且无患子皂苷易降解，基本对环境无有害残留。此外，无患子果皮含无患子皂苷等三萜皂苷，对重金属具有广谱的洗涤作用，对铅、锰、铬、砷、汞等的洗脱率均在 90% 以上。随着研究的深入和提取技术工艺的完善，无患子在日化领域得到广泛应用。

3. 其他应用价值

无患子的种仁含脂肪、蛋白质，可食用。无患子果核还可用于制作天然工艺品及佛教念珠。无患子木材含有天然皂素，可以自然防虫，亦可用于制作木梳、雕刻及工艺品。无患子花味香浓，富含花粉和花蜜，对蜜蜂具有很大的吸引力，是很好的蜜源植物。同时，最新科研证明，无患子种仁含油量高，可达 42%，可用来提取油脂及制造天然滑润油和生物柴油。

无患子果（兴义市林业局供图）

三 栽培技术

（一）园地选择

兴义市则戎镇属于典型的喀斯特岩溶地区，石漠化极其严重，自然环境特别恶劣。选择坡度 25°~45° 的坡耕地作为退耕还林种植区，坡度 15°~24° 者作为公司土地流转后种植区，坡度 6°~15° 者作为苗木培育基地。建园时采取带状或大块状整地，带面宽度不低于 1.5m（大块状整地规格不低于 1m×1.5m），内低外高。

（二）栽植时间

袋装苗（营养袋）种植季节没有严格的时间限制，成活率高，2~7 月均可种植。

（三）栽植方法

1. 以培育采收果实为目的

株行距 3m×4m 为宜，即 56 株 / 亩，待结果后，边采收边间苗。定植后，等待小苗长高至 1m，开始剪除顶芽，促进侧芽生长，使树冠扩展成扇形，抑制树形直上，这样有利于采收果实。

2. 以培育绿化树为目的

株行距 2m×1.5m 为宜，即 250 株 / 亩，以荒山造林绿化、防止水土流失等生态效益为主。

3. 定植准备

定植前挖 60cm×60cm×60cm 定植穴，挖定植穴时将表土和底土分别堆放，回填时用表土填下。每穴施农家肥（腐熟）20~30kg 或复合肥 5~10kg 与表土拌匀回填踩实。回填达到原地面高度后在穴面上筑 30cm 高的树盘待植苗。

4. 栽植

在树盘上挖 40cm×40cm 的栽植穴，将苗木的根系和枝叶适度修剪后放入穴中央，舒展根系，扶正，填细土，轻轻向上提苗，踏实，浇足定根水，使根系与土壤紧密接触。栽植深度以嫁接口径露出地面为宜，提倡使用薄膜或草覆盖根部，提高植苗成活率。

（四）经营管理

1. 土壤管理

（1）深翻扩穴，熟化土壤。采果后进行深翻扩穴改良土壤。在树冠外围滴水线处挖长宽 50cm×50cm 的环状扩穴沟，逐年向外扩展 40~50cm。在扩穴沟内回填绿肥、农家肥、饼肥等；回填时表土放在底层，心土放在表层，干旱时对穴沟灌足水。

（2）绿肥种植与耕作。幼龄期种植绿肥或套种矮秆作物。投产期采取树盘清耕行间生草方式。绿肥选用紫花苜蓿、三叶草、豌豆、小豆、饭豆等，在绿肥生物产量达到最大时及时刈割翻埋于土壤中。矮秆作物可种大豆、辣椒、生姜等。

（3）松土除草。投产期在株行间进行多次松土除草，经常保持土壤疏松和无杂草状态，园内清洁，病虫害少。

2. 施肥

采取少量多次的施肥法，适时满足无患子对各种营养元素的需求，多施有机肥，合理施用无机肥，大力推广平衡配方施肥。

（五）病虫害防治与管理

1. 病害防治

无患子的病害主要有枯萎病、溃疡病和煤污病。其中，枯萎病主要发生在株行距过密、通风不良、积水等情况。

主要防治方法：尽量采取预防为主，管理时尽量避免外伤（主要是树皮机械损伤等情况），可在最大程度上减少病害对无患子的影响。

2. 虫害防治

无患子的虫害主要有天牛、小蠹、蝙蝠蛾、木虱等，其中天牛危害最为常见。

天牛防治方法：5 月中下旬至 6 月初根据天牛出孔情况对树干及树干分支点附近喷一次 200 倍 8% 氯氰菊酯触破式微胶囊剂（绿色威雷），间隔 40 天左右，再对树干喷雾一次，能杀死出孔交配成虫。对于已蛀入树干内幼虫，可用细钢丝钩杀，并注射高浓度（浓度为常规浓度的 50~100 倍）的敌敌畏、氧化乐果或阿维菌素、啶虫脒等具有熏蒸、内吸或渗透的杀虫剂，能杀死木质部内幼虫。大面积栽培也可以释放管氏肿腿蜂来治理。

小蠹防治方法：加强苗木检疫，禁止带虫苗木调运；加强清沟排水，避免基地过湿。上半年防治预防天牛时，也能有效预防小蠹危害，下半年8月底至9月初，可对长势较弱的树干，再喷一次200倍8%氯氰菊酯触破式微胶囊剂（绿色威雷），杀灭飞来的小蠹成虫；对于已蛀入的害虫，可将树干用薄膜缠绕起来，然后用针筒向里面注射5倍敌敌畏溶液，将其在密闭环境内熏死。

木虱防治方法：可用70%吡虫啉5000倍、70%啶虫脒5000倍液（气温25℃以上时）、50%吡蚜酮3000倍液、20%丁硫克百威2000倍液、10%烯啶虫胺3000倍液等药剂防治。

无患子形态特征（兴义市林业局供图）

1. 植株；2. 花；3. 果实

四 模式成效

（一）生态效益

则戎镇退耕还林实施以前，全镇森林覆盖率低，生态环境恶化，属典型喀斯特生态环境脆弱带。而无患子寿命较长，树龄可达200年，即使树干被焚毁及旱死，根部也可萌发嫩芽迅速成长。属深根性树种，根系发达，能有效固着土壤，减少水土流失，是水土保持与土地石漠化治理选择的优选树种。退耕还林后植被覆盖率大幅度提高，生态环境明显改善。

（二）经济效益

以3~4年后进入挂果期计算，年产量在750kg/亩，按照4元/kg保底收购价，每亩保底收益在3000元以上；第6年进入盛果期，亩产量不低于1500kg/亩，之后果实收产量逐年上升。目前，则戎镇项目区涉及11个自然村；在项目建设发展过程中，对精准扶贫户和困难户实行优先用工，带动贫困户增加收入。

该地无患子产业区带动入股农户2680户，带动精准扶贫户劳动力257户750人就业。同时，项目区周边农户可通过劳务输出全程参与精品果园建、管、收、运各个环节，全方位提高收入水平（由公司聘请技术人员，指导参与务工群众按照标准进行种植、管护、采收等），可实现产业带乡镇贫困户全覆盖。

（三）社会效益

发展的无患子产业与人类健康息息相关。优质皂素原料的生产十分重视基地质量的建设，在兴义市农业农村局、兴义市林业局的技术指导下，实施绿色原料生产，禁止使用除草剂，禁止使用剧毒、高毒、高残留农药，选用优质肥料，从育苗到种植均实现绿色种植标准，立足建立兴义市无患子质量品牌。无患子原料产出后推进无患子加工业和服务业的发展，实施一二三产业融合推进，壮大产业集群，延伸产业链。目前，兴义市开发的无患子种植基地，可加快推进该市石漠化严重区域治理。

五 经验启示

（一）坚持因地制宜，抓好产业选择

退耕还林工程实施以来，有了平台，首要问题就是如何选择产业。林业产业能做大做强、健康可持续发展，实现增效、增收，与遵循适地适树与绿色产业发展的原则密不可分。喀斯特石漠化犹如地球上的一块“牛皮癣”，威胁喀斯特区

域居住民众的生存条件，人地矛盾突出，产业选择困难。贵州是喀斯特石漠化治理的重点省份，喀斯特石漠化明显，特别是以兴义市的则戎、敬南、猪场坪、泥凼等部分地区为代表。而无患子具有很强的抗旱能力和抗寒能力，适应在海拔2200m以内的区域生长种植。兴义市地区最高海拔为2207.7m，最低海拔为625m，市区海拔多在1251m左右。因此，选择地方特色资源无患子产业开发，具有抗性强、种植成活率高、生长良好、景观独特、经济效益高等特点，生动体现兴义市践行适地适树原则与绿色产业发展的理念。

（二）产业扶贫与市场潜力互惠

无患子产业开发对兴义市产业调整、产业扶贫和经济发展有积极的助推作用。实施无患子生态产业化，产业生态化，推进绿色经济发展。无患子的应用价值广泛，其根、皮、叶、果肉、种仁可供药用，其树木可用于园林绿化，其果皮可用于制造天然无公害洗洁剂、制作日化品等，还具有开发未来生物能源（生物柴油）的发展潜力，其资源利用及其产业链的发展可对兴义市未来经济发展具有不可估量的价值。

（三）统筹资金筹措，筑牢发展基础

无患子种植基地建设项目总投资6600万元，其中退耕还林专项补贴资金2400万元，企业自筹1000万元，申请贵州省绿色产业扶贫投资基金1000万元，申请银行融资1000万元，申请其他专项扶持补助资金1200万元。

（四）聚焦新型主体，优化组织方式

坚持培育壮大龙头企业、优化提升专业合作社、大力培养新型职业农民，不断推广“龙头企业+基地+农户”组织方式。由贵州海玉青山农业发展有限公司发展投资，采用“五统一保”（统一品种、统一技术管理、统一生产资料供应、统一回收、统一品牌销售、保底收购）的运行机制进行建设，实现无患子规模化示范种植。此外，引导贫困户加入合作社，由公司统一提供技术支持、保底收购，不断壮大产业规模，提质增效。

无患子林相（兴义市林业局供图）

六 模式特点及适宜推广区域

（一）模式特点

则戎镇属典型的喀斯特地区，为发展林业产业，当地林业局进行了长期的探索，经过多方调查研究决定发展无患子产业，除了让村民实现就近就业，还创新“项目+公司+基地+农户”的发展模式，按照统一品种、统一技术管理、统一生产资料供应、统一回收、统一品牌销售、保底收购“五统一保”的运行机制进行建设，让老百姓成为实实在在的受益者，无患子产业也成为了兴义市则戎镇典型喀斯特山区又一道靓丽生态风景线。

（二）适宜推广区域

无患子分布于中国东部、南部至西南部，其耐寒能力较强，喜光，稍耐阴，耐旱，不耐水湿。对土壤要求不严，在酸性土、钙质土上均能生长。宜选择向阳坡地或半阳坡地种植，要求土层深厚、土质疏松肥沃、排水良好的微酸性土壤。

模式 28 石阡县楠木产业模式

石阡县在推进退耕还林工程过程中，紧紧围绕全县“1+3”产业发展布局，按照“生态建设产业化、产业建设生态化”思路，积极探索多种经营模式。通过多年的退耕还林工程建设，石阡县国荣乡葛宋村利用退耕还林政策，采用种植珍稀树种楠木模式，助力打造乡村旅游观光，走出了一条退耕还林助推乡村振兴的好路子。同时，助推全县产业发展，特别是高质量产业发展方面已形成多种成熟模式。

石阡县国荣乡退耕还林种植楠木基地（石阡县林业局供图）

一 模式地概况

石阡县位于贵州省东北部，铜仁市西南部，介于东经107°44′55″~108°33′47″、北纬27°17′5″~27°42′50″，全县面积为2173km^2，森林覆盖率达69.74%，年平均气温15.3℃，最热月（7月）平均气温为24.0℃，极端最高气温39.5℃；最冷月（1月）平均气温为4.9℃，极端最低气温-9.5℃。年平均降水量1174.7mm，雨热同季，年平均相对湿度约74%，年平均无霜期280天。全县总人口46万，仡佬族、侗族、苗族、土家族等12个少数民族人口占总人口的74%。石阡县是国家重点生态功能区、国家生态保护与建设示范县、国家生态文明建设示范工程试点县。

国荣乡葛宋村距离石阡县城14km，交通便利，平均海拔700m，年降水量在1100~1200mm，年平均气温为16.8℃，最低气温为-6.9℃，无霜期292~306天，不低于10℃的积温为5410~5457℃，年平均日照时数1230小时，年总辐射量0.36MJ/km^2，日照百分率28%，相对湿度78%，适合楠木苗木生长。

二　退耕还林概况

自2002年实施退耕还林以来，全县共计实施退耕还林工程29.28万亩，累计投入资金5.56亿元，涉及县境内19个乡镇（街道）82个行政村，惠及退耕农户9.01万户28.4万人。完成上一轮退耕还林9.33万亩。其中，生态林8.61万亩、经济林0.72万亩，惠及退耕农户3.61万户13.4万人，共计投入资金2.17亿元，实现人均增收1621元；完成新一轮退耕还林19.95万亩。其中，生态林1.72万亩、经济林18.23万亩，惠及5.4万余农户15万余人，共计投入资金3.39亿元，实现人均增收2257元。其中，国荣乡葛宋村2017年实施新一轮退耕还林工程745.7亩，建设树种为楠木。

三　栽培技术

（一）楠木选址及规划

楠木喜湿耐阴，立地条件要求较高，造林地以土层深厚、肥润的山坡、山谷冲积地为宜。

（二）精细林地清理及整地

林地清理，实行块状清理，清除灌木、杂草，清除树根、草根。

整地采取穴状整地，挖穴乔木大苗规格为100cm×100cm×80cm；乔木小苗规格为60cm×60cm×50cm。整地应在栽植前1个月完成。

（三）定植

楠木苗移栽以雨季、秋季为主，苗木选用胸径3~10cm的乔木大苗成林，在乔木大苗行间再按（30~50）cm×（50~100）cm株行距栽培乔木小苗的规格进行土地空间复合利用，在定植时把坑挖好，大苗规格为100cm×100cm×80cm，小苗规格为60cm×60cm×50cm。挖坑时要将心土、表土分开放，回填土时，要先填表土，再填心土。栽植时将苗放入定植穴中央扶正，保持根系舒展，先用细土覆盖，踩紧再覆土，再覆盖踏实，覆土呈馒头状，用草覆盖定植穴。植苗造林栽植前要修剪部分枝叶和过长根系。

（四）管护

为了提高造林成活率，对造林地块要做好除草松土、护苗养树及森林防火等管护工作。一是造林后，采用刀、锄抚方式进行连续抚育，用刀具割除杂草灌木等，用锄头进行松土除草，抚育时间为8~9月雨后晴天土壤较干时为最好，三伏高温天气，不宜抚育除草，以免骤然改变环境，或损伤苗根，造成死苗。二是造林结束后，及时组织自查验收，对造林成活率没有达到85%的地块要及时进行补植，补植时间应选择在阴雨天或雨后初晴日。

由于楠木初期生长慢，易遭杂草压盖而影响成活和生长，因此需加强抚育管理。造林后每年抚育4次以上，山坡下部及山谷杂草繁茂地带还应适当增加抚育次数。抚育时间应安排在楠木生长高峰季节到来之前，即第一次抚育在3~4月，第二次抚育在5~6月，第三次抚育在7~8月，第四次抚育在11~12月。楠木树冠发育较慢，较耐阴，所以严禁打枝，抚育时也不得损伤树皮，否则将显著减弱其生长。采用弱度下层抚育法，即伐去明显的被压木，双杈木以及优良木周围的竞争木。

（五）病虫害绿色防控

楠木有害生物防控坚持“预防为主、促进健

康”的方针，加强苗木检疫，做好有害生物的预测预报，及时防治。

1. 蛀梢象鼻虫

以幼虫钻蛀嫩梢危害，可造成被害梢枯死。据调查，危害严重的，被害株数可达 69.1%，虫口密度为 16.5 头 / 株，平均每株被害梢数占平均每株总梢数 5.1%。

防治方法：在 3 月成虫产卵期及 5 月中下旬成虫盛发期用 621 烟剂熏杀成虫，每亩用药 2~3kg，在 4 月上旬用 40% 乐果乳剂 400~600 倍液喷洒新梢，可杀死梢中幼虫。

2. 灰毛金花虫

以成虫啃食嫩叶、嫩梢及小叶皮层，严重的可使嫩梢枯萎。被害株率达 80%。最多被害株有虫 50 多头。

防治方法：在 4 月下旬用 621 烟剂熏杀成虫，每亩用药 2kg。

石阡县国荣乡退耕还林种植楠木全貌（石阡县林业局供图）

四 模式成效

在习近平生态文明思想的指引下，石阡县始终坚守发展和生态两条底线，依托退耕还林、石漠化综合治理等林业重点工程，因地制宜，发展茶叶、油茶和珍稀树种等主导产业，不仅改善了生态、孕育了产业、实现了效益，也走出了一条退耕还林助推乡村振兴的好路子。

（一）生态环境得到显著改善

通过国荣乡新一轮退耕还林工程的实施，全县林地面积得到增加，土壤侵蚀量明显减少，林草植被和生物多样性得到恢复，森林覆盖率得到提高，水土流失得到有效控制，取得了良好的生态效益。

（二）经济收益得到明显提高

石阡县通过招商引资，引进国内重点企业湖南长浏园林建设发展有限公司入驻国荣乡，深度契合极贫乡镇脱贫攻坚实际，由企业控股 52%，“政府 + 合作社 + 大户 + 贫困户”占股 48%，共同成立了石阡县长荣联合投资建设发展有限公司。目前，已直接提供劳动就业岗位 240 余个，周边群众不仅可以享受到高于其他地区的土地流转租金收入及各类政策资金补贴，还可以到公司务工获得劳动报酬，股东国荣乡扶贫开发公司从盈利分红中拿出 30% 左右按照土地流转比例给农民分红，使人均林业收入达 2000 元，实现了生态与民生互利共赢。

（三）社会效益显著

石阡县依托新一轮退耕还林和巩固退耕还林成果专项建设，因地制宜发展一批扶贫产业，壮大一批实体经济组织和地方特色品牌，在国荣乡葛宋、新阳等村借助退耕还林工程东风发展珍稀楠木种植，将珍稀树种与乡村旅游观光结合，打造林旅结合的田园综合体，且每年村集体合作社还从盈利中拿出一部分资金成立相关敬老、孝亲、助学等基金对相关群体给予帮扶。

五 经验启示

（一）充分发挥政府引导作用

石阡县大力引导脱贫户依法自愿有偿流转土地经营权，积极探索龙头企业、专业合作社和农民之间“入股合作、利益保底、盈余返还、佣工付酬”的利益联结机制，变原来的“政府主导、农民自愿”为“农民自愿、政府引导”，采取转让、合作、入股等方式参与实施新一轮退耕还林，有效解决了贫困户缺劳力、缺资金、缺技术等问题，实现了全民参与、全民受益，以及“要我退耕”向“我要退耕”的历史性转变。

（二）加强新技术推广

为打造林旅结合田园综合体，以构建珍稀树种基地为目的，推广楠木更新复壮技术。通过精细修剪和管护，提高楠木景观效果。

（三）加大资金投入

整合农林、财政、金融等部门项目资金与退耕还林资金相结合，增加基地投入。充分运用财政资金的杠杆效应，综合利用市场、税收、信贷和奖励等多种激励机制，鼓励社会资金投入。

（四）创新发展模式

采取“政府引导、政策扶持、部门联动、全民参与”模式，涵盖全县乡村振兴以茶产业为主导＋果蔬药＋苗木苗圃＋生态养殖的“1 ＋ 3”产业体系，推动全县茶叶、精品水果、花椒、油茶、苗木苗圃、楠木等产业快速发展，以“退”为“进”，改变以往的退耕还林发展模式，成功引入“公司＋合作社＋脱贫户”的利益联结机制，着力推进新一轮退耕还林政策落地落实，有效提高和保证退耕还林工程建设质量，发挥工程建设效益。

石阡县国荣乡——楠木之乡（石阡县林业局供图）

六 模式特点及适宜推广区域

（一）模式特点

石阡县强势推进退耕还林工作，大胆创新工作方式方法，变“政府主导”为“群众自愿”，变“粗放型”为“集约型”，变“生态资源”为“产业资源”，始终把生态文明建设与经济发展紧密结合起来，通过重视长短结合、力量聚合、利益融合“三合聚变”，采取“政府引导、政策扶持、部门联动、全民参与”的模式涵盖全县乡镇，以“退”为“进”，改变以往的退耕还林发展模式，成功引入“公司＋合作社＋农户”的利益联结机制，着力推进新一轮退耕还林政策落地落实，有效提高和保证退耕还林工程建设质量，发挥工程建设效益，真正让石阡退耕还林的“生态资源”变成了群众增收的“产业资源”，使石阡走出了一条生态与经济协调发展的新路子，实现了“百姓富、生态美”的良好局面。

（二）适宜推广区域

楠木广泛分布于我国南方和西南地区，包括福建、江西、湖南、湖北、广东、广西、贵州等地。楠木属于耐阴树种，在自然条件下，楠木生长于海拔1000~1700m的山地和谷地。楠木生长需要温暖湿润的气候条件，年平均气温17℃左右，冬季最低气温 -10℃左右，年降水量1400~1600mm，以山谷、山洼、阴坡下部及河边台地，土层深厚、肥沃、疏松，排水良好的中性或微酸性的壤质土上生长尤佳。

模式 29 黎平县推广良种产业模式

黎平县抢抓千载难逢的退耕还林机遇，大力调整产业结构，采取有效组织措施，优化产业树种配置结构，提升杉木、油茶、茶叶等特色传统产业模式，以种植良种为抓手，建立科技示范基地，辐射带动传统产业，早日实现“百姓富、生态美”的战略目标。通过实施第一轮退耕还林工程，推广黎平县杉木良种，引进油茶、茶叶良种种植示范，依靠良种示范辐射带动效应，有力地推动杉木、油茶、茶叶传统产业发展，做强做优黎平县的主导产业，取得了良好的成效。

黎平县良种油茶示范基地（黎平县林业局供图）

一 模式地概况

黎平县位于贵州省东南部，黔东南州南部，介于东经 108°31′~109°31′、北纬 25°41′~26°08′，东界湖南省怀化市靖州县、通道县，南邻广西壮族自治区柳州市三江县，西连榕江县、从江县，北接锦屏县、剑河县。东西宽 94km，南北长 112km，县域面积 4441km^2。全县辖 26 个乡镇 403 个行政村，户籍人口 58.04 万人。黎平是全国侗族人口最多的县；是中国工农红军长征北上入黔第一县；是召开举世瞩目的“黎平会议”会址所在地；是远近闻名的“侗族大歌”之乡；有着全国最大的肇兴侗寨；是全国“杉木之乡”；是国家杉木良种繁育中心；是有着“杉海油壶”

之称的红色革命老区。县内地形地貌以中低山为主，海拔在400~900m，山地较多。土壤质地肥沃，为板岩、页岩和碳酸岩发育形成，土壤以黄壤、红壤和黄红壤为主。县内属中亚热带季风湿润气候，具有冬无严寒、夏无酷暑、雨量充沛和雨热同期等特点，年平均无霜期277天。森林资源丰富，森林覆盖率72.75%。境内交通便利，通往两广的夏蓉高速与沪昆高速连接的三黎高速形成“人”字形穿越县境。黎靖高速、黎剑高速正在紧锣密鼓的修建，黎榕、黎从省道直穿过县境。乡村柏油路、硬化路全覆盖。

二　退耕还林情况

截至2022年，黎平县在国家林业局、贵州省林业局关心支持下，全县退耕还林实施面积已达28.29万亩（其中，退耕地造林10.09万亩、宜林荒山荒地造林14.95万亩、封山育林3.25万亩）。第一轮退耕还林26.8万亩，涉及树种杉木、油茶、茶叶、马尾松、楠竹、鹅掌楸和厚朴等。第二轮退耕还林1.49万亩，涉及树种油茶、杉木等。在第一轮退耕还林工程实施推广黎平县培育的高世代杉木良种，2002年引进油“长林”系列、“湘林”系列油茶良种和茶叶‘龙井43号’良种建立科技示范林，为黎平杉木、油茶、茶叶产业发展储备了丰富的扩繁资源材料，杉木、油茶、茶叶良种形成产业的“孵化器”。目前，杉木良种孵化扩大杉木良种商品林50万亩，油茶良种孵化产业规模扩大到27万亩，茶叶良种孵化产业15万亩。全面提升杉木、油茶、茶叶传统产业，使传统产业成为黎平县主导产业。

三　栽培技术

（一）杉木栽培技术

1. 造林地选择

杉木为南方主要用材树种，喜暖湿润气候。造林地应选择海拔低于900m的板岩、变质砂岩、砂页岩为主发育的红壤、黄壤、红黄壤土层厚不低于60cm，黑土层厚不低于20cm，土壤肥沃、湿润、疏松，坡度在35°以下的荒山、灌丛地、非杉木采伐迹地、火烧迹地等无林地或郁闭度0.2以下的非杉木疏林地。900m以上的海拔，气候寒冷，杉木易产生冰挂、雪压、断梢等现象，不宜选择。

2. 种苗选用

黎平县是全国杉木优良种源区之一。种苗选用本区域的优良种源和黎平县东风林场国家杉木良种繁育中心培育的高世代杉木苗木，苗木为就地苗圃培育的1年生裸根苗。苗木质量为国家Ⅰ、Ⅱ级苗木，苗高不低于35cm，地径不低于0.4cm，分侧枝不低于4枝，根系发达，苗木健壮。

3. 整地方式

严格按照“三分造七分管”的造林管理方式。整地方式为简易化块状整地。首先将造林地表萌生率强的灌草植物清除干净后整地，从上至下沿等高线布置种植点，形成“品”字形。种植点松土整地半径为20cm，松土深度30cm，将种植土打细，然后从周边刮铲表土归堆拍细捡尽杂灌草根，施入磷肥250g/株为底肥搅拌，堆成半径不低于30cm、高不低于15cm的馒头状土堆，等待植苗。造林地坡度为25°~35°之间的陡坡山地，大雨来临时地表有机质易被大雨冲刷，造成肥水流失，每隔2行种植带在行间加挖50cm宽返梯带拦截水肥，以便于后期林分的抚育及施肥管理。

4. 造林密度

目前，经营杉木以培育大径材为主。造林密度确定应依据海拔、土壤肥力、土壤厚度立地因子、立地指数和经营目标进行科学设计布局。以培育杉木大径材为经营目标，其造林株行距以2m×3m、2.5m×3m或3m×3m 3种模式为主，造林密度应设计为74~110株/亩。

5. 栽植苗木

植苗在冬末春初进行，整地后使土壤略下沉紧密后再植苗为最佳时间。栽苗前，先准备一桶或一穴磷肥黄泥浆。栽苗时，将根系蘸透泥浆后再进行栽植。栽苗要保持苗木端正，根系舒展，深度以泥门为主，不宜过深，苗梢始终朝坡下，防止栽“返山苗”。栽苗做到“三埋两踩一提”，适当覆盖细土并压实即可。

6. 抚育施肥

造林后当年抚育一次，第2~3年每年抚育2次，第4~5年每年抚育1次，一般连续抚育3~5年。第一次在4~5月，第二次在8~9月。每次抚育都要砍灌、割草、松土。松土时做到冠内浅、冠外深。造林初期，幼树根系分布较浅，只宜浅锄，一般7~10cm，随着林龄增大，可逐步加深至10~15cm。每年结合抚育时，施用一次肥料，以磷肥为主，施肥量以小苗施少、大苗施多为原则。

7. 林地管护

杉木成林后，首要任务是防范森林火灾的发生。为预防火灾蔓延，需在林地周边修筑防火线，阻截火灾。同时，做好牛羊防护，在路口设置围栏，防止牲畜进入林地损坏苗木。同时，做好病虫害防治，以预防为主，加强林地管理，提高苗木生长势，抵抗病害的发生。

黎平县良种杉木林（黎平县林业局供图）

（二）油茶栽培

油茶栽培的关键技术问题是“良种＋良法”。油茶栽培经营的目标是在幼龄期后要达到丰产高效的建设目标，围绕栽培技术关键要素开展种植，实现经济、生态双赢。

1. 良种选择

选择良种是栽培技术中的关键，可有效提高产量，3年见成效，5年丰产。油茶良种应选择使用“长林”系列中‘长林3号’‘长林4号’‘长林27号’‘长林40号’‘长林53号’和‘湘林210号’6个品种。苗木选用本区域培育的2~3年营养杯嫁接苗或2年生裸根嫁接苗。

2. 林地条件

油茶为喜光树种，林地应选择海拔在700m以下，坡度在25°以下，坡向以阳坡或半阳坡为最佳选择。阳坡坡位不限，半阳坡以中上部土壤肥沃和土层厚度不低于60cm以上的荒山荒地、采伐迹地、火烧迹地等无林地。

3. 密度控制

油茶造林密度一般在林地清理后，对造林密度进行布局，定点定位。原则上是疏松肥土稀种，上部土壤浅薄密种。阳坡下部水平行距300~350cm，株距350~400cm，密度为48~64株/亩，中部株行距300cm×300cm，密度74株/亩，上部行距250cm×250cm，密度89株/亩，或“品”字形配置。

4. 整地方法

油茶整地要提前准备，在11月上旬必须将林地清理结束，12月底整地结束。整地标准结合造林投资、劳动力成本、交通等因素制定，结合多年的经验优化整地方式。

（1）平台堆土整地。平台堆土整地是一种经济、省工的整地模式，适用于陡坡或缓坡地。根据造林密度定位定点，在种植点挖出80cm×60cm平台，然后在平台挖松挖细40cm×40cm×30cm，施入磷肥搅拌，然后堆成“馒头状”土堆。为了防止过长的坡面在雨季产生径流，在行间加挖50cm宽内低外高的返梯式步带。

（2）梯带堆土整地。梯带堆土整地是一种高成本、强劳力的整地模式，适用在25°以下缓坡地。整地按照300cm或350cm行距沿等高水平线布设梯带。采用机械整地带宽200cm，人工整地带宽150cm，带面形成平台，在带中心按株距300cm或350cm定点，先将耕作层挖松挖细，松土面边长为40cm、深度30cm，再施磷肥搅拌均匀，然后将点位四周的土归拢堆成小土堆，减少回填工序，提高工效。

5. 苗木质量

按品种配置要求，选择2~3年生营养杯苗木。2年生营养杯嫁接苗规格苗高40cm以上、地径0.4cm以上；3年生营养杯嫁接苗苗高60cm以上、地径0.6cm以上、分枝3个以上，树冠50cm以上。根系发达完整，无病虫害，搭配3~5个品种。按早、中、晚熟，分配数量，各1/3株数。

6. 品种配置

油茶为异花树种，种植品种要求多样化。种植品种分主栽品种和配栽品种。主栽品种：'长林4号''长林40号''长林53号''长林26号''湘林210号'。配栽品种：'长林3号''长林27号'。

品种混交栽植，选择花期一致的品种块状混交，一区块一个品种多行种植。'长林40号'早熟一个区块；'长林4号''长林53号'中熟一个区块；'湘林210'晚熟一个区块。每个品种为3~5亩。依此类推。

7. 栽植苗木

栽植时间在春节前，阴天或小雨天气植苗。栽植苗需栽紧踏实、苗正、不窝根，深度为嫁接口与土面平齐。营养杯苗须脱袋或破袋栽植。

8. 林地管理

林地管理以抚育松土、施肥、修剪为主。林地抚育每年开展2~3次，分别在5月、7月、9月开展，控制化学除草剂的使用。刀抚、锄抚结合，锄抚在冬季至春季开展松土，逐年扩穴，切忌在7~8月的高温季节锄抚。

林地施肥主要使用复合肥。每年施肥2次，春季和秋季各一次。施肥量根据苗龄确定，幼林和成林施肥量不同，幼龄林施用复合肥50~100g/株。成熟林施用复合肥150~250g/株，随树龄大小增加施肥量。果期以在夏季加强磷钾肥管理，施磷钾肥500g/株。施肥方法在林冠边缘滴水线下挖沟施肥，撒肥入土覆盖。

树形修剪以定干、疏枝为主。在当年进入冬季时，距接口60cm处定干。苗木2~3年后培养主侧枝和副主枝，主侧枝在3~5枝。第3~4年培养侧枝群，并使三者之间比例合理，均匀分布。修剪对象为萌芽萌枝、多干多枝、交叉枝、落地枝、内膛枝。修剪时间在冬季至春季萌芽前，幼树常年可修剪整形。

9. 病虫害防治

（1）病害防治。油茶病害有20余种，易发生的病害有炭疽病、软腐病和烟煤病等。一般预防为主，采取营林措施，加强林分经营管理，抚育施肥，保持林内通风透光，降低林内湿度。发病期间不宜施氮肥，应增施磷肥、钾肥，提高植株抗病性。在新梢生长期多观察，发病期喷洒1%波尔多液进行预防保护，防止侵染。发病扩散初期用50%甲基托布津可湿性粉剂500~800倍液或0.3波美度石硫合剂等进行防治。

（2）虫害防治。危害油茶的害虫主要有茶毒蛾、茶梢蛾、油茶蛀茎虫和油茶蓝翅天牛等。防治可采用夏铲冬垦灭蛹、灭幼虫等营林措施。必要时采用人工捕捉和灯光诱蛾等物理防治。生物、药物方法视情况采用。严重时使用化学药剂，如氧化乐果、敌百虫等。

黎平县退耕还林发展油茶基地（黎平县林业局供图）

10. 果实采收

油茶有寒露籽、霜降籽，进入果实成熟的季

节再进行采收，一般在有裂果时开始采收，确保油茶品质。果实采收方式主要取决于规模。零星规模小地块，以捡籽为主；而规模较大且人力不充足时，则采取摘果采收。天气好时要抢收，争取时间。摘果采果时，尽量不要损伤花朵，确保翌年果实及产量。

（三）茶叶栽培

1. 品种选择

结合本地区立地和气候条件，选具有适生性强、效益高的‘龙井 43 号’和‘福鼎大白’两种优质品种。

2. 园地选择及布局

根据茶树的生物特性所要求的环境、气候、土壤、地形等条件，宜选择气候温和、土壤微酸性（pH 值 5.5 左右）、土层深厚、坡度在 30° 以下，交通便利的园地。茶园布局要求尽量集中成片。为方便茶园管理和鲜叶采运，茶园开设纵、横步道两种，纵、横步道之间每隔 40m 左右设置一条路面宽 1.5m 的支道。

3. 整地与施肥

开垦前先将园地范围内树蔸、乱石等全部清除，清理结束后随即整地，坡度 10° 以下的平地，全垦整地建立直行茶园；10°~20° 的缓坡地，建立等高水平梯带茶园，带宽随坡度确定，坡度越陡带状应越小，带宽控制在 1.5~3m。深耕 30~40cm，地面土块打碎略呈弧状。从未垦复过的生荒地，必须分初垦、复垦两次进行。整地结束后开沟施肥，沟底施有机肥或菜油枯粉，施肥的数量标准每亩堆肥或厩肥 1.5~2t 或菜油枯粉 400kg，配 50kg 茶叶专用肥拌匀施放，加盖细土使种植沟面呈龟背形，停放 7 天以上发酵后才能定植茶苗。

4. 茶苗定植

茶苗栽植时间 10~11 月或 2~3 月均可进行，在无冬旱地区 10~11 月移栽成活率较高。栽植方式采用双行条栽，双行间距 0.3m，丛距 0.35m，呈“品”字形栽植，种植株数 4000~5000 株/亩。茶苗定植前应当挖黄心土与水拌泥浆蘸根后方可定植。定植时要保持根系舒展，加土后一手轻提茶苗，一手将土压实。定植后要浇一次定根水，以后视天气情况每 5~7 天浇水 1 次。

5. 苗期管理

在幼苗期以抗旱、补苗、防冻害为主。在夏季干旱来临前，做好抗旱准备，有水源处抽水浇苗。新栽茶园一般会有不同程度的缺株，在冬季选择同龄壮苗补苗。海拔较高地区或北坡茶园，低温条件下茶苗易遭受冻害，因此应采取增施基肥、培土壅根、铺草覆盖、茶园灌水、提早耕锄茶苗防冻措施。

6. 后期管理

（1）清除杂草。主要采用人工除草和化学除草。茶园施用化学除草剂有西玛津、阿托拉津、扑草净、敌草隆、除草醚、毒草胺、茅草枯及草甘膦等。

（2）施肥管理。夏、秋茶各轮新梢发芽以氮素为主，适当配合磷、钾肥，可按氮：磷：钾 = 2:1:1 的比例配方。每年在秋、冬季追肥，以饼肥和复肥等掺和后混施。对于 1~2 年生茶苗，施肥位置要距根颈 10~20cm 处开 20cm 的深沟施肥。

黎平县退耕还林发展茶基地（黎平县林业局供图）

7. 病虫害防治

茶园均按有机茶要求管理，病虫害防治采取物理防治、生物防治和化学防治相结合。物理防治使用黄色粘虫板防害。生物防治采取加强保护茶尺蠖绒茧蜂、松毛虫、赤眼蜂和红点唇瓢虫等昆虫来控制和防治小卷叶蛾、长白蚧、椰圆蚧、叶蝉、尺蠖、蚜和蚧等多种茶树害虫。化学防治尽量采用高效、低毒的农药。茶叶各种病害防治采取在秋冬翻耕茶园土壤时，使用50%辛硫酸乳油1000倍液、25%广枯灵、代森锌500倍液、25%敌杀死乳油3000倍液或25%茶虫净1500倍液、50%的粉锈宁可湿性粉剂1000倍液或25%的甲基托布津可湿性粉剂1000倍液等对症喷雾防治。

四　模式成效

（一）杉木模式

21世纪初，在实施退耕还林中，黎平县开始推广杉木高世代2.5代种子培育的苗木。培育的苗木质量超过国家标准。退耕还林种植面积超过10万亩，带动影响全县种植杉木良种户超过总户的30%，种植面积超过50万亩，经营后的杉木良种林分成效较为明显，3年幼龄林基本成林覆盖，平均树高超过1.8m，地径6cm。进入主伐期（近熟林），每公顷杉木林平均蓄积量达到225m^3，出材量158m^3，产值达到12.6万元。每公顷木林蓄积量比常规品种增益20%~30%，产值增效2.5万~3万元。

（二）油茶模式

退耕还林实施油茶良种栽培，为生态兼经济型高效生产模式，也是油茶产业示范模式。该模式在林业产业体系中效益周期最短。其特点在于一次投资种植，群众长期受益。2002年，建立油茶栽培示范模式300亩，种植4~5年初产，6年近丰产。油茶亩产油量30kg以上，按照现行市场超过3000元/亩。根据模式示范产生较好的经济效益，转化为“两茶”优良的母本园和产业的“孵化器”。因此，黎平在第一、第二轮退耕还林期间扩大生产新建油茶良种产业基地27万亩，比实施退耕还林传统的油茶品种12.3万亩增加2倍之多，综合总产值已超过5亿元，使油茶产业发展全面实现良种化、产业化、标准化生产格局。

（三）茶叶模式

退耕茶叶良种示范模式，也是经济兼生态经营模式。茶叶良种首次引进新的良种‘龙井43号’，建立示范500亩，3年初见成效，4年投产，5年品牌上市。龙井茶叶丰产期产干茶60kg/亩以上，按现行市场达到8000元/亩。茶叶生产规模由实施退耕还林前的3万亩扩大到现在的15万亩，比实施前增加3倍之多，产值超过8亿元，也使茶叶产业发展全面实现良种化、产业化和标准化生产格局。

总之，上述杉木、油茶、茶叶栽培模式除有较好的经济效益外，生态效益、社会效益也较为突出。

生态效益：树种林种结构得到合理配置调整，生态体系结构得到有效优化，生态环境得到充分改善，森林覆盖率得到逐步提高，水土流失现象得到有效抑制，形成山青水绿的美好景象。

社会效益：首先是传统产业良种覆盖面广、受益户多。杉木、油茶、茶叶产业覆盖26个乡镇403个行政村，分别涉及10万户、6万户和3万户，产业原料销售增加农户家庭平均收入5000元。每年解决了近十万人次采茶、摘果劳务就业岗位，人均劳务短期收益达3000~5000元。

五　经验启示

通过实施退耕还林，以良种栽培模式为载体，着力推动和提高杉木、油茶、茶叶传统产业的有效发展，使各项产业在社会经济建设中发挥重要的作用。主要体会到以下生产经验：

（一）良种栽培是产业的第一生产力

林木良种是林业生产中一项具有推广性、应用性的科技成果，用于生产，具有周期短、增益高等优良特点。良种栽培是一项惠民成果工程，受益于群众，能有效地提高林业生产经营水平，能给山区群众带来好的收益和福祉。良种是产业发展的奠基石，推广好良种栽培，助力提高生产力，助推黎平县林业经济建设，能早日实现百姓富、生态美的美好愿景。

（二）良种栽培是发展产业的首选要素

良种具有优良的生产特点，经济效益高，生态明显。除杉木为生态型的树种外，油茶、茶叶良种栽培生产效率高，在林业产业领域，具有较大的影响力和吸引力，因此，发展林业产业良种栽培模式为产业发展的首选要素。

（三）良种栽培是产业发展的“孵化器”

良种是培育资源的重要因素。良种栽培是培育丰富的繁殖资源材料，储备大量的再生资源；良种可以孵化传统产业，成为产业的“孵化器”，能将传统产业做大做强。通过杉木、两茶产业基地建成，能提供足够的产品加工原料，吸引外商来黎平县办两茶加工企业，促进黎平县第二产业蓬勃发展。到目前为止，杉木、两茶产业基地的建成，带动成立了百余家木材加工企业、茶叶生产企业及农民专业合作社共 30 余家，油茶加工企业 5 家，家庭作坊 80 余家，解决长期就业岗位 2000 余人次，平均年收入达 8000 元。

（四）良种栽培是乡村振兴的“助推器”

乡村振兴首先要产业振兴。黎平县为半山半分田的典型山区县，山多田少，仅依靠传统的生产模式，产业永远不能振兴。杉木、油茶、茶叶均为种植业，作为第一产业，是乡村振兴产业发展的有效途径，只有大力宣传推广转化科技成果，提高生产力，才能使当前的林业产业经营水平得到有效提高，使良种栽培模式成为乡村振兴的“助推器”，才能使产业振兴具有良好局面。

（五）良种栽培是拉动旅游的“火车头”

杉木、两茶良种基地建成，景观靓丽，一片片郁郁葱葱的杉木、一座座硕果累累的油茶山头、一块块绿油油的采茶景象，形成一道道靓丽的风景线，给黎平大地增添许多春天气息。由叶、色、果变换的四季景色，吸引着四面八方自驾游、组团游和散客游云集两茶基地，使人心旷神怡。杉茶基地建成，促进农文茶旅一体化融合发展，建成两茶体验园，有效促进黎平县服务业、旅游业健康发展。

六 模式特点及适宜推广区域

（一）杉木模式

黎平县通过退耕还林工程，着力打造良种杉木高世代 2.5 代栽培，促进杉木产业高质量发展。2.5 代杉木为主要用材树种，具有速生性、适应性强、成本低、抗病虫害和木材优质等特点，成林后具有较强的生态功能，可截流大雨的冲刷，大雨通过层层树叶分解减小雨水的洗刷，均匀地落在大地上，能固土保土，减少地面径流。杉木为子孙林，是林农“零存整取”的存折，一代人一个轮伐期，为山区群众提供丰厚的经济来源。

杉木喜光，喜温暖湿润气候，以绝对最低气温不低于 -9℃为宜，可抗 -15℃低温。年降水量在 1800mm 以上为佳，但在 600mm 以上的地方也可生长。怕风、怕旱、不耐寒，喜深厚肥沃、排水良好的酸性土壤（pH 值 4.5~6.5），也可在微碱性土壤上生长。土层深厚、质地疏松、肥沃湿润的阳坡或半阳坡中下部可作造林地。

（二）油茶模式

黎平县油茶选择使用“长林”系列中‘长林 3 号’‘长林 4 号’‘长林 27 号’‘长林 40 号’‘长林 53 号’和‘湘林 210 号’6 个良种品种。3 年见成效，5 年丰产，能有效提高产量。油茶作为经济与生态兼具的树种，营建丰产性林分，对土地条件要求高。虽然前期投资大，但回报快，属于粗放型管理生产的产业类型。它具有经济性状稳定、丰产且高效的显著特点。该模式能助农增收增效，可以延伸拓展形成完整的产业链，产生较好的经济收益，成为林农的绿色银行“取款机”。成林后每年能为人们生产优质的茶油，提供日常的生活食品，提高人们的生活水平。

油茶喜光、喜温、怕寒，要求年平均气温16~18℃，花期平均气温12~13℃。年降水量一般在1000mm以上，对土壤要求不严，以土层深厚的酸性土为宜。

（三）茶叶模式

茶叶是经济与生态兼具的树种。茶叶种植是一次种植长期受益的项目，也是一项人工密集型产业。茶叶有投资高、产量稳、效益期长等特点，管理精细、科技含量高、劳动强度大、社会效益高，能提供多个就业岗位，每亩可解决一个劳动力长期就业。黎平县结合本地区立地和气候条件，选择具有适生性强、效益高的‘龙井43号’和‘福鼎大白’两种优质品种，3年见成效，4年投产，能快速发挥工程建设的效益。

茶树喜光怕晒、喜温怕寒、喜湿怕涝、喜酸怕碱。适宜茶树生长的温度在18~25℃、年降水量1000~2000mm、pH值为4.5~6.5的酸性土壤中，如红壤、黄壤等。茶树是嫌钙植物，以pH值4.5~5.5、石灰质含量0.2%以下、排水良好的沙质土壤为佳。

第三篇

退耕还林工程
石漠化治理绩优模式

众所周知，贵州省是全国石漠化土地面积最大、类型最多，程度最深、危害最重的省份，全省的石漠化面积达到 3.31 万 km^2，占全省面积的 18.78%。自退耕还林实施以来，该工程就成为了贵州石漠化治理的一支主力军，使贵州在石漠化治理的过程中获得了生态和经济的双重收益。本篇总结了各地在石漠化治理中利用乡土树种和引种栽培的成功模式，为其他地区治理石漠化提供了有益的借鉴。

印江土家族苗族自治县* 退耕还林治理石漠化现状（杨永艳摄）

---

* 印江土家族苗族自治县简称印江县。

模式 30 黔西市藏柏治理石漠化模式

1988 年，毕节试验区正式成立，吹响了全市“开发扶贫、生态建设”的绿色发展号角。毕节试验区专家顾问组以“喀斯特岩溶山区循环农业试验”为课题，将古胜村确定为绿色发展的试验点，并制定了“高海拔自然恢复、中海拔退耕还林、低海拔种经果林”的绿色发展思路，以直接提供苗木的方式，指导古胜村植树造林，在“穷得只剩石头”的环境中通过生态脱贫攻坚，艰难地走出了一条喀斯特岩溶山区“生态治理、脱贫致富”的绿色发展道路。

古胜村退耕还藏柏模式（杨永艳摄）

一 模式地概况

黔西市素朴镇古胜村地处毕节试验区东端，位于乌江上游的西岸边，属典型的喀斯特岩溶山区，海拔在 800~1400m，辖 15 个村民组 574 户 2362 人，辖区面积 6.9km^2，年平均降水量 960mm。过去的古胜村属一类贫困村，人多地少，村民为了生存，向山要地，陷入了“越穷越垦、越垦越穷”的恶性循环中。因为生态恶化，每年汛期过后，雨水带走了本就稀薄的泥土层，石头逐个从地里冒出来，村民自嘲道“我们这个地方石头会开花”，今天的古胜村，山青水秀，民富物丰。2015年，古胜村荣获“绿化毕节模范村”称号，2017年分别荣获市、县文明村。

二　退耕还林情况

十余年来，古胜村累计退耕还林3038.5亩，石漠化治理710亩，生态林自然恢复3400亩，种植经果林2937.5亩，森林植被覆盖率从1988年的不足10%增长到89.68%。满山的苞谷秆变成了生态林和经果林，全村生态环境得到明显改善，经果林产生了可观的经济效益，年产值已达2000余万元，户均年增收近4万元，同时带动了乡村旅游，增加了农民收入。2019年，全村人均可支配收入达10600余元，真正实现生态美、百姓富。

古胜村海拔在800~1400m，在海拔1250m以上的山顶，基本没有泥土层，不适宜植树，只能通过自然恢复；在海拔1050~1250m的地带，泥土层稀薄，几乎无人居住，适合退耕还林；在海拔1050m以下的地带，有一定泥土层，交通便利，气候温和，村民主要居住在该区域，利于经果林管护和采摘，适宜种植经果林。

三　栽培技术

（一）选地

藏柏对土壤适应性强，中性、微酸性及钙质土均能生长，耐干旱瘠薄，稍耐水湿，喜土层深厚肥沃、排水良好的中性、微酸性土壤，特别在土层浅薄的钙质紫色土和石灰土上，其他树种不易生长，唯藏柏能正常生长。若土层较厚，生长更快。造林地最好选择在石灰岩、紫色砂岩、页岩等母质发育的中性、微酸性土壤，土层厚度40cm以上，肥沃湿润的山腰、山脚、山谷、丘陵，海拔1300m以下。适宜营造混交林，林地以Ⅰ、Ⅱ类地为宜。

（二）整地

整地时间以秋冬两季为主。结合具体情况，整地时间可调整到与造林时间同步进行。合理的整地方法能改善土壤的水肥等状况，提高苗木成活率和保存率，促进苗木生长。钙质紫色土和石灰土易发生水土流失，宜采用鱼鳞坑整地，整地规格为长径50cm、短径30cm、深10~30cm，并可采取局部堆土筑穴的办法，尽可能增加土层厚度，筑穴后应将窝的外边坡筑紧，坑面稍向内倾斜，以增加雨水拦蓄量，防止水土流失。

（三）栽植

造林季节以11月下旬至翌年3月上旬植树为宜，这时树叶还没有开始萌动，在小雨或雨后湿润的阴天栽植最佳。造林密度：一般立地条件较好的地方可用1.3m×1.3m或1.3m×1.6m的株行距，即每亩300~375株。立地条件较差或缺材地区还可加大密度，采用1m×1.5m或1m×1m，即每亩400~667株，这样4~5年便可郁闭成林。植苗造林主要采用裸根穴植法，穴的大小深浅应根据苗木大小、根系情况而定，把握好“深挖浅栽”。植苗前先在穴内回填土壤，使苗木根系分布于适当深度。栽植时一手提苗木茎部，将苗置于穴中，一手整理苗木根系，使苗根自然舒展，先用表土填入穴内，填至一半时，将苗木往上轻提，使苗根伸直，以免窝根或栽植过深或过浅，然后踏实，再将余土填满、踏实，最后覆以细土。

植苗时要尽量注意：苗正，根系伸展，与细土紧密结合，分层填土踏实，最上层疏松且平或略低于原地面。

（四）修枝间伐

藏柏由于其本身的生物学特性，如自然整枝不良、侧枝发达、尖削度大和出材率低等影响了木材材质、木材利用效率和经济效益。结合抚育，适当去除冠下的一部分活枝、全部的濒死枝和死枝，可促进主干通直生长，增加树干的圆满度，培育主干无节木材和提高木材品质。修枝强度控制在1/4~1/2，采用平切法，用小锯子紧贴树干从枝条下方向上将活枝、死枝切掉。当林分郁闭度达0.9以上，被压木占总株数的20%~30%时，即可进行间伐，间伐起始年限一般不小于5年。采用下层抚育间伐方式，第一次间伐强度为林分总株数的25%~35%，以后为20%~30%，下层首次间伐后林分郁闭度不小于0.7，间伐间隔期不小于5年。

（五）施肥

栽植时，以厩肥作为基肥，幼苗栽植后，追施复合肥50g/株。

（六）中耕除草

持续年限从造林后开始，直到郁闭成林为止，年限3~4年，每年一次，时间在5~6月及8~9月，局部松土除草。松土原则是树小浅松，树大深松，沙土浅松，黏土深松。一般松土深度为5~10cm，增深可达15~20cm。

（七）病虫害防治

1. 病害

赤枯病：发病特征尤以2年生苗受害最为严重，受害苗木初期下部针叶变黄，向上蔓延，苗梢缩成爪状，最后整株枯死。防治方法是在发病初期结合苗期管理，喷洒0.5~1.0波美度的石硫合剂。

2. 虫害

柏毛虫：发病特征为一年2~3代，危害叶片。防治方法可于早春用击树振荡法捕捉幼虫，用灯火诱杀成蛾，亦可用90%敌百虫或50%杀螟松乳剂1500倍液喷杀幼虫。

（八）采伐

一般藏柏在30~40年采伐为宜。

四 模式成效

（一）生态效益

十余年来，古胜村累计退耕还林3038.5亩，森林植被覆盖率从1988年的不足10%增长到89.68%，水土流失量由2005年的每年3500t/km^{2}减少到500t/km^2。满山的苞谷秆变成了生态林和经果林，全村生态环境得到明显改善。

（二）依托经果增收

古胜村按照“高海拔自然恢复、中海拔退耕还林、低海拔种经果林”的思路，组织发动全村群众参与，对生态环境进行“立体式”修复。先后引进并种植玛瑙樱桃1300亩，五星枇杷160亩，美国甜桃150亩，宁波杨梅75亩，以及酥李等经果林1200余亩。目前，古胜村已挂果的经果林近2000亩，年产值达2000万元，大部分群众实现了从“粮农”到“果农”的转变。

古胜村藏柏治理石漠化成效（宋林摄）

五 经验启示

（一）古胜的今天，更多地体现了一种变化和对比

走进古胜村，其实也普通，一样的民房一样的路，一样的山坡一样的土。没有参天的大树，也没有大片的林场，只有新长成的藏柏和已挂果的林木，不深入对比实在是平淡无奇。但是如果你深入了解古胜的过去，就会惊叹于古胜的变

化，震撼于古胜的发展。这些树可都是在光秃秃的山坡上种起来的，都是在石旮旯里长出来的，都是用种苞谷的土地退下来的。既不是原始森林，也不是自然果林，更不是上天赐予，而是古胜村老百姓亲手创造的。所以古胜的今天，更多地体现了一种变化和对比，横向比，平淡无奇；纵向比，翻天覆地。

（二）古胜的成功，离不开政策的支持和各级的关心支持

古胜村绿色发展道路的成功，得益于各级党委、政府尤其是县委、县政府的坚强领导，得益于毕节试验区专家顾问组的倾力帮扶和指导，得益于党和国家退耕还林政策的支持。自 2006 年毕节试验区专家顾问组将古胜村定为“喀斯特岩溶山区循环农业”课题试验田以来，专家顾问组筹资 200 余万元，提供了林苗，解决了缺乏启动资金的困难。同时，更得益于国家退耕还林政策的支持，近十年仅在古胜村兑付给群众的退耕还林补贴就达到 868.1 万元，解决了实施退耕还林初期群众的吃饭问题。

（三）古胜的经验，更多的是一种精神的传承和组织的力量

在古胜村艰辛的发展道路上，以“五皮”支书冯长书同志为代表的党支部班子充分发挥了战斗堡垒作用。为了动员群众种树，转变传统观念，村两委以“硬着头皮、厚着脸皮、磨破嘴皮、饿着肚皮、走破脚皮”的耐心和锲而不舍的精神，深深打动和感化了群众。尤其是在 2006 年，古胜村在回头弯搭建村党支部临时办公室，在植树现场办公的场景，真正做到了“做给群众看，带着群众干”。村党支部和党员干部的艰辛和汗水，换来的是人民群众的信任和拥护，全体村民积极投入到植树造林中，带领群众在喀斯特岩溶地貌的陡坡石缝中植树 40.84 万株。

（四）古胜的模式，是可借鉴、可复制和可推广的绿色发展路子

古胜村的地貌特点，就是没有一块平整的土地，全村地形基本上都属于 25° 以上的坡耕地，石漠化严重，是毕节试验区成立之初“生态恶化、贫穷落后”的一个缩影。而古胜村取得的成绩，并非“重金打造、重兵突击”的结果，而是“花小钱、办大事”的体现，是产业结构调整最成功、最长远的生动案例，基本实现了“小实验、大方向”的目标。其“高海拔自然恢复、中海拔退耕还林、低海拔种经果林”的绿色发展思路是可借鉴的；其充分珍惜和抓住各项政策机遇和外部因素谋发展的理念是可复制的；其不甘落后、战天斗地、后发赶超的精神是可推广的。

六 模式特点及适宜推广区域

（一）模式特点

贵州属喀斯特地区，石漠化面积大、类型多，如何适地适树选择石漠化治理树种给贵州林业工作者出了一道难题。对此，黔西市林业局给出了一份完美的答案。由于乡土树种侧柏具有独特的生物学、生态学特性，一般在石漠化治理中都会选用，特别是在重度石漠化区域，黔西市也不例外。此外，黔西市林业局在素朴镇古胜村退耕地中还引种栽培藏柏，经过 18 年试验、示范，藏柏无论是在生物学表现上（2019 年监测数据，林龄 18 年，样地立木平均胸径 12.5cm、平均树高 9.8m、平均冠幅 2.4m × 2.4m）还是生态效益方面都优于侧柏，为古胜村石漠化治理作出了巨大的贡献。“山顶戴上了绿帽子，山脚就是钱袋子”，古胜村藏柏模式为黔西地区石漠化治理做出了示范。

（二）适宜推广区域

藏柏，原产于我国西藏东北部及南部，生于石灰岩山地，喜光，稍耐阴，能适应温凉湿润气

候，抗寒、耐干旱瘠薄等。在土层浅薄的钙质紫色土和石灰土上其他树种不易生长，但藏柏能正常生长。因此藏柏是典型的治理石漠化树种。在河南、四川、贵州、湖南等地有引种栽培。

黔西市素朴镇古胜村退耕前后（黔西市林业局供图）

模式 31 普定县梭筛桃治理石漠化模式

普定县是我国石漠化极其严重的地区，石漠化的严重程度和具有中国西南地区代表性的喀斯特地形地貌发育类型引起了各级领导和众多科研单位的高度重视。普定县结合以植被恢复为主的人工修复治理石漠化积累的经验，在石漠化极其严重的退耕还林区域，选择当地乡土树种——梭筛桃作为造林树种，既能充分发挥森林的生态、经济和社会效益，又能有效治理土地石漠化。

普定县退耕还梭筛桃治理石漠化模式（普定县林业局供图）

一 模式地概况

普定县隶属贵州省安顺市，位于贵州省中部偏西，地处东经105°27′49″~105°58′51″、北纬26°26′36″~26°31′42″，全县面积1080km^2，下辖4个街道6个镇3个民族乡，常住人口36.91万人。普定县属于亚热带季风湿润气候，季风交替明显，全年气候温和，冬无严寒，夏无酷暑，春干秋凉，无霜期长，雨量充沛，日照少，辐射能量低。年平均气温15.1℃，年平均日照时数1164.9小时，年平均无霜期301天，年平均降水量1378.2mm，属全省三大降雨中心地区之一。县内地势为南、北部高，中间低，由南部和北部向中部三岔河河谷倾斜，岩溶地貌发育非常典型，岩溶地貌广泛发育，演变形态类型齐全，地域分异明显，石漠化严重。

根据2021年石漠化调查数据显示，普定县岩溶土地面积138.45万亩，其中石漠化土地面积 24.79 万亩，潜在石漠化土地面积 51.36 万亩，非石漠化土地面积 62.30 万亩。与 2011 年第二次石漠化监测成果相比较，岩溶土地调查面积减少 3.29 万亩，石漠化土地面积减少 23.01 万亩，潜在石漠化土地面积增加 14.67 万亩，非石漠化土地面积增加 5.05 万亩。

二 退耕还林情况

自 2000 年以来，普定县共实施退耕还林 26.6854 万亩。其中，上一轮退耕还林（2000—2005 年）8.5 万亩，经果林占比 20%；新一轮退耕还林 18.1854 万亩，经果林占比 96%。经果林中，退耕地种植梭筛桃面积 3 万亩。

普定县退耕还梭筛桃模式——树盘挡土墙（勾承馥摄）

三 栽培技术

（一）树种选择

由于普定县石漠化极其严重，退耕还林地块立地条件更是极差，为了从退耕地中获得经济效益，只能根据具体立地条件选地适树。普定县在石漠化极其严重区域，选择当地乡土树种梭筛桃作为造林树种。

（二）造林密度

株行距为 3m×4m，密度为 56 株 / 亩。对石漠化特别严重地块，按设计株行距布置种植穴时，会出现计划种植点全是岩石、无法挖种植穴的情况，可根据实际情况适当调整密度或者客土造林。

（三）造林地清理与整地

整地时间在 10~12 月，穴状整地，整地规格为 60cm×60cm×40cm。在挖穴时，将表土和心土分开堆放，表土堆放在穴的左右两侧，方便回填时先填表土。对土层极其浅薄的种植穴位置，要先在树盘下方砌挡土墙，客土到适当深度后再开挖种植穴，以确保后期果树能获得充足的养分，也可在种植后及时砌挡土墙。

（四）苗木要求

1 年生嫁接苗，苗高 50cm 以上，嫁接口径 0.6cm 以上，苗木根系生长良好、无病虫害、无机械损伤，生长正常、健壮，充分木质化。

（五）造林时间

造林季节以 11 月下旬至翌年 3 月上旬为宜。11 月下旬苗木已停止生长，树液停止流动，充分木质化，种植成活率高。3 月下旬后树木开始萌动，造林成活率低。

（六）造林方式

采用人工植苗的方法，栽植时首先确定好栽植深度，通常以苗木上的地面痕迹与地面相平为准，并以此标准调整填土深浅，填土时先回填表土。栽植深浅确定好以后，把苗木放入穴内，使根系舒展，并向四周均匀分布，尽可能避免根系相互交叉或盘结，并将苗木扶正，然后填土，边填边踏边提苗，轻轻抖动，以便根系向下伸展，与土紧密接触。然后继续填土至地平，浇定根水。

（七）抚育管护

1. 肥水管理

幼年树控制氮肥的施用，以防引起树枝徒长；结果树每年定期施基肥、壮果肥、采果肥。

10~11 月深耕土壤时施基肥，肥料以有机肥为主，施肥量占全年的 50%；4 月下旬至 5 月，果实硬核期施壮果肥，早熟种以施钾肥为主，中晚熟种氮、磷、钾肥，氮、磷、钾肥施用量占全年的 15%~20%、20%~30%、40%；采果前后施用采果肥，施肥量占全年的 15%~20%。结合实际情况浇水。

2. 整形修剪

多整成自然开心形。定干高度约 60cm，留 3~4 主枝，主枝开张角度 50°~60°，每主枝酌留 1~2 副主枝，在主枝和副主枝上尽量少留小枝。修剪时期有冬剪与夏剪。初结果树（植后 3~4 年）虽已结果，但生长旺盛、徒长枝多，枝梢密生，需采用抹芽、摘心、扭梢等夏剪措施，以抑强扶弱，保持树体平衡；盛果期桃树，由于多年结果，树势已趋缓和，徒长枝和二次枝显著减少，中、短果枝比例增加，须以短截为主，疏除过密枝和先端强枝，改善梢间光照条件，并及时更新衰弱枝。

（八）病虫害防治

桃的病害主要有桃细菌性穿孔病、桃疮痂病、桃褐腐病、桃炭疽病、桃流胶病及根癌病等。防治方法：合理修剪，改善通风透光条件，适时适度夏剪，剪除病梢，集中烧毁。冬季认真做好清园工作，冬剪彻底剪除病梢。清理果园，减少病源，配置合理栽植密度，保持适宜树形，防止树冠交接，改善果园通风透光条件，降低果园湿度。根据病情加强药剂使用，如桃细菌性穿孔病，可在发芽前喷 4~5 波美度石硫合剂或 1:1:100 倍的波尔多液，花后喷一次科博 800 倍液。5~8 月喷农用链霉素（10000~20000 倍）、锌灰液（硫酸锌 1 份、石灰 4 份、水 240 份）或 65% 代森锌可湿性粉剂 600 倍液等。

桃树的虫害主要有桃蚜和红蜘蛛。桃蚜：春、夏、秋均可发生，尤以春末夏初发生最为严重，当达到防治标准时，可选用硫丹（赛丹、硕丹）、吡啶杂环类杀虫剂、吡虫啉或啶虫脒及时防治，也可用乐斯苯防治。红蜘蛛：在干旱高温的季节发生较为严重，且发展蔓延快，危害严重，防治难度大，可选用阿维菌素 + 高渗哒螨灵及时防治，也可用甲氰菊酯（灭扫利）、丁硫克百威（好年冬）防治，并可杀灭多种害虫。

普定县退耕还梭筛桃治理石漠化成效（普定县林业局供图）

四 模式成效

（一）有效促进农民增收

普定县退耕还林种植梭筛桃模式率先在原城关镇陈堡村实施。截至 2023 年，该村梭筛桃精品果园面积 2800 余亩，已全部进入盛果期，年产梭筛桃精品水果 3920t，按 2 元 /kg 批发价计算，年产值 3136 万元，仅卖梭筛桃鲜果一项，该村年人均收入 3 万余元。

（二）带动全县梭筛桃产业及旅游业发展

产业发展方面，通过原城关镇陈堡村梭筛桃产业效应带动，普定县大力推广该种植模式，依托退耕还林项目在全县发展梭筛桃种植 3 万余亩，梭筛桃产业年产值达 3 亿元。

旅游业方面，春赏花、夏品桃。每年春天桃花盛开和梭筛桃成熟的季节，连片上万亩的桃园吸引了无数游客赏花品桃。据不完全统计，此项收入达 600 万元。

（三）有效治理土地石漠化

石漠化土地退耕还林种植梭筛桃模式，有效促进项目区自然生态环境改善，石漠化土地得到有效治理。以原城关镇陈堡村为例，该村土地总面积 3640 亩，石漠化面积达 3410 亩，石漠化面积占该村总面积的 93.68%。种植梭筛桃后，石漠化土地实现林草植被全覆盖，水土流失得到遏制。

（四）促进梭筛桃产品升级

普定县退耕还梭筛桃治理石漠化模式，不仅增加了农户经济收入，有效治理了石漠化土地，还促进了梭筛桃产品升级。2015 年 4 月 7 日，国家质量技术监督检验检疫总局发布第 45 号公告，"梭筛桃"成为国家地理标志保护产品，并远销四川、重庆等地。

普定县退耕还梭筛桃模式治理石漠化成效（勾承馥摄）

五 经验启示

（一）找准产业目标，确保农户增收

退耕还林地因为立地条件差，尤其是坡度大且石漠化严重的地块，在种植粮食作物方面，均属于低产土地，广种薄收，实施退耕还林既要考虑生态效益，也要考虑经济效益，只有让老百姓看到希望并真正获得更高的经济收入，才能做到"退得下、稳得住、能致富，不反弹"，才能有效治理石漠化。

（二）强化分工协作，巩固治理成果

石漠化治理不仅仅是林业部门的事情，只靠种上树，还不能确保能够巩固治理成果。普定县组织发改、林业、水利等相关部门，多渠道整合相关项目共同治理石漠化。普定县在石漠化严重区域实施退耕还林的同时，开创路池一体化集水技术，解决石漠化地区生产用水新模式，即在乡村道路、机耕道的一侧修建集水沟、引水沟和储水池，通过引水沟将集水沟和储水池相连，将富集期的雨水归纳收集到储水池中储存，形成"路面集水、沟渠引水、水池储水"三位一体的坡耕地灌溉技术。通过路面集水将水引到修建于道路下方的蓄水池中，有效促进梭筛桃产业发展和巩固石漠化治理成果。

（三）注重结构调整，拓宽增收渠道

立足地方特色，把退耕还林、石漠化综合防治与农业产业结构调整、区域经济发展、脱贫攻坚有机结合起来，积极探索生态效益、社会效益与经济效益协调发展的石漠化综合治理模式，促进产业化发展。通过退耕还林项目建设，普定县累计在石漠化区域种植梭筛桃、冰脆李、樱桃、五星枇杷、梨、花椒等经果林 17 万亩，解决了农民长期发展与短期收益的问题，有效巩固了石漠化治理成果。

普定县路池一体化治理石漠化模式（骆鹏飞摄）

六 模式特点及适宜推广区域

（一）模式特点

在石漠化特别严重区域，选择当地乡土树种梭筛桃作为退耕还林造林树种，既大幅度增加了农户经济收入，又有效治理了石漠化土地，森林生态、经济和社会效益真正得到了发挥。

（二）适宜推广区域

梭筛桃喜光、耐旱、耐寒力强，适应范围较广。从平原至海拔3000m的高山都有分布，年平均气温在12~17℃的地区均能正常生长发育。梭筛桃的生长最适气温为18~23℃，冬季温度在−23℃以下时枝干易冻损，休眠期花芽在−18℃左右即出现冻害。花蕾、花和幼果，分别只能耐−3.9℃、−2.8℃和−1.1℃的低温。果实成熟期的适温为25℃左右。满足以上条件的地区均可推广种植。

模式 32 印江县石漠化公园建设模式

近年来，印江县通过实施退耕还林、石漠化综合治理等工程，在生态建设、带动农户增收致富等方面取得了一定成效，林草植被不断增多，森林覆盖率不断提高，石漠化面积逐渐减少，人民群众不断走上致富道路，生态环境得到明显改善，有效遏制了石漠化的继续蔓延。模式地在石漠化治理同时，结合养生大健康产业，充分挖掘具有核心竞争力的生态、休闲养生旅游、绿色食品等资源优势，建设集观光体验、度假避暑、有机食品基地的朗溪镇石漠化公园。

印江县朗溪镇石漠化公园缩影（杨永艳摄）

一 模式地概况

朗溪镇隶属于贵州省铜仁市印江县，地处印江县东部，东接紫薇镇，南连罗场乡、缠溪镇，西与峨岭街道接壤，北与板溪镇毗邻，东北依合水镇，距县城 10km，辖区面积 67.41km^2，其中耕地面积 32.98km^2。最高点位于白沙大坡，海拔 1480m；最低点位于河缝，海拔 490m，年平均气温 18.6℃。年平均降水量 1100mm，年平均无霜期 280 天。下辖 1 个社区 17 个行政村 103 个村民组，全镇 5654 户 15901 人。

模式点是印江县石漠化的代表区、核心区，区内潜在石漠化和石漠化地区面积超过 75%，属典型的喀斯特地貌，岩性以石灰岩、白云质灰岩等碳酸岩类为主，其次是砂岩、粉沙岩、泥岩及页岩等碎屑岩类。区内最高海拔 1080m，最低海拔 500m，是国家第一期（2006—2015 年）和第二期（2016—2020 年）石漠化治理工程建设的核心区，也是国家级武陵山区和滇黔桂石漠化集中连片扶贫脱贫的主战场。境内全年温暖湿润，雨量充沛，四季分明，无霜期长，具有明显水平地域性和垂直差异性的山地立体气候，为发展多样化的精品农林业创造了不可多得的有利条件和不可替代的天然特质。

二　石漠化治理情况

印江县地处强烈喀斯特化的亚热带高原山区，喀斯特岩溶面积达 1161.15km^2，占全县总面积的 58.97%，其中无石漠化面积 277.46km^2，占全县总面积的 14.09%，潜在石漠化面积 368.86km^2，占全县总面积的 18.73%；轻度石漠化面积 291.77km^2，占全县总面积的 14.82%，占全县岩溶面积的 25.13%；中度石漠化面积 162.9km^2，占全县总面积的 8.27%，占全县岩溶面积的 14.02%；重度石漠化面积 60.16km^2，占全县总面积的 3.06%，占全县岩溶面积的 5.18%。全县轻度以上石漠化面积为 514.83km^2，占全县总面积的 26.15%，占全县岩溶面积的 32.38%，遍及全县 17 个乡镇（街道），尤其以朗溪镇、缠溪镇、罗场乡、新寨镇、合水镇、木黄镇、刀坝镇、天堂镇、沙子坡镇、中兴街道、龙津街道、峨岭街道等乡镇较为明显。

自 2008 年以来，印江县完成石漠化治理面积 195km^2，实现了生态效益、经济效益和社会效益的有机统一，极大地改善了石漠化区域人民的生产生活条件，提高了人民生活水平。同时，印江县也逐步探索形成了“在石旮旯创造绿色家园”的石漠化治理——印江模式。尤其是在朗溪镇，以生态修复、结构调整、速效增收为主线，大力实施石漠化综合治理工程，推动石山变绿山、绿山变金山、金山变智山、智山变乐山，使贫瘠的石山荒山变成了绿水青山、金山银山、智山乐山。

三　退耕还林情况

2014 年启动新一轮退耕还林还草工程以来，印江县累计完成退耕还林 33.39 万亩，其中朗溪镇在石漠化区退耕还林面积 8199.44 亩，获得退耕还林补助资金 1229.92 万元，涉及白沙村、打铁坳村、甘龙村等 8 个村，退耕树种主要有柑橘类、柚橙类、李、桃、板栗、雷竹、茶等。通过实施退耕还林，真正实现了生态效益、经济效益和社会效益的有机统一，极大地改善了石漠化区域的生产生活条件，提高了人民生活水平。

四　模式成效

近年来，印江县朗溪镇抢抓国家退耕还林等生态建设工程，把生态建设放在首位，狠抓林业特色产业，强势推进林业特色产业发展进程，取得了良好的生态效益、经济效益和社会效益。

（一）生态效益明显

通过实施退耕还林，促进地方经济与生态环境协调，形成了农、林、水、土紧密结合、相互支持和保护的立体生态新格局，既有金山银山，又保护了绿水青山，同时提高了森林覆盖率，增加了森林碳汇能力和森林资源总量，使生态环境得到极大改善，水土流失得到有效控制。

（二）经济效益可观

通过实施退耕还林，朗溪镇农业基础设施和

生活设施得到完善，农业产业形式逐渐多样化，有力推动林业特色产业健康发展，促进群众自主发展精品水果，建成1.2万亩精品水果示范园，带动周边群众2000余人年均增收800元以上。2022年，园区产金香橘500t、长寿柑100t、红香柚15万个、西桃50t，实现产值650余万元。

（三）社会效益显著

通过退耕还林、石漠化综合治理等生态建设项目的带动、引导及辐射作用，增强了农民群众对加强农业基础设施建设的信心，改变了群众的思想观念。引水渠、排水渠、田间生产道路、机耕道以及蓄水池的建设，保证了农田灌溉和经果林的浇灌，方便了群众生产生活。朗溪镇石漠化治理取得良好的成效，为创建中国印江国家石漠化公园和朗溪镇体育公园奠定了坚实的基础。朗溪河西石漠化核心区的奇效治理成果，得到了多家媒体的高度关注。贵州日报2015年5月5日刊发《种绿护绿点石成金——印江县朗溪镇昔蒲村石漠化治理演绎绿色变迁》、2015年6月13日刊发《印江朗溪镇昔蒲村有效治理石漠化》。2016年3月31日中央电视台朝闻天下、午间新闻30分、晚间新闻联播分别以“荒山变花海，绿色发展全村脱贫”为题，高频率报道了该地昔蒲村群众“摸着石头寻发展”创造的奇迹，2022年3月20日中央电视台早间新闻春天里的中国，报道了石山变成“花果山”生态治理富农家。近两年，先后有省、市各级领导亲临现场进行指导和调研，中央、省、市各级媒体20余次的密集报道，开启了印江石漠化治理模式的新时代。

石漠化治理成效（杨永艳摄）

五 经验启示

（一）以种绿护绿新思路，建好绿山川

朗溪镇具有独特的喀斯特地形地貌，石漠化程度非常高。多年来洪灾频发，加之过去不合理的开发，造成水土流失严重。石漠化与水土严重流失的恶性循环，一度成为该镇经济和社会发展的重大问题。为破解朗溪石漠化治理难题，采取“县－镇－村”三级联动机制，积极引导群众大力开展退耕还林、封山育林等植树造林，建成以松、柏为主的防护林20000亩。在山腰改种柑橘、柚子、桃子、樱桃等经果林12000亩。曾经的石山荒山，如今全部披上绿色新装，呈现出“一年四季春常在、春夏秋冬果飘香”的靓丽景象。

（二）以培土增地固根基，建好绿田地

为解决长期水土流失的突出问题，采取“石缝培土、坡土改方”的措施，大力实施“培土增地”工程。借助当地村民惜土如金的好习惯和想方设法保住泥土、守住耕地的积极性，引导群众在山顶上补植补造，利用铁锹、锄头等劳动工具，将一块块石头垒成土坎，把陡斜零碎的坡土改造成一台一台的梯土，把运来的黄土一层一层地覆盖上去，把挑来的牛粪一层一层铺在石窝、石缝里，并有序种植抗旱和固土能力强的树苗与果树，有效控制和降低了泥土的流失，让丢失的土地再次得到了修复，让黑灰的石漠山重显绿光。

（三）以开渠集流通命脉，建好绿水源

为解决“种粮全靠天长眼，天晴三日一把刀，旱上十日收不成”，长期面临缺水又干旱的

问题，根据山地地形，因势利导，大兴水渠和路沟池，活通水命脉，引集天然水资源。依托当地群众成功探索的“路沟池配套”引水集流模式，积极争取项目资金，实施“长藤结瓜、路池果园”科学示范工程，配套建设机耕道、作业便道、蓄水池等基础设施，利用机耕道、作业便道硬化来引水集流，改善地表集水功能。以路为“藤”，把降雨引入蓄水池；以池为“瓜”，沿途修建蓄水池，提高生产生活储水量，保障了经果林的正常有效补灌，以此提高生产生活储水量，保障农作物正常有效补灌。

（四）以经园景旅领发展，建好绿产园

为解决“种红薯，挖疙蔸”生产发展创收难的突出问题，根据修整后的土地特色和灌溉条件，调整种植结构，发展以经果林产业为主、种养殖相结合的特色高效农业发展结构。采取“扶持大户、引领散户、连片种植”的方式，引导群众在荒山上大面积种植大红桃、柑橘（药柑）、红心柚、李子、蜜橘等经果林。采取“合作社＋基地＋农户”模式，引导单家独户经营销售向“抱团入市”的发展方式转变。按照“果＋沼＋畜”“果＋沼＋菜”模式发展循环生态经济，进行林下种植、林下养殖等，提升经果林单位面积产值。在此基础上，按照“经果林园区景区化、农旅一体化”思路，大力发展乡村生态旅游，建设农家乐，开发特色旅游商品，开展现场采摘果实的体验式休闲，延伸经果林产业链条。

退耕还林治理石漠化现状（杨永艳摄）

六 模式特点及适宜推广区域

石漠化是基岩大面积裸露或砾石堆积的一种土地退化现象，是我国岩溶地区最大生态问题，已成为岩溶地区的灾害之源、贫困之因、落后之根，严重制约着区域经济社会可持续发展。印江朗溪石漠化治理模式已成为我国石漠化治理的成功典范，利用规划区治理后形成的优势，大力发展经济林、林下经济和生态旅游，打造绿色优势产业，带动当地百姓脱贫致富，建成中国石漠化绿色发展先行示范区，为全国其他石漠地区发展提供样板。

模式 33 播州区杜仲治理石漠化模式

遵义市是全国杜仲主要产区之一，素有“中国杜仲之乡”的美誉。杜仲是一种常用的中药材，有补肾壮阳、降血脂、降血压、抗氧化、抗炎等功效。近年来，播州区立足资源禀赋，发挥区域优势，利用退耕还林工程在石漠化区广泛推广杜仲产业发展，不仅利于石漠化治理，防止水土流失，改善生态环境，实现可持续发展战略，更能促进农村产业结构调整，助力乡村振兴，增加农民收入，真正实现了绿水青山就是金山银山。

播州区退耕还杜仲治理石漠化模式（杨永艳摄）

一 模式地概况

播州区位于黔北遵义市南部，地处东经106°17′22″~107°25′25″、北纬27°13′15″~28°01′09″，东邻瓮安县，南接开阳县，西接仁怀市、金沙县，北与红花岗区、汇川区接壤，区位优越，交通便利。播州区地处大娄山南侧，属黔中丘陵和黔北山地过渡地带。海拔在850~1100m，属亚热带湿润季风气候，年平均气温14.9℃，极端最高气温38.3℃，极端最低气温-8.8℃，年平均降水量1035.7mm，年平均无霜期291天，多年平均相对湿度82%。全区面积2487.65km^2，辖17个镇2个民族乡5个街道176个行政村（居、社区），总人口88.98万。有1个省级经济开发区、1个红色文化旅游创新区，是彪炳史册的红色圣地、绿色发展的旅居福地，被习近平总书记赞誉为“找到乡愁的地方”。

二 退耕还林情况

播州区共实施国家退耕还林项目29.2739万亩，其中上一轮实施退耕还林工程8.56万亩，新一轮实施退耕还林工程20.7139万亩。国家下拨退耕还林直补专项资金5.194亿元，项目涉及全区24个乡镇（街道），受益群众6.98万户22.6万人，其中建档立卡贫困户8156户3.1973万人，退耕农户国家直补人均增收2298元。通过实施退耕还林还草工程，全区新增有林地、幼林、未成林地29.2739万亩，林地保有量显著增加，森林质量显著提升，形成了一批以松、杉、柏为代表的用材林，以李、板栗、猕猴桃为代表的经果林，以杜仲、黄柏为代表的药用林，以刺槐为代表的菌材林。全区森林覆盖率由2015年的49.68%提升到2019年的59.27%，提升率达9.59%。播州区现有杜仲面积12万亩，以平正乡、枫香镇、马蹄镇、乐山镇分布最广。播州区利用退耕还林工程在平正、枫香、乐山等乡镇石漠化地区种植杜仲2.5万余亩，目前生态环境明显改善。

三 栽培技术

（一）乔木林种植技术

1. 造林地清理与整地

造林地清理：块状清理，规格为80cm×80cm，仅对种植穴周围进行清理，主要清除石块、茬桩、耕作杂物等。地块清理结束后，及时开展整地，采用穴状整地，规格为40cm×40cm×30cm。表土、心土要分开堆放。整地时要求先将表土置于穴的上方或斜上方，挖出的心土放于下方筑埂。整地时，尽量控制水土流失。

2. 苗木要求

裸根苗，苗木要求为Ⅰ、Ⅱ级苗，严禁等外苗上山。所选苗木满足地径达0.6cm及以上，苗高50cm及以上，顶芽饱满，苗木健壮的要求。

3. 造林方式

每亩造林111株，株行距2cm×3cm。采用人工植苗方法造林。按照“三埋两踩一提苗”步骤规范栽植，选择冬季造林和春季造林，尽量选择土壤水分适中的阴天、小雨天和雨后晴天。土壤过干、连续晴天、大雨天和大风天都不宜造林。造林结束后，对合格率达不到标准（85%）的，应对造林地块进行全面补植补造。

4. 抚育管护

新植幼树对外界不良环境的抵抗力弱，要进行抚育，改善光、热、水、气、肥等条件，促使幼苗幼树迅速生长，及早郁闭成林。抚育主要措施是除草。

种植结束后，连续抚育3年，共3次。抚育的主要目的是去除种植穴周围的杂草。种植完成后的第1年至第3年的11~12月，加强护林防火巡逻，防止牲畜践踏及人为破坏。同时，加强病虫害防治。

（二）矮化密植技术

1. 造林密度

造林密度900株/亩，株行距1m×0.5m。在具体实施过程中，实施单位可因地制宜，可根据石漠化程度即基岩裸露情况适当调整，但最低密度不能低于800株/亩，最高不能高于1100株/亩。

2. 整地造林

采用全面整地，挖掘沟渠（后期作为生产经营步道），沟宽深50cm×20cm，两条沟横向间距90cm，形成宽高90cm×20cm的箱床，箱床长度根据现地确定。栽植穴整地规格为20cm×20cm×20cm，穴与穴配置呈“品”字形。人工植苗造林，栽植时间12月至翌年2月。

3. 施肥

杜仲每穴施有机肥0.2kg，连续追肥2年，每年2次，每次每穴0.1kg，合计每穴0.4kg，追肥时间为2~3月和6~7月。

4. 苗期管理及整形修枝

苗木定植移栽后翌年冬季，于离地面20~25cm处剪干，施肥培土。在剪口处可萌发若干萌条，选择生长良好、分布相对均匀且相邻植株间相互错开的4根枝条作为一级支干进行培养。第2~3年春季，在每个一级支干的基部以上3~5cm处剪截，剪口下又会萌发若干枝条，同样选择生长良好、分布相对均匀的2个根枝作为二级支干进行培养。以后每年将8根采叶枝从基部剪截进行采叶。最终形成矮化灌木层，高度不超过1.2m。

5. 中耕除草

中耕除草的次数，应根据当地的雨水情况、杂草繁茂程度、劳动力数量规模和管理水平等因素决定，一般全年至少1次。中耕除草应注意树干基部宜浅、树冠边缘宜深，伏耕宜浅、春耕宜深、夏耕适中。中耕深度一般为10~15cm，同时将盘缠在树冠的藤蔓植物清除干净。

（三）林业有害生物及主要病虫害防治

林业有害生物是“无烟的森林火灾”，对林木的生长危害极大，林业有害生物防治应认真贯彻落实“预防为主、科学防控、依法治理、促进健康”的方针，遵循以营林为基础，生物防治为主，化学防治为辅，最大限度地减少对森林生态系统的人为干扰，杜仲主要病虫害及防治如下：

（1）猝倒病。猝倒病可在发病初期喷施50%甲基托布津0.125%~0.142%溶液或25%多菌灵0.125%溶液进行防治。

（2）角斑病或叶枯病。通常使用波尔多液急性防治，也可在发病期用50%多菌灵500倍液或75%百菌清600倍液，交替连喷2~3次，间隔期为7~10天。

（3）白粉病。每一个生长季节的初始就需采取防治措施，选择合适的杀菌剂，可在发病初期用50%甲基托布津400~800倍防治。

（4）地老虎。可用90%敌百虫1000倍液拌毒饵或堆草诱杀。

（5）鳞翅目害虫（刺蛾、褐蓑蛾）。可用90%敌百虫1000倍液或2.5%溴氰菊酯乳油2000倍液喷杀。

（6）木虱。可用乐果或氧化乐果稀释600~700倍液，每千克加洗衣液或洗衣粉0.015kg，或用菊酯类杀虫剂按说明使用即可。

（7）蚜虫。可用50%抗蚜威可湿性粉剂2000倍液喷雾防治。

播州区退耕还杜仲治理石漠化成效（播州区林业局供图）

四 模式成效

（一）生态效益

播州区是石漠化较为突出的区域，位于长江中上游地区，属于乌江和赤水河流域，是重要水源地保护区域。因此，实施退耕还林对石漠化治理、防止水土流失意义极为重大。播州区现有退耕还林面积29.2739万亩，采取乔林和矮化密植模式实施杜仲面积2.5万亩，做到了“适地适树”，丰富了森林经营类型比例和林种、树种结构，林地保有量显著增加，森林质量显著提升，石漠化区域也得到有效治理，水土流失得到了有效遏制，生态环境明显改善，生物多样性的恢复和保护成效明显，同时有效构筑了乌江河流域和赤水河流域重要生态屏障。

（二）经济效益

杜仲是播州区的乡土树种，结合退耕还林实施群众基础好，通过退耕还林的实施，可以给退耕农户带来国家直补收入 1300~2984 元 / 亩，同时还可以获得务工收入 675 元 / 亩。按照以上模式建成后，通过杜仲皮、花、叶、籽的综合利用，可为退耕农户带来经济收入 2500~3500 元 / 亩，效益极为可观。

（三）社会效益

通过项目实施，一是能改善林农的家庭收入，从而巩固脱贫攻坚成果，为实现乡村振兴添砖加瓦，为现代化农村发展贡献一定的力量。二是能吸收社会剩余劳动力就业，在增加农民收入的同时，还能起到保障社会稳定的作用。三是有利于地方产业结构的调整，形成以杜仲为引领的中药材产业，随着医疗界对抗生素认识的提升以及对杜仲药用价值的深入研究，杜仲在医疗药用上将发挥更大的药用价值，为人类的生命健康作出巨大的贡献。

播州区退耕还杜仲治理石漠化成效（播州区林业局供图）

五　经验启示

要确保退耕还林"退得下、不反弹"，除了要贯彻落实好国家相关退耕还林政策外，还必须结合实际、因地制宜选择一个好的经营模式。播州区立足现有杜仲资源，结合石漠化治理所取得的成效，主要经验启示如下：

（1）严格把握"林权是核心、给粮（钱）是关键、种苗要先行、干部是保障"，强化领导，精心组织。

（2）不被动完成任务，而是主动利用退耕还林工程实施的契机，将石漠化综合治理、产业结构调整、乡村振兴有机融合起来，实施一些好的项目，让项目可以真正落地。

（3）在项目实施及成果巩固中，主动探索新的经营模式，切实给群众带来收益。如播州区种植杜仲，由单一的乔木林种植以皮利用为主，调整为矮化密植，以采叶利用为主，缩短了林业见效周期，增加了林农收益。

（4）鼓励提倡"公司 + 村集体经济组织 + 农户""合作社 + 基地 + 农户"等合作模式，做好示范引领和标准化建设，让更多的优质的社会资本参与，以壮大经营规模。

六　模式特点及适宜推广区域

（一）模式特点

一是注重适宜品种研究，找准"金叶子"。播州区引进"华仲"系列、"黔仲"系列品种 22 个，开展种植适应性试验，推广使用优良品种。

二是依托退耕还林发展杜仲产业。利用杜仲萌芽抽枝能力强的特性，推广杜仲矮化密植，形成矮化丛生枝条，每亩种植杜仲 700~1000 株，栽植 3 年就可获得收益，亩均产值在 0.3 万 ~0.5 万元。

三是结合项目发展杜仲产业。依托石漠化综合治理、林业改革发展资金项目壮大杜仲产业。播州区现已实施杜仲矮化密植面积 0.54 万亩，计划通过 5 年时间发展 8 万亩的采叶基地。

（二）适宜推广区域

杜仲为中国名贵滋补药材，食用价值、工业价值、药用价值较高。杜仲喜温暖湿润气候和阳光充足的环境，耐寒性较强，成株在 -30℃

的条件下可正常生存。最适分布区年平均温度13~17℃，年降水量500~1500mm，以阳光充足，土层深厚肥沃、富含腐殖质的沙质壤土、黏质壤土栽培为宜。我国大部地区均可栽培，广泛分布于贵州、广西、湖南、四川、安徽、陕西、湖北、河南等地。

模式 34 关岭县滇柏治理石漠化模式

关岭县自 2002 年启动实施退耕还林工程以来，坚持绿水青山就是金山银山的发展理念，勇于担当，敢于创新，在生态文明建设征程上勇闯新路。各有关部门密切配合，广大干部群众积极参与，为北盘江流域国土绿化建设提供了强有力的保障，对推进低热河谷地带石漠化综合治理、改善人居环境、优化产业布局、促进农户增收、巩固脱贫攻坚成果、助力乡村振兴具有重要作用。

关岭县退耕还滇柏模式（杨永艳摄）

一 模式地概况

关岭县位于贵州省中部，隶属安顺市，东北、西北与镇宁县、六枝特区毗邻，西南以北盘江为界和晴隆、兴仁、贞丰 3 县相望。坐落于云贵高原东部脊状斜坡南侧向广西丘陵倾斜的斜坡地带，海拔 370~1850m，县域面积 1468km^2。县内地貌具有高低起伏大、类型复杂多样的特征，碳酸盐岩分布广泛，岩溶发育形成岩溶地貌与常态地貌交错分布，地貌形态千姿百态，石芽、竖井、漏斗、洼地、谷地、盲谷、丘峰、峰林等到处可见，溶洞、暗河、地下廊道比比皆是，是一个典型的喀斯特山区。县内气候呈立体状，跨越南温带、北亚热带、中亚热带，主要以中亚热带季风湿润气候为主，四季分明，热量充足，水热同季。县内 12.5% 的低热河谷地区有“天然温室”之称。累计年平均气温为 16.2℃，年平均最高气温为 16.9℃，最低气温 15.4℃，雨量充沛，年平均降水量1342.2mm。

关岭自治县辖4个街道办事处8镇1乡141个行政村。2022年，全县现有户籍总人口405973人，其中少数民族人口257561人，占总人口的63.8%。全县现有林地面积122.21万亩，占国土面积的55.50%。

二 退耕还林情况

关岭县共实施国家退耕还林项目28.75万亩，其中上一轮退耕还林7.9万亩，新一轮退耕还林20.85万亩。项目涉及全县13个乡镇（街道），受益群众1.932万户8.0213万人，其中建档立卡贫困户7653户3.2907万人，退耕农户国家直补人均增收1110.18元，此项生态工程为关岭县2019年顺利脱贫作出巨大贡献。通过实施退耕还林还草工程，全县新增有林地、幼林、未成林地28.75万亩。随着栽植苗木生长郁闭，山上植被逐步形成了乔灌草结合的覆盖网络，森林植被总量得到快速恢复增长。全县森林覆盖率由2015年的45.42%提升到2019年的56.36%，提升率达10.94%。关岭县利用退耕还林工程在花江镇重度石漠化地区种植滇柏300余亩，目前生态环境得到明显改善。

三 栽培技术

（一）树种选择

遵循适地适树的原则，结合造林小班的立地条件，选用适应性较强、表现较好的滇柏为造林的主要树种，替代树种选择藏柏、女贞、乌桕等。

（二）造林地清理与整地

造林地清理：块状清理，规格为80cm×80cm，仅对种植穴周围进行清理，主要清除石块、茬桩、杂物等，尽量不破坏原生植被和草皮。

地块清理结束后，及时开展整地。整地方式采用穴状整地；整地规格为40cm×40cm×30cm。表土、心土要分开堆放。整地时要求先将表土置于穴的上方或斜上方，挖出的心土放于下方筑埂。整地时，禁止炼山，尽量防止水土流失。

（三）苗木要求

容器苗规格10cm×12cm及以上，苗木满足地径0.2cm及以上，苗高18cm及以上，顶芽饱满，苗木健壮的要求。

（四）造林密度

每亩造林111株；株行距2m×3m。

（五）造林方式

采用植苗方法造林。造林前按设计密度、配置模式划定植树点，挖好种植穴，在布置种植穴的过程中，应该结合种植密度及地形地貌见缝插针，合理分布，种植穴经检查验收合格后方可栽植苗木。植苗前表土先回填穴内，然后将苗木置于穴中心，每穴植一株，填土一半后提苗轻轻踩实，再填土轻轻踩实，最后穴表面覆盖一层虚土。在保证苗木质量的前提下，根系舒展并与土壤充分接触、覆土适度、覆盖虚土减少水分蒸发是确保造林成活率的关键。

（六）造林时间

选择冬季造林和雨季造林，尽量选择土壤水分适中的阴天、小雨天和雨后晴天。土壤过干、连续晴天、大雨天和大风天都不宜造林。

（七）抚育管护

补植：造林结束后，对合格率达不到标准（85%）的，应对造林地块进行全面补植补造。

除草：新植幼树对外界不良环境的抵抗力弱，要进行抚育，改善光、热、水、气、肥等条件，促使幼苗幼树迅速生长，及早郁闭成林。抚育主要措施是除草。

种植结束后，连续抚育3年，共3次。抚育的主要目的是去除种植穴周围的杂草。加强护林防火巡逻，防止牲畜践踏及人为破坏。同时，加强病虫害防治。

（八）常见病害防治

1. 赤枯病

防治方法：每 7 天对幼树喷洒 50% 退菌特 1000 倍液一次。若是幼树发病，在病斑上直接涂刷 10% 碱水即可。

2. 叶凋病

防治方法：应及时修剪病枝、残枝，并集中烧毁。加强滇柏林间伐，确保林地内通风透光条件良好。针对患病株，应每 15 天喷施一次波尔多液 200 倍液。

3. 叶枯病

防治方法：可在早春喷施杀菌剂 70% 代森锰锌可湿性粉剂 500 倍液，6 月喷施杀菌剂 50% 多菌灵 800 倍液进行预防。若滇柏已经患病，要修剪掉病枝，喷施 20% 三唑酮乳油 1500 倍液、430g/L 戊唑醇悬浮剂 5000 倍液、250g/L 嘧菌酯悬浮剂 800~1000 倍液等进行治疗，多种药剂交替使用，每 7 天用药一次，用药 3 次。

（九）常见虫害防治

1. 柏毛虫

防治方法：可在 5 月和 10 月柏毛虫羽化盛期，使用黑光灯进行诱杀；幼虫期喷施 50% 杀螟松乳剂 1500 倍液等；成虫期使用 50% 氧化乐果乳油 10 倍液等，每隔 10 天用药一次，连喷 2 次即可。

2. 地老虎

防治方法：可使用黑光灯进行诱杀；在发现幼苗被啃食时，直接挖土捕杀，或者喷洒 75% 辛硫磷乳油进行药物防治。

3. 蛴螬

防治方法：在整地阶段使用 50% 辛硫磷颗粒剂消杀土壤，在消杀蛴螬的同时，亦能防治其他地下病虫害；在成虫期，可使用灯光诱杀；发现蛴螬危害后，可在滇柏根部灌注 90% 敌百虫毒杀。

4. 大袋蛾

防治方法：可直接人工摘除；幼虫使用 80% 敌敌畏消杀；成虫使用黑光灯诱杀，或者喷洒氯氰菊酯乳油、敌百虫等药剂进行防治。

四　模式成效

（一）森林资源增加显著，生态环境恶化状况逐步得到改善

通过实施退耕还林还草工程，全县新增有林地、幼林、未成林地 28.75 万亩。随着栽植苗木生长郁闭，山上植被逐步形成了乔灌草结合的覆盖网络，森林植被总量得到快速恢复增长。全县森林覆盖率由 2015 年的 45.42% 提升到 2019 年的 56.36%，石漠化地块也得到有效治理，生态环境明显改善。

关岭县退耕还滇柏成效（关岭县林业局供图）

（二）林业生态体系初步建立，林业生态效益逐步发挥

在工程建设中，从项目规划设计到组织实施，非常注重生物多样性的恢复和保护，采取人工造林和封山育林并举，加大营造混交林，注重多林种、多树种结合造林，做到“适地适树”，全县林业生态体系基本形成，林业生态效益逐步发挥。各类森林经营类型面积比例和林种、树种结构趋于合理，为关岭县林业三大效益的有效发

挥奠定了基础。工程区内树种由治理前的几种增加到十几种，林木生长旺盛且植被群落稳定。野生动物种类（鸟类、爬行动物等）、种群数量明显增多（如猕猴、喜鹊、斑鸠、蛇等），生物多样性得到了初步体现。全县“两江”（北盘江、打邦河）、“五线”（镇胜高速公路，关兴、水黄高等级公路，320 国道，214 省道）生态屏障初步建立。

（三）发展后劲不断增强，农民经济收益逐步提高

在稳步推进林业生态体系建设的同时，加快林业产业体系建设，坚持生态建设和产业建设齐头并进，按照生态建设产业化、产业建设生态化的要求，以退耕还林还草、珠防工程等林业重点工程项目为依托，大力开发种植桃、李、梨、核桃等经济林，以花椒为重点的经济、生态兼用林，初步建立了板贵万亩花椒绿色香料基地及新铺镇万亩蜂糖李产业。目前，花椒已挂果，经济效益日渐凸现，每年花椒一项就给当地群众带来 5000 余万元的收入。

五 经验启示

退耕以前，山区老百姓祖祖辈辈以瘠薄的耕地为生，广种薄收，靠天吃饭。退耕还林不仅改善了生存条件，也使当地老百姓看到了致富的希望，思想观念也因此发生了根本性变化，生态意识明显增强，生产方式向精耕细作转变，生活追求不再仅仅为了解决温饱，大量农民走出大山，开阔了眼界，解放了思想，拓宽了致富门路。农村基层干部说，退耕还林给农村带来了一场深刻变革，探索了农村经济社会发展和补贴农民的新途径，体现了党中央、国务院“多予、少取、放活”的政策方针，是最合民意的德政工程、最牵动人心的社会工程及影响最深远的生态工程。

滇柏治理石漠化取得这样的成绩，主要是因为关岭县上下一心、齐力协作的结果，具体做法是：

（1）强化领导，精心组织。

（2）广泛深入地开展政策宣传工作，使党和国家的政策广泛深入人心，并以此充分调动干部群众的积极性。

（3）尊重农民意愿，强化技术指导。

（4）加强苗木质量管理，确保苗木充足供应。

（5）责任落实，加强质量监督和管护力度。

（6）示范引领，标准化建设。

六 模式特点及适宜推广区域

（一）模式特点

依靠国家政策的支持，积极向上级部门争取退耕还林、石漠化治理、退化林修复、封山育林等营造林指标，依靠项目的实施，在石漠化严重区域开展国土绿化建设，积极促进生态产业布局。在建设期间涌现出许多的典型，如战天斗地的“板贵精神”，石缝中求生存、谋发展，创造出“板贵花椒”品牌的地理标识。关岭县探索发展滇柏造林治理石漠化，其成果显著，为石漠化极其严重的北盘江一带披上了绿色生态的外衣，对于在低热河谷地带开展石漠化治理方面，提供了一套可复制的参考模式。

（二）适宜推广区域

滇柏为我国特有树种，产于云南中部、西北部及四川西南部海拔 1400~3300m 地带，对环境条件具有广泛适应性，平原、丘陵、中高山区均宜栽植。喜爱温和潮湿的气候环境，适合种植在湿润、排水良好的深厚土壤中，土质以腐殖质丰富为宜，尤喜钙质土类。

模式 35 惠水县马尾松治理石漠化模式

惠水县退耕还林种植马尾松成效显著，特别是在石漠化治理方面，不但改变了生态环境和气候，还净化了空气质量，同时增加了水源涵养和水土保持能力，有效遏制了水土流失和石漠化的加剧，在优化产业结构调整、促进农民增收、巩固脱贫攻坚成果同乡村振兴有效衔接方面作出了重大贡献。

惠水县退耕还马尾松模式（陈明惠摄）

一　模式地概况

惠水县位于贵州省中南部，隶属黔南州，位于贵阳市正南面，距贵阳市30km，是贵阳市南面的重要门户，也是贵州中南部重要交通枢纽。地处黔中高原南部边坡，地势北高南低，最高海拔1691m，最低海拔666m，平均海拔1100m。地处东经106°23′20″~107°05′14″、北纬25°40′26″~26°17′45″。东连平塘县，东北部与贵定、龙里县接壤，南接罗甸县，西邻长顺县，北靠贵阳市。县境东西宽72km，南北长68km，总面积2470km^2。县内属亚热带季风性湿润气候，年平均气温 14~16℃，年总积温为 5769℃，年平均降水量 1213.4mm，年平均日照时数 1318 小时，年平均无霜期 252~299 天，水热同季。全县辖 8 镇 3 街道 199 个行政村，聚居着布依族、苗族、汉族、回族、壮族、水族、白族、毛南族等 17 个民族。现有户籍总人口 48 万人，其中少数民族人口 31 万人，占总人口的 64.6%。全县现有林地面积 256.36 万亩，占国土面积的 69.14%，森林覆盖率为 63.22%。

二 退耕还林情况

惠水县从 2002 年开始实施退耕还林工程以来，累计实施退耕还林 28.3 万亩，其中退耕地造林 10.9 万亩，上一轮退耕还林工程（2002—2004 年）4.1 万亩，涉及全县老乡镇 19 个 122 个行政村，退耕农户 1.6 万户 5.6 万人；新一轮退耕还林工程（2014—2020 年）6.8 万亩，涉及全县 8 镇 3 街道 122 个行政村，1.7 万户 5.73 万人，荒山造林 12.8 万亩，封山育林 4.6 万亩。惠水县森林覆盖率已从实施退耕还林前（2000 年）的 30.6% 提高到 2022 年的 63.22%，通过实施退耕还林，森林覆盖率提升了近 11 个百分点。惠水县于 2002 年利用退耕还林工程在羡塘乡、抵季乡、断杉镇及毛家苑乡部分石漠化严重的村组实施马尾松种植 3800 亩，目前石漠化治理成效显著。

三 栽培技术

（一）造林设计

坚持因地制宜，政策引导与农民自愿相结合，生态、经济、社会三大效益相统一原则，根据项目区立地条件，按照适地适树原则确定治理模式和造林类型设计。

（二）树种选择

在生态优先的前提下，结合造林小班的立地条件，按照适地适树原则，选择更新能力强、竞争适应性强、耐干旱瘠薄的喜光树种马尾松为主要造林树种，替代树种选择滇柏和藏柏。

（三）造林地清理与整地

造林地清理：采取全面清理方式清除林地内所有杂草。

整地方式：穴状整地。

整地规格：40cm × 40cm × 30cm。

整地的要点：在挖穴时，将表土和心土分开堆放，表土堆放在穴的左右两侧，心土堆放在穴下方，整地时做到穴内土碎无杂草和石块，然后用表土回填，回填土应高出地面 5~10cm。

（四）苗木要求

1 年生容器苗，选择苗高 25cm 以上，地径 0.3cm 以上，苗干通直，色泽正常，根团完整，无病虫害，充分木质化的苗木。

（五）造林密度

株行距为 2m × 1.5m，密度为 222 株 / 亩。

（六）造林方式

采用人工植苗方法，栽植时，在穴中央开挖深 15~20cm 小坑，撕破容器袋底部（确保袋苗基质完整，不松不散），将袋苗放入定植穴中央，培土扶正踏实，培土面应覆盖容器土面。

（七）造林时间

马尾松容器苗造林，除 6~8 月高温季节之外，全年均可栽植，但最好选择在冬、春造林季节和雨季适时造林。

（八）抚育管护

为满足新造幼林对光、温、水、气、热、肥的要求，必须清除幼树周围 100cm 范围内的杂草、杂灌，以免与幼树争夺营养空间，确保幼树正常生长，每年抚育一次，在 9~10 月进行，连续抚育 3 年。针对造林成活率达不到标准（85%）

的地块，组织退耕农户进行补植补造，同时加强护林防火巡逻，防止牲畜践踏及人为破坏。

（九）病虫害防治

1. 病害

马尾松林中常见病害有松材线虫病、松瘤病和马尾松赤枯病，其中具有毁灭性的病害是松材线虫病，该病害为重点检疫对象。松材线虫病的主要防治方法：一是加强疫情监测。发现病情及时取样鉴定。二是清理病死木。全面砍伐清理病死木，就地集中烧毁松枝和根桩，同时对可利用的松材进行安全处理。三是生物防治。主要是杀死传播松材线虫的松褐天牛，方法同虫害生物防治方法一致。

2. 虫害

松毛虫、松梢螟、松褐天牛等是马尾松的主要虫害。

（1）松毛虫。

生物防治：生物防治常用白僵菌、苏云金杆菌、多角体病毒等几种生物药剂防治以及招引益鸟和施放赤眼蜂等方法防治。

化学防治：松毛虫防治原则上不使用化学农药。必要时主要应针对发生初期防治小面积虫源地，重点防治越冬代，消除虫源。以除虫菊酯类药剂制成毒笔、毒纸、毒绳等毒杀下树越冬和上树幼虫。

（2）松梢螟。

物理防治：在3~4月剪除被害枝梢和球果，集中烧毁，压低虫口密度；3~4月设诱虫灯。

化学防治：5月下旬以40%氧化乐果、20%氯氰菊酯或二者混合液喷施；4月下旬以5%吡虫啉、40%氧化乐果进行树干打孔注药，在树干80~100cm处打孔，孔径1~1.2cm、深5~6cm，每厘米胸径用药量约0.9mL。

（3）松褐天牛。

物理防治：每年10月至翌年4月，在松褐天牛危害严重地区，全面砍伐清理枯死木和被害木，集中烧毁；在松褐天牛羽化期（5月上旬至9月下旬），于重点发病松林中设诱捕器或饵木诱杀。

化学防治：于5月上旬至9月下旬天牛成虫期，对危害较重林分的树干、树冠喷洒绿色威雷或缓释型微胶囊，以杀死成虫。

生物防治：施放肿腿蜂和花绒甲，利用其寄生性杀死松褐天牛的幼虫和蛹，还可通过保护啄木鸟，利用其啄食松褐天牛细幼虫的方法防治。

四 模式成效

（一）自然生态环境明显改善

退耕还林工程实施21年来，森林面积增加了28.3万亩，国土绿化面积得到大幅度增加，气候环境、空气质量明显改善，水源涵养能力、水土保持能力显著提高，有效遏制了水土流失和石漠化的加剧，全县森林覆盖率提高了近11个百分点。

（二）助民增收，加快脱贫致富步伐

退耕还林工程实施21年来，惠水县上一轮退耕还林国家共投资退耕还林补助11534.88万元，受益退耕农户15999户，户均年增收451元。新一轮退耕还林工程中央累计总投资14150万元，受益退耕农户为16641户，10年内户均年增收850元。从以上数据可以看出，退耕还林的补贴资金超过了农户从原来广种薄收的坡耕地中获得的收益，已成为他们重要的经济收入来源之一。同时，实施退耕还林的农民，不仅有了可靠的资金收入，还可腾出劳动力从事多种经营和副业生产，增加收入，加快了脱贫致富步伐。

（三）产业结构调整明显加快

工程实施中，惠水县紧紧抓住国家实施退耕还林的机遇，结合林业产业发展，充分利用退耕还林补助期长、投资高、涉及农户多的特点，引导和带动广大农户大力培植特色经济林，努力扩大种植面积，推动林业产业发展，增强脱贫致富的后劲。特别是在新一轮退耕还林工程建设

中，造林树种为经济林（含中药材）苗木的占92.6%，有效地促进了山区产业结构调整，为惠水县林业产业发展打下了良好的基础，推动了地方经济的健康发展。

马尾松在石漠化治理中的成效（陈明惠摄）

五 经验启示

实施退耕还林是贫困山区农民脱贫致富奔小康的有效措施，也是石漠化治理的有效途径。惠水县退耕还马尾松模式的主要经验启示有：

（一）领导重视，层层负责

为抓好退耕还林工作，黔南州人民政府印发了《关于切实抓好退耕还林工作的通知》。同时，州政府与各县（市）政府、县（市）政府与各乡（镇）政府都分别签订了退耕还林工程责任状，明确了目标、责任、奖惩。

（二）广泛宣传，深入发动

充分利用广播、有线电视、报刊、标语等各种宣传工具，全面宣传《退耕还林条例》和国家对退耕还林的相关政策，使之家喻户晓，深入人心，促进、保障了退耕还林工作健康、稳步推进。

（三）抓好育苗，确保供应

种苗质量的优劣，决定退耕还林的质量和成败。针对针叶树种，惠水县结合年度计划任务，在两个国有林场建立苗圃基地，分别实施马尾松、滇柏和藏柏容器育苗，为退耕地造林提供了苗木保障。在苗木供给中，一是县内能够满足苗木供应的，一律不许在县外调进。二是没有“两证一签”的苗木不许使用。三是达不到国家造林标准的苗木不准上山造林。

（四）重视科技，确保质量

为确保造林质量，县退耕办对县、乡两级干部进行技术培训，乡（镇）对村、组干部和退耕农户进行技术培训；技术员现场进行技术指导，使退耕农户掌握退耕地造林树种的栽植方法，从而确保造林质量。

六 模式特点及适宜推广区域

（一）模式特点

惠水县依靠国家政策的支持，积极向上级部门争取退耕还林、石漠化治理、退化林修复、封山育林等营造林指标，在石漠化严重区域开展国土绿化和封山育林等项目建设。通过项目实施，不但改变了生态环境和气候，还净化了空气质量，同时增加了水源涵养和水土保持能力，有效遏制了水土流失和石漠化的加剧。惠水县退耕还马尾松模式中，石漠化土地治理成效显著，是继石漠化柏木治理模式之外的又一可推广模式。

（二）适宜推广区域

马尾松是喜光树种，适生区年平均气温13~22℃，年降水量800~1800mm，最低温度不到-10℃。易生于干旱、瘠薄的红壤、石砾土及沙质土，或生于岩石缝中，为荒山恢复森林的先锋树种。在石砾土、沙质土、黏土、山脊和阳坡的冲刷薄地上，以及陡峭的石山岩缝里都能生长。喜光、喜温、深根性树种，根系发达，主根明显，有根菌。不耐庇荫，喜温暖湿润气候，对土壤要求不严格，喜微酸性土壤，在海拔1500m以下都能生长。适宜长江中下游各省份推广。

模式 36 务川县脐橙治理石漠化模式

务川仡佬族苗族自治县（简称务川县）山多坡陡，坡耕地面积比重大，水土流失和石漠化严重。2002 年以来，务川县不断探索适合喀斯特区域退耕的生态农业发展模式，通过退耕还林工程引导农户因地制宜发展林果业，为农户创造更多的非农就业机会，提高农户参与石漠化治理的积极性，摸索形成“林粮间作型园林业”“生态经济型林果业”。务川县依托丰富的自然资源优势，大力发展特色种植业，延伸产业链条，使农业结构调整步伐有条不紊地走实走细，让农户充分享受种植带来的红利，走出一条农户多元增收的新路子。在改善生态环境的同时，有力推进了产业结构调整、盈余劳动力转移、精准扶贫、生态旅游等事业发展，成效显著。

务川县退耕还林在石漠化区域种植脐橙模式（务川县林业局供图）

一　模式地概况

务川县位于贵州省东北部，地处东经 107°30′~108°13′、北纬 28°10′~29°05′，东与铜仁德江、沿河相连，西与正安、道真毗邻，南与凤冈接壤，北与重庆彭水交界。全县面积 2777.59km^2，县内一般海拔在 650~1000m，属亚热带高原湿润季风气候区，山体气候特征明显。年平均气温15.5℃，年平均无霜期280天，年平均日照率23%，雨量充沛，年平均降水量1271.7mm。野生植物种类达百种，主要有银杉、珙桐、银杏、红豆杉、华南五针杉、香樟、润楠等；有陆栖脊椎动物200余种，主要有云豹、金钱豹、毛冠鹿、大鲵等。务川县辖11镇2乡3街道124个村（社区），总人口48万人，其中少数民族人口43万人。务川民族文化灿烂，仡佬之源独特无偶，是仡佬族的发祥地和主要聚居区。全县仡佬族人口20.5万，占总人口的44%。独特的民族文化成就了务川县“仡佬之源”的美誉。

二　退耕还林情况

务川县共实施退耕还林工程项目42.34万亩，其中上一轮退耕还林11.29万亩，新一轮退耕还林31.05万亩。涉及全县11镇2乡3街道124个村（社区），受益群众6.52万户27.55万人，其中建档立卡贫困户1.37万户6.41万人，为脱贫攻坚作出重大贡献。其中，柑橘种植面积达2.7万亩，主要为‘椪柑’‘脐橙’‘金橘’‘丑柑’‘血橙’‘沃柑’等。

三　栽培技术

（一）选地

脐橙种植园要具备交通便利、水源充足、远离工厂等条件，注意脐橙种植地不能选在老果园周边，以免病虫害传播和蔓延。土质要尽可能选择疏松、有机质含量丰富、通透性好的地块。

（二）合理种植

在脐橙种植前，要做好壕沟的挖掘工作，挖宽0.3~0.4m、深0.3~0.4m的壕沟，一般春秋季节是栽培脐橙的最佳时期，夏季栽培用营养袋苗，脐橙栽培密度控制在每亩55~65株，栽培株行距约为3.5m。控制好栽培密度后，将脐橙苗放置于穴内，填进1/2土壤时提苗，栽后踏实，栽后几天要连续浇水定根，并检查脐橙成活情况，针对缺苗区域进行补苗。

（三）施肥

脐橙发芽前2~3个月充分施入有机肥，按照每株脐橙0.8kg的剂量施加。待所有脐橙树结果后，及时施加速效有机肥，平均每株脐橙施肥量在1.2kg左右，促进脐橙果实健康生长发育。做好秋季促梢肥的施加工作，平均每株脐橙施肥量在0.7kg左右，能够更好地促进秋梢生长。进入冬季前施足基肥，在周边挖掘一个新的壕沟，并加入杂草、动物粪便等肥料，此举在很大程度上能提高脐橙果园土壤肥力，为脐橙增产增收奠定基础。

（四）修剪

每年3月是脐橙发芽期，这时要及时剪掉病枝、残枝、弱枝，并将果园内部清理干净。进入5月，开展5次抹芽工作，促进新发夏梢养分的消耗，不断提高脐橙坐果率。进入冬季后，及时剪除生长密集的树枝，同时做好病虫害枝及虚弱枝的清理工作。

（五）病害防治

进入5月后就是脐橙保花保果的关键期，此时可通过喷施保花果剂降低红蜘蛛、炭疽病等病虫害的发生率；初夏时节，可适当喷洒药剂预防天牛、木虱等病虫害的发生；8月要及时保梢，这也是保障脐橙产量与品质的关键；10月可通过喷施药物防治吸果夜蛾；12月要做好清园工作，更好地消灭果园内的病菌与虫卵，为翌年果树生长奠定基础。

（六）套袋

一般选用柑橘专用型纸袋子，单面乳白色透明色，规格为19cm×15cm。套袋时间为第二次生理学掉果后，除袋可与果实采收同步进行。脐橙套袋能有效防止脐黄烂果、日灼果和纹路果的形成，防止农药和果面接触，降低果子的农残量，提高果子产品级别及市场价格，套袋后的经济效益明显增强。

四 模式成效

（一）生态效益

脐橙属常绿小乔木植物，能阻止太阳光对地面的直射，减少土壤水分蒸发。同时，还可以抵挡雨水对地面的冲刷造成土地流失，达到保水、保土、保肥的作用；脐橙生长速度快，固碳效果明显；脐橙喜光、耐旱，用于石漠化地区生态修复成效显著。

（二）经济效益

柑橘产业是务川的特色产业，务川县利用退耕还林项目种植柑橘 2.7 万亩。盛果期亩产柑橘约 2500kg，亩产经济价值约 8000 元，同时有效带动农村剩余劳动力就业，居民收入水平较快增长，生活质量显著提高。务川县柑橘产业探索出了一条生态美、产业兴、百姓富的可持续发展路径。

务川县脐橙（务川县林业局供图）

（三）社会效益

喀斯特地区的经济发展相对滞后，务川县退耕还林工程石漠化治理以林草植被恢复为主要治理目标，同时兼顾地方经济发展的治理理念，充分利用资源优势，有效促进治理区域的经济发展，不仅可以改善因人类不合理的经济活动所造成的环境破坏，同时帮助提升该地区农户经济收入，有效地协调了生态环境与区域经济的共同发展。

五 经验启示

务川县立足资源禀赋，发挥比较优势，科学规划柑橘产业发展，强化品种改良，着力打造“小而美、小而优”的特色产业。近年来，务川县坚持把柑橘产业发展作为实现“农民增收、农业增效、农村增绿”根本途径，充分利用生态环境良好的优势，通过种下柑橘“摇钱树”，敲开群众“致富门”，大力发展橘加工产业和品牌，推动“橘业强、橘山美、橘农富”绿色经济高质量发展，实现“百姓富、生态美”有机统一。其经验启示主要有：

（一）种养并举，大力发展“橘农业”

一是植橘造林扩规模。着力打造柏村镇、蕉坝镇精品水果示范带。改造低产柑橘林，修复老化柑橘林，不断实现丰产丰收。经过改造，柑橘年亩产从 2500kg 左右提升至 3000kg 左右。采取政策扶持定心，通过退耕还林扶持、金融扶持、物资扶持等措施惠农利农。二是“黔橘出山”拓市场。重点面向遵义、重庆、上海等地宣传推介‘通木脐橙’‘乐居椪柑’。

（二）链条延伸，大力发展“橘工业”

一是积极做优橘食品。采取“公司 + 合作社 + 农户”的发展模式，念好产业发展“致富经”。以企业为主体改良橘加工技术，攻克橘保鲜和链条短、销售难等问题。务川县支持企业技改扩能，与县农投公司合作，下一步将形成橘汁、橘罐头、陈皮等加工、销售一体化发展的全产业链模式。二是深入做好橘加工。近年来，着力在延长产业链、提高产品附加值上下功夫、做文章，加快精品水果现代化发展进程，提高市场竞争力，规划在乐居社区修建大型冷冻库 1 间，引进 2 家龙头企业入驻镇农业园区，力争 3 年内构建完备的精深加工工业体系。三是打造“橘乐园”。蕉坝镇橘林面积占镇域面积的 6%，作为“蜜橘之乡”，蕉坝镇紧紧围绕文旅产业化思路，统筹规划、合理布局，依托山水资源，不断完善配套基础设施，以乐居社区为中心，辐射新茶村、蕉坝社区、沙湾村、龙桥村，推进柑橘采摘乐园示范带建设，打造“景中有橘、橘中有景”的“一带两河”橘海景区。

（三）游食并推，大力发展“橘旅游”

一是创建“橘品牌”。以“天之乐・居之养”理念为中心，邀请专家进行技术指导，促使柑橘不断提质增亮，形成“乐居蜜橘”品牌，吸引众多食客和游客，以产业振兴，助力乡村振兴。二是发展“橘旅游”。依托“橘乐园”“橘品牌”等资源，充分利用万亩橘林，每年举办柑橘生态旅游节打造橘园游。截至 2023 年，开发橘林绿色生态旅游景点 3 个，建成民宿 12 家，橘家乐 15 家，带动当地 56 名农民就地吃上“旅游饭”，助力农户就地就近就业。三是生发“橘效应”。近年来，蕉坝镇已探索出一条集种植、养护、加工、销售于一体的致民富路子。

六　模式特点及适宜推广区域

（一）模式特点

务川县在治理石漠化过程中，实现生态效益和经济效益共赢，保护与开发并重。务川县立足于当地海拔、气候、土壤等独特的自然资源，紧紧围绕农村产业革命“八要素”，采取“支部＋合作社＋农户”的发展模式，带动农户经营管理，实现了从产业种植、管护、销售，到周边农户土地流转租用、劳动力就近就地就业、资金配股分红一条龙服务，着力将脐橙打造为县域地标农产品，让脐橙成为农民脱贫致富的“黄金果”，不但改善生态环境，更促进了当地农民增收致富。

（二）适宜推广区域

脐橙原产于巴西，20 世纪初通过数次引种传入中国，现重庆、贵州、江西、四川、广西、云南等地均有栽培，脐橙的花期为 3~5 月，果期为 10~12 月，迟熟品种至翌年 2~4 月。脐橙适宜在温暖、湿润、土质肥沃、光照充足的环境条件，不耐寒，温度低于 −5℃植株会被冻死。不耐阴，长期在荫庇环境下生长不良。

退耕还林在石漠化区域种植脐橙成效（务川县林业局供图）

模式 37 盘州市柳杉治理石漠化模式

盘州市自 2002 年启动实施退耕还林工程以来，深入践行绿水青山就是金山银山理念，大力实施“生态优先、绿色发展、共建共享”发展战略，精心安排，周密部署。全市上下按照省、市、县确定的奋斗目标和工作重点，紧紧抓住西部大开发、加快生态建设的历史机遇，把扎实实施好以退耕还林为重点的生态建设作为林业发展的第一要务。各有关部门密切配合，广大干部群众积极参与，为建设“珠江上游重要生态屏障”提供了强有力的资金保障，对改善生态环境、遏制水土流失、优化产业结构、推进产业扶贫起到积极推动作用。

盘州市退耕还柳杉（盘州市林业局供图）

一 模式地概况

盘州市地处云南、贵州、广西三省份结合部，是贵州省的西大门，位于六盘水市西南部，国土面积 4056km^2，境内有 2 个省级开发区 1 个市级产业园区，下辖 14 镇 6 街道 7 乡 506 个村（居），聚居着汉族、彝族、苗族、白族、回族等 29 个民族，人口数 120 万。年平均气温 15.2℃，年平均无霜期 271 天，年平均日照时数 1593 小时，年平均降水量 1390mm，雨热基本同季；交通区位优势突出、矿产资源富集、旅游资源丰富，是世界古银杏之乡、贵州面向云南和东南亚开放的桥头堡，是中国南方能源战略基地，2019 年位列全国县域经济与县域基本竞争力百强县

（市）第66位。森林面积381万亩，森林覆盖率62.66%。

二 退耕还林情况

盘州市自2002年实施退耕还林工程以来，退耕还林总面积94.46万亩。其中，上一轮退耕还林工程43.9万亩（退耕地造林14.8万亩、宜林荒山荒地造林29.1万亩），退耕地造林涉及全市27个乡镇231个村，45972户181014人；新一轮退耕还林工程50.56万亩，涉及全市27个乡镇，森林覆盖率提高了15个百分点。两轮柳杉种植面积达8.78万亩，成效非常显著。其主要做法如下：

（一）加强组织领导

盘州市人民政府成立了退耕还林还草工作领导小组，结合产业发展，根据各年度目标任务，制定工作方案、明确目标任务、落实工作措施、压实工作责任，保障了各项工作有序开展。

（二）强化组织实施

结合产业基地建设，盘州市建立了县级干部包乡（镇、街道）、部门班子成员包片负责、技术干部蹲点指导的工作机制，按照退耕还林实施方案，层层落实工作责任、强化检查跟踪、督促工作进度，抓实退耕还林还草工作。以村级农民专业合作社为主体落实管护措施，以行业部门为主导及时开展年度自查验收及核实工作，边查边改，采取补植补种、抚育管护加强退耕还林成果巩固。

（三）创新工作机制

2016年，盘州市出台了《中共盘县委员会盘县人民政府关于县属平台公司牵头发展农业产业建设的实施意见》《中共盘县委员会办公室盘县人民政府办公室关于印发〈盘县2017年度特色农业产业管护实施方案〉的通知》等文件，按照"县级统筹、部门指导、乡镇落实、平台公司牵头、合作社实施"的责任体系，明确了产业发展各个环节的组织保障、责任主体、资金保障、实施主体、产品收购、产品销售和产品加工等环节保障机制，结合"三变"改革，通过资源整合，合理配置生产要素，动员各级组织及广大群众共同参与，环环相扣，携手共建，层层分担责任，统筹抓好产业建设及退耕还林工程。

三 栽培技术

（一）造林地选择

柳杉造林地应选择在空气湿度较大、夏季凉爽的温暖湿润气候区。土壤结构疏松的壤质酸性山地黄棕壤、红黄壤、黄壤，土层深厚肥沃的山腰、山脚、山谷、丘陵，海拔1900m以下。除营造单纯林外，可营造柳杉、杉木混交林。在立地条件较好的地方营造混交林，可采用行间混交。造林密度因地而异，一般初植密度每亩为200株左右，立地条件好或远山区每亩可栽植160株。

（二）整地

整地采用块状整地方式，整地时间为5~6月。种植穴采用"三角形"型配置，整地时表土、心土分开堆放。整地后结合填土施放基肥，每穴施放有机肥1~2kg，方法填表土1/4或1/3时，施放基肥，并与填土搅拌均匀后，再填心土，填土应高于地表15cm左右，待填土充分沉降后栽植。

（三）栽植

造林方式采用植苗造林。栽植时间以冬季11~12月造林为主，翌年春季3月前补植，尽量选择在阴雨天进行。栽植时以栽植点为中心，做到苗正、根舒、压实、不窝根。覆土时表土和湿润土边覆边压，最后覆心土略高于地面。为保证造林质量，造林应尽量选择专业队伍，并在造林前进行技术培训，技术人员到现场进行技术指导。

（四）幼林抚育及管护

抚育方式采用刀抚、锄抚方式，抚育次数为3年5次，栽植当年进行第一次抚育，第二、三年各进行2次抚育，时间选择在4~9月；种植成活率在40%~85%的小班，在造林当年秋冬季进行补植；造林成活率不足40%的，应重新造林。

（五）成林抚育间伐

初植密度每亩200株，立地条件中等的林分，5~6年即可郁闭成林，一般10年内无自然整枝现象。间伐开始期应根据胸径连年生长下降期和林木分化程度而定。在立地条件较好的Ⅰ类地，每亩200株以下林分为10~11年；每亩200~300株的林分为8~9年；立地条件较差的Ⅱ类地，每亩240~300株的林分，因林木生长较慢，应以10~11年开始为宜，或在8~9年进行一次卫生伐，以调整密度和改善林分环境。

间伐方法采用下层抚育法，伐除生长衰弱、有病虫害及干形和冠形不良的枝，对个别拥挤的大径木也需伐除，尽量保留生长健壮、树干通直圆满、冠形良好的大径木及个别为了调整密度的小径木，并在当年冬季进行一次深挖抚育（深度20~25cm）。间伐强度根据柳杉10年后开始间伐，25~30年成材主伐和成林后进行两次抚育间伐的要求，以及立木密度和立地条件，可分为强、中、弱三级。间隔期可根据林分郁闭度上升的速度和开始林木分化的时间而定，一般中度或强度间伐后5~6年，弱度的为4~5年。

（六）主要病虫害防治

1. 赤枯病

防治方法：及时清除病株，把病枝叶埋入土中，发病季节喷洒1:1:（150~200）（硫酸铜：生石灰：水）的波尔多液或50%退菌特500~1000倍液，每2周一次，天旱可酌量减少喷药次数。幼树茎干上病斑可涂刷1:（10~12）碱水。

2. 瘿瘤病

防治方法：结合林分抚育伐除重病株。

3. 柳杉云毛虫

防治方法：人工捕杀，营造混交林，使用90%敌百虫1000倍液喷药防治。

（七）采伐

一般柳杉在30~40年采伐为宜。

盘州市退耕还柳杉林成效（杨永艳摄）

四 模式成效

（一）生态效益

20年来，盘州市累计实施退耕还林94.46万亩。其中，上一轮退耕还林43.9万亩；新一轮退耕还林50.56万亩，提高森林覆盖率15个百分点。通过实施退耕还林，减少了陡坡耕地生产经营活动，遏制水土流失，生态功能增强，负离子含量不断增加，生态环境得到有效改善，为珠江上游（贵州西大门）筑起了一道重要的绿色生态屏障。

（二）依托经果增收

通过实施退耕还林，调整产业结构，增加农民收入。新一轮退耕还林工程共获得国家补助资金7.7504亿元。为推进产业扶贫，盘州市把新一轮退耕还林工程与产业结构调整紧密结合，种植刺梨、核桃等经济林47.83万亩，种植柳杉等生态林2.73万亩，农户通过退耕还林补助、以耕代抚开展矮秆经济作物种植、产业管护、鲜果采摘采收、土地流转等增加收入。截至 2020 年已收购刺梨 2.4 万 t，鲜果销售单价每斤 2~2.25 元，鲜果销售收入达 9600 万余元。

五 经验启示

（一）领导重视、责任明确、措施得力、宣传到位

一是高度重视生态环境建设。2002 年，县委、县政府确定了到 2010 年盘州市经济可持续发展“三大战略目标”，即到 2010 年把盘州市建成为“全国煤电大县”“贵州畜牧大县”“珠江上游重要生态屏障”。2003—2008 年，完成植树造林 60 万亩，封山育林 30 万亩。2010 年，森林覆盖率达 35%。

二是成立了以政府县长任组长，分管副县长和林业局局长任副组长，相关单位主要负责人为成员的退耕还林领导小组，加强对退耕还林工作的领导，同时各乡镇也成立了相关的组织，把退耕还林工程作为一项政治任务来抓，明确了主要领导亲自抓、分管领导具体抓、层层建立目标责任制，把退耕还林工作落到实处。

三是工程技术人员实行包片责任制，确保工程质量。

（二）采取切实可行的经营管理模式，稳步推进退耕还林工作

在经营管理模式上，结合盘州市实际，因地制宜实行 5 种经营管理模式。

一是林业科技人员承包经营管理模式。利用林业技术干部懂技术、懂管理、有经验的优势，在农户自愿的前提下，承包退耕地或荒造林，实行包作业设计、包任务完成、包通过检查验收、包钱粮兑现、包管护 3 年。

二是户造共管的经营管理模式。对面积相对集中的退耕地造林地块，由乡、村、组组织农户自己种植，安排专职人员管护。

三是个体承包、联户、集体承包经营管护模式。由承包者负责造林管护，农户用土地入股，收益按比例分成。

四是民兵预备役和专业队伍造林的经营管理模式。

五是户造户管的经营管理模式。

（三）积极探索各种治理模式，确保农民增收

为了确保“退得下、还得上、能致富、不反弹”，在解决农民长远生计方面采取了以下措施：在生态优先的前提下，大力培育优良乡土树种；在立地条件好的地块重点培育经果林，增加农民收入，确保退耕还林成果。

六 模式特点及适宜推广区域

（一）模式特点

盘州市属典型喀斯特地区，石漠化程度深、面积大、类型多，如何选择适合当地造林绿化的树种尤为重要。柳杉具有苗木培育简单、造林成活率高、生长快等特点。柳杉虽不是盘州市乡土树种，但经过 40 多年引种栽培，已成为盘州市荒山绿化、退耕还林主要造林树种之一，无论是在生物学表现还是在生态效益方面都优于柏木、华山松等。在盘州市万亩人工林中有万亩为柳杉纯林或柳杉混交林，为盘州市石漠化治理、退耕还林以及建设珠江上游重要生态屏障作出了巨大的贡献。

（二）适宜推广区域

柳杉为中国特有树种，分布于长江流域以南至广东、广西、云南、贵州、四川等地。柳杉中等喜光，喜欢温暖湿润、云雾弥漫、夏季较凉爽的山区气候，喜深厚肥沃的沙质壤土，忌积水。年平均气温 14~19℃，年降水量 1000mm 以上为佳，尤其适宜于空气湿度大、夏季较凉爽的山区气候，在阴坡或半阴坡的山谷生长更好。

模式 38 花溪区刺槐治理石漠化模式

退耕还林工程实施以来，花溪区牢牢守住发展和生态两条底线，大力推进生态文明建设，立足实际，因地制宜，科学推进石漠化综合治理，探索出一些生态效益、经济效益和社会效益协调发展的石漠化综合治理模式。刺槐因其造林成本低、成活率高、生长速度快、根系固土状况较好、综合利用价值高等特点深受广大退耕户喜爱，一直作为退耕还林工程石漠化治理中的优选树种之一。目前，花溪区石漠化地块刺槐林已经形成了一个较为稳定的生态群落，治理成效显著。

花溪区退耕还刺槐治理石漠化成效（杨永艳摄）

一 模式地概况

花溪区位于贵州高原中部，地处东经106°27′~106°52′、北纬26°11′~26°34′，位于长江水系、清水江和珠江水系、蒙江的分水岭地带，东与龙里县相连，南接惠水县、长顺县，西邻清镇市、平坝区，北连南明区、乌当区，区域面积957.6km^2。花溪区是以中低山丘陵为主的丘陵地貌，山地占总面积的40.1%、平地占12.96%，区内海拔1100~1200m。区内有阿哈水库等中小型水库多座，是贵阳市的主要饮用水源。区内岩石以石灰岩、碳酸岩、白云质砂页岩、页岩为主，其中碳酸岩分布最广，土壤有黄壤、石灰土、紫色土，其中黄壤分布最广。全区属亚热带季风湿润气候，年平均气温 14~15℃，年平均无霜期 280 天，年平均日照时数 1274 小时，不低于 10℃有效积温 3700~4500℃，年平均降水量 1178mm，相对湿度 85% 左右，适应多种林木生长。

二　退耕还林情况

花溪区自 2002 年启动实施退耕还林工程以来，完成退耕还林面积 97507.74 亩，其中退耕还林耕地造林 24200 亩、荒山荒地造林 73307.74 亩。树种主要是柳杉（21000 余亩）、刺槐混交林（11300 余亩）、刺槐（11000 亩）、梓木（5800 余亩）、香樟混交林（4800 余亩）。涉及花溪区 15 个乡镇、办事处的 115 个村共 1126 小班，退耕农户 8151 户人口 33179 人，已累计投入资金 3146.68 万元。通过实施退耕还林还草工程，随着栽植苗木生长郁闭，山上植被逐步形成了乔灌草结合的覆盖网络，森林植被总量得到快速恢复增长。全区森林覆盖率由 2002 年的 32% 左右提升至 2022 年的 55.56%，提升了 20 多个百分点。

三　栽培技术

（一）树种选择

刺槐根系浅而发达，适应性强，是优良的固沙保土树种。其材质硬重、抗腐耐磨，可供枕木、车辆等用材；生长快，萌芽力强，既是速生薪炭林树种，又是优良的蜜源植物。不仅如此，刺槐对二氧化硫、氯气、光化学烟雾等的抗性均较强，还有较强的吸收铅蒸气的能力。刺槐对气候条件适应能力强，既喜干燥、凉爽气候，又耐干旱、贫瘠，可以在中性、酸性及轻度碱性土壤栽培，喜光。刺槐繁殖力极强，有“一年一棵，两年一窝，三年一坡”之说。刺槐是一种常见的中药材，具有清热解毒、润肺止咳、消肿止痛、抗病毒、抗菌、抗氧化等功效，可以治疗口腔溃疡、牙痛、咽喉炎、肺炎、流感等病症。因此一直是石漠化治理的优选树种之一。

（二）造林地清理与整地

造林地清理：块状清理，规格为 60cm×60cm，仅对种植穴周围进行清理，主要清除石块、茬桩、杂物等，尽量不要破坏原生植被和草皮。地块清理结束后，及时开展整地，整地标准及要求如下：

整地方式：穴状整地。

整地方法：人工块状整地。

整地规格：40cm×40cm×30cm。

整地的要点：表土、心土要分开堆放。整地时要求先将表土置于穴的上方或斜上方，挖出的心土放于下方筑埂。整地时，禁止炼山，尽量防止水土流失。

（三）苗木要求

裸根苗要求苗木地径 0.8cm 及以上，苗高 80cm 及以上，顶芽饱满，叶色正常，充分木质化。

（四）造林密度

每亩造林 111 株，株行距 2m×3m。

（五）造林方式

采用植苗方法造林。造林前按设计密度、配置模式划定植树点，挖好种植穴。在布置种植穴的过程中，应该结合种植密度及地形地貌见缝插针，合理分布，种植穴经检查验收合格后方可栽植苗木。石漠化严重区域选择“鸡窝土”进行挖穴。植苗前表土先回填穴内，然后将苗木置于穴中心，每穴植一株，填土一半后提苗轻轻踩实，再填土轻轻踩实，最后穴表面覆盖一层虚土。在保证苗木质量的前提下，根系舒展并与土壤充分接触、覆土适度、覆盖虚土减少水分蒸发是确保造林成活率的关键。

（六）造林时间

树叶全部掉落后，选择冬季造林和雨季造林，尽量选择土壤水分适中的阴天、小雨天和雨后晴天。土壤过干、连续晴天、大雨天和大风天都不宜造林。

（七）抚育管护

刺槐造林成活率、保存率很高。一般情况下，应加强管护，无须抚育、补植。

补植：造林结束后，对合格率达不到标准（85%）的，应对造林地块进行全面补植补造。

除草：新植幼树对外界不良环境的抵抗力弱，要进行抚育，改善光、热、水、气、肥等条件，促使幼苗幼树迅速生长，及早郁闭成林。

抚育：种植结束后，连续抚育3年，共3次。抚育的主要目的是去除种植穴周围的杂草。

种植完成后的第1年至第3年的11~12月，加强护林防火巡逻，防止牲畜践踏，人为破坏。同时加强病虫害防治。

（八）常见病虫害防治

刺槐抗病能力强，一般不易发生病虫害。

1. 刺槐溃疡病

防治措施：一是定期检查树木，及时发现并处理病斑。二是使用生物防治方法，如喷洒有益微生物，以抑制病原菌的生长。三是加强树木的养护管理，提高其抗病能力。

2. 刺槐白粉病

防治措施：一是定期清理落叶和枯枝，减少病原菌的传播。二是使用化学药剂，如硫黄粉或石灰粉，进行防治。三是加强树木的养护管理，提高其抗病能力。

3. 刺槐蚜虫

防治措施：一是使用生物防治方法，如释放天敌昆虫进行防治。二是使用化学药剂，如吡虫啉等杀虫剂进行防治。三是加强树木的养护管理，提高其抗虫能力。

4. 刺槐红蜘蛛

防治措施：一是使用生物防治方法，如释放蜘蛛天敌进行防治。二是使用化学药剂，如三氯杀螨醇等杀虫剂进行防治。三是加强树木的养护管理，提高其抗虫能力。

花溪区退耕还刺槐治理石漠化成效（杨永艳摄）

四 模式成效

（一）森林资源增加显著，生态环境恶化状况逐步得到改善

通过实施退耕还林还草工程，花溪区新增林地2万余亩。随着栽植苗木生长郁闭，山上植被逐步形成了乔灌草结合的覆盖网络，森林植被总量得到快速恢复增长。刺槐林已全部成林，有效地促进了周边养蜂产业的发展，为农民增收、农村迈向小康社会作出较大的贡献。

（二）林业生态体系初步建立，林业生态效益逐步发挥

在工程建设中，从项目规划设计到组织实施，非常注重生物多样性的恢复和保护，采取人工造林和封山育林并举，加大营造混交林，注重多林种、多树种结合造林，做到适地适树，全区林业生态体系基本形成，林业生态效益逐步发挥。通过实施退耕还林等工程，全区森林覆盖率由2002年的32%左右提升到2022年的

55.56%，提升了20多个百分点，生态环境明显改善，为全区社会、经济可持续发展起到了重要作用。同时，促进种植业、养殖业发展，提高农业单产，确保粮食稳产提供了良好的保障。另外，对促进地方社会稳定、产业结构调整、增加林农收入等方面都起到积极的作用，初步实现人口、经济、资源和环境的协调发展。

（三）发展后劲不断增强，农民经济收益逐步提高

退耕还林工程的实施，标志着国家对生态环境建设的高度重视进入了实质性运作阶段。退耕还林一系列政策和措施的出台，也预示着国家在发展社会公益事业的同时充分兼顾农民利益。迄今为止，退耕还林是使农民受益最多最大的生态工程。据统计，仅退耕还林这一块，至2008年年底，花溪区已兑现补助3146.68万元，全区115个村8151户农户受益。退耕农户除享受国家补助外，还发展了一份产业，为致富增收创造了条件。

五 经验启示

（一）领导高度重视，确保工程顺利实施

区委、区政府把退耕还林工程列为整个生态环境建设的重中之重，成立了以主管副区长为组长、政府办公室副主任和区林业、发改、财政、粮食、监察、审计等部门负责人为成员的退耕还林工程领导小组，设立了专门的办公室。各乡镇也成立了相应的机构，负责工程建设的指挥、协调、实施和管理，为工程的顺利实施提供了强有力的组织保证。

（二）采取有效措施，提高退耕还林工程建设质量

1. 增加投入，注重工程质量

区政府根据花溪区立地条件差、造林难的实际情况，在中央资金50元/亩的基础上，区级财政匹配30元/亩，增加造林投入，确保造林质量。同时，在工程实施过程中，严格落实招投标制度，以公开招投标方式筛选造林队伍，力求造林工程专业高效推进。

2. 注重专业工作队伍的培训

对技术规程、工作方法、职业道德、政策宣传，采取授课、会议、实地指导检查等方式进行培训教育，从而提高工作人员的技术水平和能力，确保退耕还林工作作业设计质量，尽量减少工作过程中的失误。

3. 把好兑现政策关

为贯彻国家林业和草原局“严管林、慎用钱、质为先”的指示精神，保证退耕还林政策的合理兑现，切实做到了“两个坚持”，即坚持检查验收制度。在检查验收合格基础上兑现政策，造林实施期限内不合格的延期兑现；坚持公示制度，对所有享受退耕还林补助政策的农户在每次检查验收后公示。

4. 注重工程档案信息管理

对退耕还林资料分技术档案、工作档案、文书档案、财务档案以及群众来信来访档案分别进行归档，使整个退耕还林工程在管理上保持系统性和完整性，促进了上下信息沟通和各项工作的顺利开展。

（三）严格执行“十个不准”

即不准毁林造林，不准林粮间种，不准将荒山造林和未到户的坡耕地及休耕地纳入退耕地造林报账，不准克扣钱粮补助，不准虚报、冒领、骗取钱粮补助，不准与其他林业工程重复，不准将基本农田纳入退耕还林范围，不准损害退耕农户的利益，不准将验收不合格面积报账，不准挪用退耕还林资金。坚持“四个公示”，即以村组为单位，将退耕农户、造林地点、验收合格面积和补助钱粮进行张榜公示。

（四）确保检查验收到位

严格执行检查验收制度及其标准，组织督查

组和专业技术人员深入到小班地块跟踪检查，严格把关。抓住验收不放松，坚持“谁验收、谁签字、谁负责”的终身负责制，确保验收质量。

六 模式特点及适宜推广区域

（一）模式特点

刺槐适应性强、生长良好，并能自然演替、繁育，尤其在生态脆弱地区也适宜栽培，在绿化、水土涵养等方面发挥重大作用。刺槐还是一种常见的中药材和蜜源，能有效地带动地方产业的发展，增加农户的经济收入。通过退耕还林工程，越来越多的“石山”披上了“绿装”，在治理“石漠化”的路上，花溪区始终踔厉奋发、勇毅前行，敢向“石山”要“效益”。

（二）适宜推广区域

刺槐在全国各地都有栽植，在黄河流域、淮河流域多集中连片栽植。刺槐对环境条件具有广泛适应性，平原、丘陵、中高山区均适宜栽植。喜土层深厚、肥沃、疏松、湿润的壤土、沙质壤土、沙土或黏质壤土，在中性土、酸性土上都可以正常生长。以阳坡、半阳坡中下部、低谷带栽植为宜。

模式 39 紫云县杉木治理石漠化模式

紫云苗族布依族县（简称紫云县）地处麻山腹地，属滇桂黔石漠化集中连片特困地区，是贵州省内喀斯特脆弱生态环境条件下区域贫困的典型。近年来，紫云县牢牢把握“生态优先、绿色发展”战略定位，将石漠化治理工程作为推动绿色建设的重中之重，实施造林育林一起抓，兴修水利，石漠化治理成效显著。

紫云县退耕还林在石漠化区域种植杉木成效（紫云县林业局供图）

一 基本概况

紫云县位于贵州省西南部，隶属安顺市，位于东经 105°55′~106°29′、北纬 25°21′~26°3′，县域面积 2251km^2。紫云县是典型的喀斯特地貌，地势南北高，中部低而平缓，向东西两侧倾斜，似马鞍形，最高海拔 1681m，最低海拔 623m，全县海拔多集中在 1000~1300m。县内属亚热带季风性湿润气候，年平均气温 16℃，年平均无霜期 347 天，年平均降水量 1270.7mm，水热同季。全县辖 3 街道 8 镇 2 乡 162 个行政村 12 个社区。2022 年年末，户籍人口 41.11 万人，常住人口 28.97 万人，少数民族常住人口占总人口的 64.08%，全县有苗族、布依族等 31 个民族，是全国唯一的苗族布依族自治县。全县现有林地面积 233 万亩，占全县总面积的 68%，森林覆盖率为 68.63%。

二 退耕还林情况

紫云县从 2002 年开始实施退耕还林工程以来，累计实施退耕还林 65.365 万亩、其中退耕地造林 38.165 万亩、荒山造林 10.45 万亩、封山育林16.75万亩。紫云县森林覆盖率已从实施退耕还林前（2002年）的22.5%提高到2023年的68.63%。通过实施退耕还林，森林覆盖率提升了近46.13个百分点。紫云县于2002年利用退耕还林工程在板当镇、原松山镇（现松山街道、五峰街道、云岭街道）、大营镇、猴场镇、四大寨乡等部分石漠化严重的地区实施杉木种植近5万亩，目前石漠化治理成效显著。

三 栽培技术

（一）树种选择及苗木要求

在生态优先的前提下，结合造林小班的立地条件，按照适地适树原则确定治理模式和造林类型设计，选择更新能力强，老百姓喜爱的杉木为主要造林树种，替代树种选择藏柏和滇柏。

苗木选择：1年生容器苗，要求苗高25cm以上，地径0.3cm以上，苗干通直，色泽正常，根团完整，无病虫害，充分木质化。

（二）造林地清理与整地

清除地内所有杂草，采用穴状整地，规格为40cm×40cm×30cm。在挖穴时，将表土和心土分开堆放，表土堆放在穴的左右两侧，心土堆放在穴下方，整地时做到穴内土碎、无杂草和石块，然后用表土回填，回填土应高出地面5~10cm。

（三）造林方式

株行距为2m×1.5m，密度为222株/亩。栽植时，在穴中央开挖深15~20cm小坑，撕破容器袋底部（确保袋苗基质完整，不松不散），将袋苗放入定植穴中央，培土扶正踏实，培土面应覆盖容器土面。杉木容器苗造林，最好选择在冬、春造林季节和雨季适时造林。

（四）抚育管护

为满足新造幼林对光、温、水、气、热、肥的要求，必须清除幼树周围1m范围内的杂草、杂灌，以免与幼树争夺营养空间，确保幼树正常生长，每年抚育一次，在9~10月进行，连续抚育3年。针对造林成活率达不到标准（85%）的地块，组织退耕农户进行补植补造，同时加强护林防火巡逻，防止牲畜践踏及人为破坏。

（五）病虫害防治

（1）杉木炭疽病。杉木炭疽病的流行主要是因为树木受到其他环境因素影响，抗病力减弱所致。如土壤黏重板结、瘠薄干旱、地下水位过高等，都是诱发病害的重要原因。因此，防治方法应以营林措施为主。深耕整地，深挖抚育，施用有机肥料，间种绿肥或压青等，都可以从根本上改善杉木幼林生长条件而达到预防杉木炭疽病的目的。对立地条件太差、短期内改善有困难的局部地方，应改用其他适当的树种造林。

（2）杉木生理性黄化病。立地条件不良的杉木幼林，或遭受旱涝灾害的幼林，针叶常普遍产生黄化现象。预防杉木黄化病应在造林时注意适地适树的原则，并要加强幼林的抚育管理。

（3）双条杉天牛。防治方法主要为加强林地抚育，做好除萌防萌工作。对于过密的林分，须适时进行合理的间伐抚育，使林分通风透光，林木生长健壮，不易发生虫害。

退耕还林在石漠化区域种植杉木成效（紫云县林业局供图）

（六）间伐

在林分郁闭后出现被压木存在强烈的自然整枝枯黄现象时，可开始进行抚育间伐，间伐强度为35%~50%，间伐后保留的郁闭度为0.6~0.7。注意抚育间伐的原则是砍小留大、砍劣留优、砍密留稀、砍杂留杉。

四　模式成效

（一）自然生态环境明显改善

退耕还林工程实施20多年来，森林面积增加近38万余亩，国土绿化面积得到大幅度增加，气候环境、空气质量明显改善，水源涵养能力、水土保持能力显著提高，有效遏制了水土流失和石漠化的加剧，全县森林覆盖率提高了近46.13个百分点。

（二）助民增收，加快脱贫致富步伐

退耕还林工程实施20多年来，紫云县上一轮退耕还林国家共投资退耕还林补助24747.705万元，受益退耕农户45000户，户均增收5499元。新一轮退耕还林工程中央累计总投资51773万元，受益退耕农户为62475户，户均增收8286元。从以上数据可以看出，退耕还林的补贴资金超过了农户从原来广种薄收的坡耕地中获得的收益，已成为他们重要的经济收入来源之一。同时，实施退耕还林的农民，不仅有了可靠的资金收入，还可腾出劳动力从事多种经营和副业生产，增加收入，加快了脱贫致富步伐。

（三）产业结构调整明显加快

在工程实施中，紫云县紧紧抓住国家实施退耕还林的机遇，结合林业产业发展，充分利用退耕还林补助期长、投资高、涉及农户多的特点，引导和带动广大农户大力培植特色经济林，努力扩大种植面积，推动林业产业发展，增强脱贫致富的后劲。特别是在新一轮退耕还林工程建设中，造林树种为经济林苗木的占92.6%，有效地促进了山区产业结构调整，为紫云县林业产业发展打下了良好的基础，推动了地方经济的健康发展。

五　经验启示

紫云县退耕还杉木模式的主要经验启示有：

（一）领导重视，层层负责

为抓好退耕还林工作，安顺市人民政府印发了《关于切实抓好退耕还林工作的通知》。同时，市政府与各县（区）政府、县（区）政府与各乡（镇）政府都分别签订了退耕还林工程责任状，明确了目标、责任、奖惩。

（二）广泛宣传，深入发动

充分利用广播、有线电视、报刊、标语等各种宣传工具，全面宣传《退耕还林条例》和国家对退耕还林的相关政策，使之家喻户晓，深入人心，促进、保障了退耕还林工作健康、稳步推进。

（三）抓好育苗，确保供应

种苗质量的优劣，决定退耕还林的质量和成败。针对针叶树种，紫云县结合年度计划任务，在原国有林场建立苗圃基地，分别培育了杉木、滇柏、藏柏、马尾松等容器苗，为退耕地造林提供了苗木保障。在苗木供给中，一是县内能够满足苗木供应的，一律不许在县外调进。二是没有“两证一签”的苗木不许使用。三是达不到国家造林标准的苗木不准上山造林。

（四）重视科技，确保质量

为确保造林质量，县退耕办对县、乡两级干部进行技术培训，乡（镇）对村、组干部和退耕农户进行技术培训；技术员现场加强技术指导，使退耕农户掌握退耕地造林树种的栽植方法，从而确保造林质量。

六　模式特点及适宜推广区域

（一）模式特点

紫云县依靠国家政策的支持，积极向上级部

门争取退耕还林、石漠化治理、退化林修复、封山育林等营造林指标，在石漠化严重区域开展国土绿化和封山育林等项目建设，通过项目实施，不但改变了生态环境和气候，还净化了空气质量，同时增加了水源涵养和水土保持能力，有效遏制了水土流失和石漠化的加剧。紫云县退耕还杉木模式中，石漠化土地治理成效显著，是继石漠化柏木治理模式之外又一可推广的模式。

（二）适宜推广区域

杉木是栽培广、生长快、经济价值高的用材树种之一。木材黄白色，供建筑、桥梁、造船、矿柱、木桩、电杆、家具及木纤维工业原料等使用。抗风力强、耐烟尘，可作行道树及营造防风林。同时，具有药用价值。杉树喜在温暖且多雨的环境下生长，杉木分布区内的年平均气温为15~20℃，极端最低温度 -17℃，极端最高温度40℃，年降水量 800~2000mm。杉木生长最适宜的气候条件为年平均气温 16~19℃，极端最低气温 -9℃以上，年降水量 1300~1800mm，且分配均匀，无旱季或旱季不超过 3 个月。目前，在浙江、江苏南部、安徽南部、四川、贵州、云南、湖南、湖北、广东、广西、福建及河南等地有栽培。

模式 40 七星关区柳杉、云南樟混交生态修复模式

七星关区是毕节试验区的政治、经济、文化中心，毕节试验区是全国唯一一个以“开发扶贫、生态建设”为主题的试验区。自 2002 年以来，先后实施了两轮退耕还林，取得显著成效。为提升退耕还林工程成效，七星关区以退耕还林与国储林整合实施的模式，通过“公司＋合作社＋农户”的组织方式建立利益联结机制，鼓励企业以资金、技术入股，合作社统一管理，群众以土地入股或劳务收入，架起了绿水青山通往金山银山的桥梁。

七星关区退耕还林结合国储林建设项目（金虎摄）

一 模式地概况

毕节市七星关区位于贵州省西北部，地处四川、云南、贵州三省份交汇区域，是西南地区重要的物资集散地。境内地势西高东低，面积 3747km^2，共辖 53 个乡镇街道（其中包括 14 个街道、28 个镇、11 个乡）。区内平均海拔 1511m，年平均气温 12.5℃，属亚热带湿润季

风气候，冬无严寒、夏无酷暑，夏季最热月超30℃的时间只有一周左右，适宜生态疗养、避暑度假，享有“中国十大避暑旅游城市”“中国绿色宜居城市”“贵州省长寿之乡”“中国古茶树之乡”等美誉，境内拱拢坪国家森林公园获“中国森林氧吧”称号。物产资源丰富，有硫、铁、煤等20余种矿产资源，其中煤炭地质储量达42.55亿t，硫黄矿储量达8.41亿t，黏土储量达3000万t；有杜仲、天麻、半夏等2000余种中药材。

二 退耕还林情况

2002—2006年，七星关区退耕还林任务25.09万亩，其中退耕地造林11.59万亩，涉及39个镇（乡、办）；荒山造林13.5万亩，涉及38个镇（乡、办）。2014—2020年，新一轮退耕还林还草工程任务85.0513万亩，全部属于退耕地造林，涉及44个镇（乡、街道）。其中，退耕还林工程与国家储备林项目整合高质量实施4.26万亩。其主要做法如下：

（一）强化监督与管理，确保质量

七星关区认真贯彻和落实林业监督和检查机制，通过加强监督减少人为对环境的破坏。强化林业种植质量，尤其是对于不规范种植者应给予管理和处罚，凡是不具备“一签二证”或者二级以下种苗的，一律不允许进入市场，这样做的目的也是更好地促进林业持续发展。

（二）建立有效的管护制度和措施

有效的管护制度主要是通过人为的对林木进行保护，进而避免乱砍滥伐现象的出现。为了更好地贯彻和落实这一任务，七星关区建立各级政府主管领导为责任人的管理机制，通过明确划分土地管理责任，更好地实现退耕还林的管理和保护政策。建立有效的管护制度和措施不仅可以提升环境和生态效益的建设，还可以在很大程度上促进农村经济的发展。

（三）科学规划、精心技术指导是工程建设的质量基础

工程实施以来，区委、区政府高度重视，把退耕还林工程建设与生态建设、精准扶贫、产业结构调整结合起来，精心组织，全力推进全县新一轮退耕还林工程建设。七星关区林业局组织技术人员深入一线，在乡、村、社干部配合下开展规划设计、土地丈量、登记造册、合同签订、技术指导、信息录入及检查验收等各项服务工作，为工程建设做好了保障工作。

三 栽培技术

（一）造林地选择

香樟性喜温湿，香樟苗根系深广，一般在山区、丘陵红壤、黄壤都可栽植樟树，土层深厚、肥沃的土壤更好。造林地的清理时间一般选择在2月。林地清理采用垂直带状清理，带宽1m，林地清理工作主要是铲除带内杂草、杂灌，以方便挖穴和栽植。

柳杉造林地应选择在空气湿度较大，夏季凉爽的温暖湿润气候。土壤结构疏松的壤质酸性山地黄棕壤、红黄壤、黄壤，土层深厚肥沃的山腰、山脚、山谷、丘陵，海拔1900m以下在立地条件较好的地方，可采用行间混交。

（二）整地

整地应做到因地制宜，一般山地坡度在15°以下，可实行林粮间作。在陡坡宜采取带垦，一般带宽1m，深翻土壤30cm，再在植树点上挖60cm×60cm×50cm的大穴，施肥造林，减少水土流失。在杂草少、土壤条件较好而劳动力较少的地方，可采用穴垦整地，穴规格不应小于（50~70）cm×（50~70）cm，深40~60cm。在四旁进行整地时，规格应适当加大。整地时间以秋冬季为宜，平地秋冬整地，春季造林，这种做

法比边整地边造林的林木长势好。

（三）种植

3~4 月种植，每亩种植柳杉和云南樟共 167 株，株行距 2m×2m。采用 1~2 年生实生苗，按照“三埋两踩一提苗”的栽植技术，基肥与表土拌匀，放在坑底，先回填表土至距坑口约 20cm 的位置，然后放入苗木，扶正后回填表土 10cm 左右轻提苗木，使根系舒展（容器苗不能提苗），用脚沿四周踩实，覆土 10cm 至根颈位置，然后再次踩实，最后覆上松土（容器苗不要踩到土球）。栽植时施基肥 0.3kg/ 株，苗木根系不得直接接触肥料。栽植 10 个月后，检查造林成活率，有缺株及时补植，在翌年 5 月底以前完成补植。

（四）建设期抚育

种植后连续抚育 3 年（包括造林当年），清除灌木、杂草、藤蔓，进行病虫害防治等。每年 1 次锄抚、1 次刀抚。锄抚在每年 5 月进行，刀抚在 8 月进行。每次抚育结合追肥进行，施用复合肥 0.2kg/（株・次）。第 3 年对柳杉和云南樟进行修枝整形，云南樟进行定干，促进树木主干顶端优势发育。

（五）运营期抚育

运营期每 5 年抚育 1 次，抚育方式为松土、施肥 [（肥料为复合肥，0.2kg/（株・次）]、割灌除草等。在种植的柳杉和云南樟生长成林后，林分中如有非培育目的树对经营目标树种的生长造成影响，可进行适当的抚育间伐，但抚育间伐不能形成林窗，不能使森林郁闭度低于 0.6，应去密留疏、去弱留强、去弯留直、去病留壮，并与除草、割灌修枝等经营措施相结合。

（六）主要病虫害防治

1. 云南樟主要虫害防治

云南樟主要虫害为樟蚕。防治措施：一是人工防治。人工捕杀幼虫和蛹茧。在 3 月人工刮除树枝、树干上的卵块；5 月以后，幼虫下树寻觅结茧场所，可在此刻捕杀，削减其越冬基数；冬天去掉越冬蛹茧。二是物理机械防治。运用成虫有强烈趋光性，在 3 月中下旬成虫羽化盛期用黑光灯或卤素灯诱杀。

2. 柳杉的病虫害防治

（1）赤枯病。

防治措施：一是合理施肥，培育无病状苗。施肥要合理，氮肥不宜偏多，提高苗木抗性，培育无病状苗。二是药剂防治。发病期间用 0.5% 的波尔多液、401 抗菌剂 800 倍液及 25% 的多菌灵 200 倍液，每 2 周喷 1 次。

（2）枝枯病。

防治措施：一是抽叶前及入冬后分别喷施 1：1：100 的波尔多液 1~2 次。二是在开春后，新梢抽发前，在喷药防治的同时，从病健交界处切除病死枝条，切口涂波尔多液加以保护并防止水分蒸发，切下的病死枝条集中烧毁。

（3）柳杉毛虫。

防治措施：一是农业防治。加强抚育，科学肥水，增强树势，减少虫害。注意修剪有虫枝，摘除受害叶，人工摘除虫茧，集中烧毁；利用炎热天幼虫需下树避荫喝水的习性，在树干涂刷毒环（较浓的药液加些胶性物质），截杀幼虫。二是诱杀成虫。在成虫羽化盛期利用黑光灯或火堆进行诱杀。三是药剂防治。必要时，可用 90% 敌百虫 1000 倍液喷药防治。

（七）采伐与移植

造林后第 9 年进行云南樟的移植，每亩移植 35 株，对保留树种进行修枝整形，促进林木生长发育。造林后 20 年进行第一次间伐，间伐强度控制在林木蓄积量的 20% 以内，间伐后森林的郁闭度控制在 0.6~0.7。林木主伐根据林分种类及培育目标，柳杉 26~30 年、云南樟 30~45 年后可进行主伐、皆伐。

四 模式成效

（一）加快生态建设步伐

退耕还林政策的实施能够有效地加快生态建设的发展。实施退耕还林不仅可以降低七星关区自然灾害发生的概率，还可以有效地避免山体滑坡、泥石流灾害的出现，为维护当地居民的生活和发展给予了一定的保障。不仅如此，退耕还林政策还可以更好地促进农村产业结构的调整，使得人均收入有所提升。

（二）经济效益显著

自从实施了退耕还林政策之后，退耕农户在该政策中受益，国家的补助政策使得退耕农户的收入明显增高。七星关区上一轮退耕地造林11.59万亩，获得国家政策补助资金3.514亿元，新一轮退耕还林工程共获得国家补助资金14.54亿元。各乡镇依托退耕还林项目建设，因地制宜，发展经果林增加收入，尤其是与国家储备林项目整合部分，增加了土地流转费。

七星关区退耕还林结合国家储备林建设成效（金虎摄）

（三）森林资源总量增长，森林生态系统质量提高

退耕还林工程的实施使七星关区生态恶化的状况得到有效改善，农业基础设施进一步完善，森林植被覆盖面积及质量得到提高。全区森林覆盖率从2002年的28.4%提高到2019年的57.27%，提高了28.87个百分点，其中退耕还林工程是增加森林覆盖率的中坚力量。

五 经验启示

（一）广泛宣传，深入发动，是动员全社会参与退耕还林的关键

根据退耕还林政策性强、涉及面广、技术要求高的实际情况，区林业局组成宣传培训工作队深入到各乡镇进行政策宣传和技术培训，广泛宣传退耕还林工程实施的重大意义，提高广大干部群众抓住机遇大搞生态建设，在全区形成了退耕还林工程建设由“要我干”变为“我要干”的积极氛围。

（二）强化领导，健全组织，是全力打好退耕还林攻坚战的保障

一是成立了全区退耕还林工程领导小组，对全区的退耕还林工程进行总体指挥调度。二是明确了各乡镇（街道）行政负责人为退耕还林工程的第一责任人，对本乡镇（街道）的退耕还林工程负总责。三是区发改、自然资源、林业、财政等有关部门，按照各自的职能分工，各司其职、各负其责、密切配合，共同做好退耕还林建设工作。

（三）创新机制，政策推动，是增强退耕还林工程建设意识的动力

在退耕还林工程建设中，依靠政策和机制落实调动农民退耕还林的积极性。在营造林机制创新上，贯彻执行“谁退耕、谁造林、谁经营、谁受益”的原则，在政策引导和群众自愿的基础上，积极推行“公司＋合作社＋农户”的造林经营新机制，明确退耕农户责、权、利，确保了全区退耕还林工程实施。

（四）种苗管理，强化支撑，是提高退耕还林建设质量的途径

搞好退耕还林建设，种苗是基础，科技是支撑。在种苗供应上，严格苗木供应“两证一签”制度，实行市场化供苗，杜绝“人情苗”“关系苗”，在提高种苗质量上实现新突破。在科技支撑上严格遵循因地制宜、适地适树的原则，采取乔灌相结合的退耕还林模式，有效地提高了造林成活率。

六 模式特点及适宜推广区域

（一）模式特点

毕节市七星关区是云贵高原石漠化危害严重的地区之一，如何选择适合当地造林绿化的树种尤为重要。柳杉具有苗木培育简单、造林成活率高、生长快的特点，是七星关区荒山绿化、退耕还林主要造林树种之一。云南樟属常绿乔木，符合国家储备林项目培植大径材木材的需要。退耕还林与国家储备林项目整合实施，农民得到实惠，真正实现了“退得下，还得上，稳得住，不反弹”的目标，为长江中上游重要生态屏障作出了巨大的贡献。

（二）适宜推广区域

柳杉是我国南方高海拔地区重要造林树种之一，一般生长在海拔400~1400m的背风向阳处。适生于温暖湿润气候，尤其需要空气湿度大、云雾弥漫、夏季较凉爽的海洋性或山区气候。要求年降水量1000mm以上，年平均气温14~19℃。土壤以山地黄棕壤、红黄壤、黄壤为主，在土层深厚、富含腐殖质、湿润而适水性较好、结构疏松的壤质酸性土中生长良好。

香樟喜光，稍耐阴，喜温暖湿润气候，耐寒性不强，适生于年平均气温16℃以上，年降水量1000mm以上且分布比较均匀，相对湿度82%以上的地区。对土壤要求不严，红壤、黄壤及石灰岩发育的土壤均能良好生长，最好为肥沃通透性沙土壤。较耐水湿，以土壤质地疏松、湿润深厚的地方生长较好。主要生长于亚热带土壤肥沃的向阳山坡、谷地及河岸平地。随着全球气候变暖，我国适合樟树栽种的地区也逐步向北发展。

第四篇

退耕还林工程
发展林下经济绩优模式

林下经济是指利用林地资源和森林生态环境，发展林下种植、养殖、采集等产业，实现土地资源的高效利用和生态环境的保护。发展林下经济是退耕还林工程的重要发展方向之一。通过充分利用森林资源和林地空间，优选林下经济模式，可以实现土地资源的高效利用，提高农民收入水平，同时也可以促进地方经济的快速发展和社会的稳定。本篇总结了贵州成效较好的几种林下经济模式供参考，以期得到更广泛的应用和推广。

锦屏县林下经济基地（锦屏县林业局供图）

模式 41 锦屏县林下经济发展模式

自实施退耕还林、国家储备林等项目以来，锦屏县县委、县政府深入践行“两山”理念，创新发展模式，因地制宜，多措并举盘活林业资源，创新林上铁皮石斛、林中特色种植、林下综合养殖、林内休闲康养、林外精深加工的“五林经济”发展模式，走出一条“一二三产业高效联动、林文旅深度融合，生态环境持续向好、民生福祉全面增进”的林业经济绿色发展之路。通过“五林经济”模式，锦屏县的“林＋N”产业初具规模，实现了产业发展、企业增效、农户增收多方共赢。

锦屏县退耕还林林下种中药材基地（锦屏县林业局供图）

一 模式地概况

锦屏县位于贵州省黔东南苗族侗族自治州（简称黔东南州）东部，地处云贵高原东缘向湘西丘陵过渡地带，位于东经 108°48′37″~109°24′35″、北纬 26°23′29″~26°16′49″，县域面积 1597km^2。县内一般海拔 400~800m，最高海拔 1344.7m，最低海拔 282m，气候温和，雨量充沛，属中亚热带湿润季风气候区，年平均温度16.4℃，不低于10℃有效积温4336~4966℃，年平均日照时数1086.3小时，年降水量1250~1400mm。县下辖15个乡镇205个行政村4个社区委员会1个居民委员会1483个村民小组。常住人口为15.5万人。锦屏县境内森林资源丰富，森林面积175.31万亩，森林覆盖率72.18%，拥有3个国家级森林乡村、3个省级森林乡镇、11个省级森林村寨，先后被授予“国家集体林业综合改革试验区”“全国林下经济产业示范县”“中国南方林区皇冠上的明珠”等称号，是中国南方典型集体林区县、贵州省重点林业县，素有“杉木之乡”“舞龙之乡”等美称。

二 林下经济发展情况

近年来，锦屏县以党建为引领，积极探索林上铁皮石斛、林中特色种植、林下综合养殖、林内休闲康养、林外精深加工等特色产业发展路径，提高林业综合效益，壮大林下经济。

林上铁皮石斛：采取“龙头企业+党支部+合作社+农户”的组织方式，实现组培、驯化育苗、大棚种植、搭架种植、活树近野生种植一体化发展。目前，已建成石斛种植产业基地3个，种植面积1.95万余亩，年产值1.49亿元。

林中特色种植：大力发展茯苓、南板蓝根、淫羊藿、百部、黄精等特色喜阴中药材植物，通过长短结合、以短养长的方式，盘活林地空间。目前，已完成森林利用面积60.66万亩，完成产值5亿元，完成林药种植6.78万亩。

林下综合养殖：以支部领办合作社为抓手，通过组织群众以资金、资产、资源等加入合作社，集中发展林下养鹅、鸡、牛、羊、蜂等综合养殖产业，推动集体增收和群众致富。目前，发展林下养鹅、鸡等家禽16.07万羽，养牛、羊885头，养蜂1.03万箱，年产优质蜜蜂超150t，产值1500万元。

林内休闲康养：通过集体经济公司、农民专业合作社、家庭农场等多种经营方式，重点打造集休闲康养、野外露营、珍稀林木观赏等林旅融合发展项目，加快推进旅游业发展。截至目前，全县累计接待游客15000余人次，实现旅游综合收入120万余元。

林外精深加工：发挥森林资源优势，推动林产品加工及家具制造产业不断向高端板材、家居制造等中高端产业发展。目前，全县木材经营加工场所85个，2023年上半年累计产值8491万元。

林下种黄精树上种石斛（杨永艳摄）

三 栽培技术

以茯苓、百部为例介绍栽培技术。

（一）茯苓栽培技术

1. 植物特性

茯苓多寄生于马尾松或段木上，其生长发育可分为两个阶段，即菌丝（白色丝状物）生长阶段和菌核阶段。

第一阶段是菌丝（白色丝状物）生长阶段，主要是菌丝从木材表面吸收水分和营养，同时分泌酶来分解和转化木材中的有机质（纤维素），使菌丝蔓延在木材中旺盛生长。第二阶段是菌核阶段，即菌丝至中后期聚结成团，逐渐形成菌核（亦称结等）。结苓大小与菌种的优劣、营养条件及温度、湿度等环境因子有密切关系。不同品种的菌种，结苓的时间长短也不同。有的品种栽后3~4个月开始结苓，有些则较慢，需6~7个月。早熟栽种后9~10个月即可收获，晚熟的品种则需12~14个月。

2. 生长特性

茯苓喜温暖、干燥、向阳，忌北风吹刮，以海拔在700m左右的松林中分布最广。温度以10~35℃为宜。菌丝在15~30℃均能生长，但以20~28℃较适宜。当温度降到5℃以下或升到25℃以上，菌丝生长受到抑制，但尚能忍受-1~5℃的短期低温不致冻死。

土壤以排水良好、疏松通气、沙多泥少的夹沙土（含沙60%~70%）为好，土层以50~80cm深厚、上松下实、含水量25%、pH值5~6的微酸性土壤最适宜菌丝生长。切忌碱性土壤。

林下种植的茯苓（锦屏县林业局供图）

3. 种植方法

（1）备料。茯苓生长主要依靠菌丝在松树的根和树干中蔓延生长，并分解和吸收其中养分和水分，基于这一特点，选用松树作为茯苓的生活原料。为了充分发挥松树的利用效率，目前生产上主要采用段木栽培和树蔸栽培两种方法。

①段木备料。每年10~12月，松树砍伐后，要立即修去树丫及削皮留筋。具体要留几条筋依据树的大小而定。削皮时要露出木质部，顺着木材将树皮相间纵削（不削不铲的一条称为筋），每条筋4~6cm。削皮留筋后，将整株木料放在山上干燥。经过半个月左右，将木料锯成长约80cm的小段，然后就地在向阳处叠成“井”字形，待敲之发出清脆响声，两端无松脂分泌时即可供用。

②树蔸备料。即利用伐木后留下的树蔸作材料。在秋、冬季节砍伐松树时，选择直径12cm以上的树桩，将周围地面杂草和灌木砍掉，深挖40~50cm，让树桩和根部暴露在土外，然后在树桩上部分别铲皮4~6向，留下4~6条宽3~6cm未铲皮的筋（也叫引线）。树桩下的粗大树根也可用来栽茯苓，每条树根铲皮3向，留3条引线。根留长1~1.5cm，过长即截断不要，使树蔸得到充分暴晒至干透。干后可用草将树蔸盖好，防止降雨淋湿。

（2）选地挖窖。

①选地。宜选排水良好的向阳缓坡地，土质深厚、疏松的沙质壤土（含沙量60%~70%）为好。黏土、透气性差的土壤不宜采用。最好选生荒土或放荒3年以上的庄稼地，栽过茯苓的地块应放荒5~10年方可再种。

②挖窖。挖窖时间一般在12月下旬至翌年1月底进行。先清除场地的草根、杂木蔸、石块等杂物，然后依备料段木的大小与长短挖窖。窖形为长方形（长度视段木长短而定），深20~30cm、宽30~50cm，窖地按坡度倾斜，清除窖内杂物。挖出的土也要保持清洁。场地沿山坡两侧开沟以利排水，如坡度较陡，可在坡顶筑坝拦水。

（3）下窖与接种。下窖接种时间在春分至清明前后进行。下窖应选连续晴天土壤微润时，把干透心的段木按大小搭配下窖，一般每窖2至多段。细料应垫起与大料一样高，两节段木留皮处应紧靠，使铲（削）皮呈“V”形，以便于接种。以重量计，每窖2节段木在15kg左右，最少不宜少于10kg。

栽培茯苓所用的苗种，近年来采用纯菌种接引，既可获得高产，又可节约大量商品茯苓，是当前广泛应用的好方法。菌种是用小松木块（长、宽、厚为1.2cm、0.2cm、1.0cm）装瓶消毒，加适量的培养基质，经接上茯苓原种培养在瓶内长满旺盛的乳白色菌丝，而作为大面积茯苓的接种菌种。

接种时在两段木的上半部分用利刀削成长15cm×10cm的新口，然后用消毒过的钳或镊子将瓶内的菌种（长有菌丝的松土块）取出，平摆在两段木间的新口处，并加盖松木片或松叶，上面可再放一条段木（若两段水重20kg以上，则不放第三段段木），覆土10~15cm，整个窖面呈龟背形。每窖需菌种1/3~1/2瓶。

利用树蔸栽培茯苓则于根蔸上削2~3个新口，然后将菌种分别接种在新口处，盖上松片或松叶，覆土高出树蔸15~18cm，每树蔸一般用菌种0.5~1瓶。

（4）田间管理。

①查窖补引。段木接种7~10天，长出白色的茯苓菌丝，检查时若发现段木上不长菌或污染杂菌即应进行补缺。方法是将窖的盖土扒开，露出段木，取去一段，以菌丝生长旺盛的窖中取出一段补上，然后将土覆回；或是将不上菌窖内的段木全部取出，晒去水分，再将段木重新削口，放回原窖用菌种接种。

②培土。茯苓形成菌核（结苓）后，苓体不断增大或因大雨冲刷表土层而露出土面，使茯苓停止生长。故要勤检查，发现窖土裂开或苓体露出要及时用细粒培土，同时还应注意拔除杂草和防止人畜进入地内踏踩。

4. 病虫害防治

虫害主要是白蚁，危害严重。接种后当年7~9月和第二年5~6月地温高，白蚁繁殖快。

防治措施：发现蚁路，及时用药喷在蚁身上，使之带回窖内互相传染中毒死亡，也可用煤油或开水灌入蚁穴，并加盖沙土，灭除虫源。

5. 采收加工

（1）采收。茯苓一般在接种后8~10个月内成熟。成熟茯苓有两个特征：一是外皮带黄褐色，这时便可采收。二是长菌核的段木变得疏松呈棕褐色，一捏就碎，表示养料已尽，应立即采收。通常是小段木先成熟，大段木后成熟。宜成熟一批收获一批，不宜拖延。一般每窖15~20kg段木约收鲜茯苓2.5~15kg，高产可达25~40kg。

（2）加工。将采收茯苓堆放室内避风处，用稻草或麻袋盖严使之“发汗”，析出水分，再摊开晾干后反复堆盖，至表皮皱缩呈褐色时用刀剥下外表黑皮（即茯苓皮）后，选晴天依次切成块片（长、宽、厚为4cm、4cm、0.5cm），将切出的白块、赤块分别摊在竹席或竹筛上晒干。也可直接剥净鲜茯苓外皮后置蒸笼隔水蒸干透心，取出用利刀按上述规格切成方块，置阳光下晒至足干。一般折干率为50%。

（二）百部栽培技术

百部是百部科百部属多年生攀缘草本植物。地下根为块状根，成束，肉质，为长纺锤形；茎较长；叶为卵形、卵状披针形，顶端渐尖或锐尖，叶有叶柄；花梗紧贴叶片中脉生长，花单生或数朵排列成总状花序；蒴果卵形，稍扁，表面暗红棕色；种子椭圆形，紫褐色。花期5~7月，果期7~10月。

1. 育苗

霜降前后，按照行距12~15cm开沟，沟深2cm左右，然后将种子均匀撒施沟中（每亩地的用种量为1.5~2kg），接着覆盖1cm厚的土壤。如果是春播，则在清明前后播种。播种后浇施透水，荆草覆盖，保持土壤湿润。幼苗长至3cm的时候，将过密的弱苗除去。幼苗长至6cm的时候，结合中耕除草进行定苗。

2. 选地

百部应选择山地林下、山坡草丛及路旁较温暖、潮湿、阴凉环境种植。百部喜欢土层深厚、疏松肥沃、富含腐殖质、排水良好的沙质壤土，忌积水。

3. 土地整理

每亩地施加4000kg腐熟圈肥或堆肥以及20kg过磷酸钙，适量草木灰。施肥后，深翻30cm左右，然后整平做畦，畦宽1~1.3m。

4. 定植

当幼苗长至10cm左右的时候进行定植，定植株行距为40cm × 100cm。

5. 管理

在4月齐苗之后，每亩地施加1500kg腐熟人畜粪肥。在6月花果期的时候，每亩地施加2000kg腐熟人畜粪肥。秋、冬倒苗之后，每亩地施加2000kg土杂肥和50kg过磷酸钙。当苗长至15cm的时候，在植株一旁插一根架条，供茎蔓缠绕，同时将附近3~4个架条的顶端绑在一起。5~6月，除留种的植株，将所有的花蕾全部摘除，减少养分消耗。

6. 病虫害防治

百部主要的病虫害包括根腐病、叶斑病、小地老虎等。可以采取农业防治措施，也可以在发病早期喷洒杀菌、杀虫药物进行化学防治。整体要加强栽培过程中的综合防控。

7. 采收和加工

分株繁殖的2年可采收，种子繁殖的2~3年采收。时间一般在11月中旬至翌年2月。挖出根部，剪取块根，洗去泥沙，把块根先放在沸水中烫10分钟，然后取出晒干。

四 模式成效分析

锦屏县实施林下经济模式以来，在生态效益、经济效益及社会效益上取得了长足发展。

（一）生态效益

通过间伐、择伐、施肥等经营措施，锦屏县已完成现有林改培1.85万亩，中幼林抚育1.67万亩，生产木材4万m^3，达到了生产木材和培育大径级木材、促进林木生长、增加森林蓄积总量的同步双赢，实现采伐木材而不降低森林覆盖率，达到经济效益和生态效益兼收的目标。

（二）经济效益

锦屏县的林药、林菌、林畜等“林 + N”产业初具规模，通过“一种一养”综合特色产业链带动，2019年“五林经济”总产值达8.6亿元，稳定就业2219人，辐射带动就业2.5万余人，依靠产业实现分红1769.43万元，1.78万户7.18万名贫困人口共享产业发展红利，实现了产业发展、企业增效、贫困户增收多方共赢，进一步激发了群众内生动力，增强了群众发展产业的信心和决心，有利于巩固脱贫攻坚成果，推进乡村振兴。

（三）社会效益

通过实施示范带动工程、优化营商环境、创建特色品牌、与国有实体公司合作及组建服务队伍五大措施，助推“五林经济”发展。目前，招商引资到位资金76亿元，国有资金累计投入超过4亿元，开展有机认证面积9.71万亩，创建了“贵枫堂石斛”等一系列特色品牌，形成了“村有百亩、乡有千亩、县有万亩”林业产业格局。2020年11月，锦屏县被中国林学会林下经济分会授予“全国林下经济产业示范县”称号。

五 经验启示

（一）领导重视，高位推动

县委、县政府主要领导亲自上手、亲自谋划、亲自安排、亲自调度，定期听取工作汇报并专题研究推进过程中的困难和问题，经常深入各产业基地现场办公，蹲点督导有效推动林下经济发展。

（二）注重招商，引资注入

通过招商引资引进贵州金川实业有限公司，按照“企业 + 国有实体公司 + 基地 + 农户”发展模式，着力建设中药材基地。

（三）充分利用，有效衔接

锦屏县利用实施国家储备林项目的契机，通过积极探索、多措并举申报林下中药材项目，加快基地建设。

（四）产研合作，确保质量

进一步加强与中国林业科学研究院亚热带林业研究所、贵州大学、凯里学院等科研院所开展“产学研”合作，邀请浙江农林大学教授，国家科技特派团专家进驻锦屏深入基地问诊把脉，大大提高了林下经济的质量和效益。

（五）多措并举，保障要素

积极申报项目资金发展林下经济。充分利用直属林场闲置林地林木资源，加大适宜林地林木流转，鼓励农户以林地林木折价入股参加项目实施，为林下经济产业发展提供用地保障。

六　模式特点及适宜推广区域

锦屏县多类型林下经济共同发展，创新发展模式，通过“五林经济”，形成“林＋N”产业，提高林业综合效益。林上铁皮石斛、林中特色种植、林下综合养殖、林内休闲康养和林外精深加工有机结合，使林地活了起来。这种“五林经济”的发展模式应根据当地的森林资源条件和气候条件进行推广。

模式 42 兴仁市林下经济发展模式

为推进林下经济发展，兴仁市深入贯彻落实“两山”理念，按照省委、省政府及州委、州政府的安排部署，充分利用丰富的森林资源、退耕还林地等，通过“八个一机制”“六个注重”等工作思路，大力发展林下种植、养殖、森林景观等产业，让青山变为金山，全面拓展富农增收新渠道。

兴仁市退耕还林核桃林下种何首乌（杨永艳摄）

一 模式地概况

兴仁市地处贵州省西南部，黔西南州中部，是云南、广西、贵州三省份结合部的中心市，位于东经 104°54′~105°34′、北纬 25°18′~25°47′，全市面积 1785km^2。与兴义市（义龙新区）、安龙县、贞丰县、普安县、晴隆县及关岭县比邻。兴仁到贵阳 270km，到昆明 360km，到南宁 510km，纳（晴）兴高速、都兴高速、贵州 S318 省道、贵州 S215 省道、关兴公路穿境而过，区位优势较好。兴仁市地处云贵高原向广西丘陵过渡的斜坡地带，处于珠江流域的南北盘江分水岭上，地势西高东低，南高北低，中缓边峻，海拔在493~2014m，相对高差1521m。气候属暖温冬干型，表现为高原型北亚热带温和湿润季风气候，冬无严寒，夏无酷暑，无霜期长，雨热同季。全市常年平均气温15.2℃。7月最热，平均气温22.1℃；1月最冷，平均气温6.1℃。极端最高气温34.6℃，最低气温-7.8℃。全市辖11个镇、1个民族乡、6个街道，总人口57.8万，有汉族、布依族、苗族、彝族、回族、仡佬族、瑶族等16个民族，占全市总人口的23.3%。森林覆盖率59.92%。

二 林下经济发展情况

自2014年以来，兴仁市实施新一轮退耕还林32.776万亩，涉及全市1个镇、1个民族乡、6个街道。自2019年以来，为提高林地附加值，增加农户收入，拓展富农增收渠道，兴仁市充分利用丰富的森林资源、退耕还林地大力发展林下经济，采取“企业＋基地＋农户”“合作社＋基地＋农户”的发展模式，以企业（合作社）建设示范基地带动农户发展。一是以“八个一机制”（即落实一批党组织引领、成立一个专班、改造一个菌棒加工厂、主抓一个产品、抓实一个示范基地、组建一支技术团队、选准一个合作伙伴、建好一个机制）为动力，以“六个注重”（注重资源利用、注重示范点建设、注重产业发展、注重企业带动、注重产销平台创建、注重为企业服务）为引领，大力推进林下经济发展。二是以建设示范基地为目标，通过示范基地带动发展。截至2022年年底，累计建设林下经济种植基地11个，面积6540亩，品种有黄精、重楼、天麻、茯苓、铁皮石斛、白及、牛大力、何首乌等，其中白及3500亩、重楼200亩、铁皮石斛460亩、黄精600亩、天麻420亩、茯苓500亩、牛大力200亩、何首乌300亩、箬叶360亩；林下养蜂基地6个，养蜂2400箱。

三 栽培技术

为快速推进林下经济高质量发展，以白及和黄精种植为例，简要叙述部分中药材栽培技术。

（一）白及林下栽培技术

白及，也叫白芨、白鸡、白根等，草本植物，是一种中草药，有收敛止血、补肺止血、消肿生肌等功效。

退耕还林地种植白及（兴仁市林业局供图）

1. 林地选择

白及具有宜阴喜湿、不耐涝的习性，非常适宜林下种植。林地选择郁闭度较小、通透性好、坡度不大的林地，且土壤肥沃，土层深厚、疏松，排水好，腐殖质含量丰富的壤土作为白及种植地块，忌碱土和黏土种植。

2. 林地清理

在整地前清理林地内的杂草，将林地内的枯枝杂灌及低矮的侧枝清理干净。结合疏伐和整枝，将林下透光率调整至30%~50%，清除石块等杂质。

3. 整地起垄

将选址种植白及的地块翻耕20~40cm，把土壤细碎、起垄，以垄面宽120~150cm、垄高15~20cm为宜，垄与垄之间间隔30cm左右设洼沟，便于排水和后期施肥等。在起好的垄面施入腐熟有机肥作基肥，然后把垄面整平，并保证有机肥与土壤充分结合。

4. 栽植

白及栽植一般用块茎进行繁殖。栽植时间选择春季或者秋季。栽植前选择健壮、无虫蛀块茎作为繁殖材料。栽植时将白及块茎切成块状，用石灰进行消毒，一般栽植距离以 15cm × 20cm 为宜，待幼苗生长至 5cm 左右时进行移栽。移栽时株行距保持在 20~30cm，幼苗栽植时需盖上细土，并浇足水分，以便成活。

5. 田间管理

（1）除草。白及种植后因杂草生长较快，每年除草 3~4 次，要做好除草管理。

（2）施肥。结合除草，每年施 3 次肥，第一次施肥在齐苗后，每亩施用硫酸铵 5kg 左右；第二次施肥在生长旺盛期，每亩施钙肥 35kg 左右，或者施充分腐熟的有机肥；第三次在冬季倒苗后施足腐熟厩肥或堆肥，有利于提高白及生长速度。

（3）排水。白及喜阴湿环境，需经常保持湿润，干旱时要浇水，7~9 月早晚各浇一次水。白及又怕涝，遇大雨需及时排水避免伤根。

6. 病虫害防治

白及容易发生根腐病、黑斑病，主要以预防为主。根腐病和黑斑病发病初期用 50% 退菌特可湿性粉剂 500 倍液灌根，用 50% 多菌灵 500 倍液浸种也可以预防，连续 3~4 次。黑斑病 7~9 月为发病盛期，可用 50% 多菌灵 500 倍液或 70% 甲基托布津湿性粉剂 1000 倍液浸种预防，或发病时喷施，每隔 5~7 天喷 1 次，连续 2~3 次。虫害主要是小地老虎。危害严重的地块，可采取人工捕捉，或用 90% 晶体敌百虫 0.5kg，加水 2.5~5.0kg，拌蔬菜叶或鲜草 50kg 制成毒饵诱杀幼虫。

（二）林下黄精栽培技术

1. 林地选择

选择郁闭度在 0.5~0.7，通透性好，坡度不大，且土壤肥沃，土层深厚、疏松，腐殖质含量高的壤土作为种植地块。

2. 林地清理

黄精栽植在林间空地中，要求郁闭度 0.5~0.7，避免栽植在林木树根范围内，根据林木分布状况，实行带状、块状或片状栽植，清除林内杂草、灌木、藤刺等，清除栽植范围内的草根、树根及其他杂物，清除栽植范围外四周 1m 的草根、树根及其他杂物。

3. 整地

对林下黄精栽植区域实行全垦整地，整地深 40~50cm。栽植前需对整理好的地进行起垄，垄宽以 120~150cm 为宜，垄与垄之间间隔开 40cm 宽的小沟，有利于后期管理除草、施肥等人员通行。栽植时按行距 50cm 开沟，沟宽 20~30cm，深 15cm。

4. 栽植

栽植时间 3~5 月。在施放基肥的栽植沟内按株距 20cm 将黄精块茎栽于沟内，放苗时应使种苗呈扇形展开排列于穴内，然后再分层覆土压实，使根部舒展并与土壤密接，封土成堆高 15cm 左右。林下种植黄精，受林木生长的限制较大，平均每亩可用于栽植黄精的林地在 250~350m^2。株行距以行距 50cm、株距 20cm，每亩栽植 2500~3500 株为宜。栽植时每亩施腐熟的有机肥 4000~6000kg 作为基肥，肥料与土壤充分结合为宜。

林下种植黄精（兴仁市林业局供图）

5. 中耕除草

初栽植的黄精每年需除草 4 次，分别于 3 月、5 月、7 月、11 月完成。在植株萌芽至封垄前应除草 2~3 次。在除草松土时，注意宜浅不宜深，避免伤及黄精的根系。在黄精生长过程中，也要经常清沟培土于根部，避免根状茎外露吹风或见光。夏季干旱时应中耕保墒；冬季结合中耕进行全面清园，以减轻病虫害。

6. 水肥管理

黄精喜肥，除施足基肥外，栽后每年至少要追肥 2~3 次。第 1 次在 3 月中耕除草后；第 2 次、第 3 次分别在 5 月和 7 月，每次每亩施三元复合肥 20kg。

黄精喜湿怕干，要经常保持林下润湿，但多雨季节要做好排水，防止栽培地块积水，造成黄精根茎腐烂。

7. 疏花摘蕾

疏花、摘蕾是提高黄精产量的重要技术措施。黄精以根状茎为食用、药用主体，开花结果使得营养生长转向生殖生长，漫长的生殖生长阶段将耗费大量营养。因此，对于以地下根状茎为收获目标的黄精，在花蕾形成前期及时将果实摘除，以阻断养分向生殖器官聚集，促使养分向地下根茎积累，促进新茎生长粗大肥厚。在 5 月结合抚育管理即可将黄精花蕾全部剪掉。

8. 病虫害防控

（1）病害防治。黄精的病害主要是叶斑病和黑斑病等，多发生于夏、秋两季，雨季发病较严重，以叶斑病最为多见。发病前和发病初期喷 1 ： 1 ： 100 倍波尔多液，或 50% 退菌特 1000 倍液，7~10 天喷 1 次，连喷 3~4 次；或 65% 代森锌可湿性粉剂 500~600 倍液喷洒，7~10 天喷 1 次，连喷 2~3 次。

（2）虫害防治。黄精的虫害以地老虎、蛴螬为多，主要咬食黄精的幼嫩根茎，折断根茎，对幼苗具有较大破坏性。每亩可用 2.5% 敌百虫粉 2~2.5kg，加细土 75kg 拌匀后，沿黄精行开沟撒施防治蛴螬。对地老虎可用以上方法同样防治，但用量加大 2~2.5kg，配细土 20kg。

四 模式成效

（一）入股分红得股金

通过整合土地、林地等资源及扶贫资金量化入股，在解决产业发展资金难题的同时，进行保底分红，让贫困户共享林下菌药产业发展红利。

（二）土地流转得租金

由种植区域涉及的乡镇（街道）牵头，积极流转种植区域土地，进行林下菌药产业规模化经营，保障贫困群众土地流转租金收入。

（三）出售产品得现金

积极引导龙头企业为贫困群众提供种苗和技术支持，对产品进行保底收购，帮助贫困群众应对市场、自然灾害等各类风险，增强群众参与林下菌药产业的积极性，保障贫困群众获得稳定的销售收入。

（四）基地务工得薪金

紧盯种植、采摘等环节用工需求，开展技术培训及专项技能培训，重点组织易地搬迁群众务工，多劳多得，每人每天务工收入不低于 80 元。种植结束后，将林下食用菌区域按每 200~400 亩作为一个单元进行管理，由贫困户承担日常管护任务，按月领取报酬。近年来，全市林下菌药产业带动 5.97 万人次就业，其中贫困户 2.47 万人次。

五 经验启示

（一）明确发展方向，强化组织保障

为抓好兴仁市林下经济高质量发展，加快推进青山变金山步伐，兴仁市制定了《关于加快推进兴仁市林下经济高质量发展的实施方案》，明确了 2021—2025 年发展林下经济目标任务，成

立了由市委副书记、市长任组长，分管副市长任副组长，市直部门和乡镇（街道）主要领导为成员的林下经济高质量发展领导小组。乡镇（街道）也成立相应的组织机构，并明确专人负责林下经济高质量发展统筹协调等工作，做到专人专抓，为发展林下经济提供有力保障。

（二）创新发展模式，力推经济发展

兴义市按照“生态产业化、产业生态化”思路，依托优质森林资源，根据不同林地类型科学谋划，开发引领创新模式，大力推进林下经济发展。一是利用较为稀疏的林地发展林茶、林药、林菌及采取林下种草的方式发展大牲畜养殖。二是利用较为集中的地块种植枇杷、桃等果树，并结合野生蜜源植物较为丰富的区域发展林下养蜂。三是利用森林景观景点探索“森林康养＋产业”的发展模式，大力发展集观光、休闲、养生、体验、理疗等为一体的综合体系，提高森林综合效益，不断实现林业产业高质量发展。四是采取吸纳社会资本参与发展的方式，通过招商引资引进有经营实力的企业，采用“公司＋基地＋农户”的发展模式，建设示范点带动农户发展，采取流转的方式把农户土地流转给企业，创新发展思路，带动农户发展林下经济，增加农户收入，提高农户经济效益。

（三）抓好示范点建设，多渠道发展林下经济

充分利用森林资源及林中空地，科学规划，统筹发展，以建设林下经济示范点为抓手，争取各级财政资金和帮扶资金建设示范点，通过示范点带动和推进林下经济发展。一是财政资金支持发展，2021—2022 年投入省级林业改革发展资金 101 万元支持兴仁市数嘎生态林场建设林下黄精种植示范点 505 亩，州林业局 2021 年投入财政资金 146 万元在兴仁市屯脚镇建设林下仿野生箐叶种植示范点 360 亩、2022 年以建设科推项目的方式投入资金 80 万元在兴仁市屯脚镇建设林下天麻种植示范基地 200 亩。二是企业建设示范点，兴仁铭泽农业有限公司采取流转林地的方式在巴铃镇战马田村建设林下天麻种植示范点 200 亩，贵州绿芳菌主药材有限公司通过流转土地在巴铃镇保营村建设松茯苓种植示范点 500 亩。通过财政资金支持林下经济发展和企业建设林下经济示范点，不仅提高企业和农户发展林下经济的积极性，而且也解决了建设示范点资金短缺问题，有效推进兴仁市林下经济不断向前发展。

（四）用好产业优势，抓好品牌建设

借助兴仁市获得的“贵州省中药材种植大县”“中国道地药材之乡”“长寿之乡”等称号，用好产业优势，打造地方特色，抓好品牌建设，以创建品牌推动林下经济发展。一是充分利用丰富的森林资源发展林农种植林下黄精、白及、天麻、铁皮石斛、重楼等中药材。现有规模在 100 亩以上的中药材种植点 10 个。二是引导合作社和农户充分利用丰富的蜜源植物和林中空地发展林下养蜂、家禽养殖等。到目前为止，全市有 100 亩以上养蜂基地 3 个、林下养鸡示范点 1 个。三是以打造地方特色产品为引领，着力在培育林下经济品牌、申报森林生态标志产品和地理标志上下功夫，努力将规模大、品牌优的产品做大做强做优。

六 模式特点及适宜推广区域

兴仁市充分利用森林资源、退耕还林地等，结合当地气候条件，对不同的林地进行科学谋划，创新经营模式。发展林下种养殖、森林景观等产业，使土地利用最优化，经济效益最大化，推动林下经济的高质量发展。这种多元化的发展模式更需因地制宜，需结合当地实际情况进行科学谋划，提高林地附加值。

模式 43 白云区林下经济发展模式

白云区践行“两山”理念，坚守生态和发展两条底线，紧紧围绕“五林”工作要求，在抓好生态保护的基础上，发挥资源禀赋优势促进生态产业化，以发展林下种养殖、林下采摘、森林景观利用等林下经济为抓手，培育壮大绿色生态产业，推动生态优势转化为经济优势，全力推进乡村振兴。

白云区退耕还林林下种植赤松茸（杨永艳摄）

一 模式地概况

白云区地处贵阳市中部，北接修文县，东邻乌当区，南接云岩区，西连观山湖区，地理坐标为东经106°32′~106°48′、北纬26°38′~26°49′，总面积26952.72hm²。白云区地处黔中隆起南缘苗岭山脉中段，贵州高原第二台阶上。地貌复杂多样，主要以高原丘陵和山原地貌为主。海拔在1130~1618.5m，区内地质构造较齐全，有寒武系、石炭系、二叠系、三叠系、侏罗系和第四系等地层出露。由于东北部由一系列北东向褶皱断裂，构成高大山脊与峡谷，具有坡陡谷深、峰峦起伏的特点。全区岩石以夹层碳酸岩、石灰岩、白云岩分布最多，砂页岩分布最少。白云区属亚热带湿润季风气候区，冷暖气流交替强烈，高原季风气候特征明显，夏无酷暑，冬无严寒，全区年平均气温在14℃左右，极端最高气温33℃，极端最低气温-7℃。年平均无霜期约270天，年平均降水量1200mm，年平均日照时数1350小时，相对湿度大于77%。区下辖5个乡镇、5个街道，区内森林资源丰富，林地面积总计9913.57hm^2，森林覆盖率为46.16%。

二 林下经济发展情况

2023年，白云区林下经济利用林地面积达43035亩。其中，林下种植利用林地面积2000亩，主要种植冬荪、红托竹荪、赤松茸、黑参、葛藤等食用菌和中药材；林下养殖利用林地面积1035亩，主要养殖骟鸡、蜜蜂等；林产品采集加工5000亩；森林景观利用林地面积35000亩。

三 栽培技术

以黑参、羊肚菌和鹿茸菇为例介绍栽培技术。

（一）林下黑参栽培技术

1. 品种介绍

黑参，玄参科马先蒿属植物。原产于浙江宁波，分布于我国四川、陕西、云南等省份。喜温暖湿润环境，其适应性较广，有一定耐旱耐寒能力。在平坝、丘陵及山坡地均可种植。

黑参性味归经甘、微苦，有益气养阴、止痛的功效，可用于治疗病后体虚、阴虚潮热、关节疼痛等症状。黑参还可以制菜、冲茶食用，具有一定的经济价值。

2. 林地选择与准备

（1）林地清理。清除林地上的杂草、刺藤、小杂灌等。

（2）整地。地面杂草除去集中备用，对板结

林下种植黑参（杨永艳摄）

土壤不宜用机器整地，必须人工整地。

3. 种植管理

（1）参苗选择。必须选择苗龄1年苗种。

（2）苗种质量。长势好、存活高的苗种。

（3）基料准备。将杂草、木屑、玉米芯捣碎铺设。

（4）栽培季节。11~12月根据气候栽培。

（5）栽培方法。基料捣碎发酵后铺设，将苗株按行距、株距20cm左右间隙栽培，覆盖一层松针保温。

4. 生产管理

下种翻土后禁止踩踏，注意观察土壤湿度不高于100%，4~5月黑参开始生长，土壤里的杂草不宜长得过高过密，会导致黑参通风透气性降低，易滋生灰霉病、病毒病、根腐病等。

5. 病虫害防治

整地时在地面上撒生石灰，每亩200kg。

6. 采收管理

黑参叶、秆、根均具有一定药用价值，选择晴天采收。采收时，将黑参根挖出洗净，将叶、秆、根进行分段加工储藏，生产包装后作为中药材原料进入市场销售。

（二）林下羊肚菌栽培技术

羊肚菌，又名草笠竹，是一种珍贵的食用菌和药用菌。羊肚菌于1818年被发现，其结构与盘菌相似，上部呈褶皱网状，既像蜂巢，也像羊肚，因而得名。

林下种植羊肚菌（白云区林业局供图）

1. 选地

选择地势平坦、靠近水源、背阴、通风、保湿性好、离养殖场远、杂草虫害少，一般水田比较好，沙漠、腐质土、盐碱地、沙性土都不能用，不能用农家肥、化肥给羊肚菌追肥，羊肚菌不需要施肥。如果土壤水分含量低于65%，应补充水分高于65%，土壤水分含量太高，特别是出现浸泡现象，应开沟渠排水；如果杂草、虫害太多，需要提前一个月杀草、杀虫。

2. 消毒

撒草木灰、生石灰消毒。草木灰若干，生石灰每亩50~100kg。

3. 搭遮阴棚

分平棚和拱棚两种。覆盖6针遮阳网（根据海拔与光照进行调整）。

4. 开厢

厢面宽100~120cm，厢与厢之间沟需要能灌能排。

5. 播种

把菌种均匀撒于厢面，覆盖细土，薄厚均匀；也可在开厢前播撒菌种，利用开厢的土壤覆盖菌种。

6. 覆盖地膜

选择黑色地膜最佳。

7. 立营养袋

播种20天左右或菌丝发白，立外延营养袋，最好采取平放的方式摆放营养袋。

8. 湿度

注意出菇前后土壤湿度的控制。

9. 采摘

从出菇至采收需要7天左右，采收时在地里把泥脚去掉，采收时不能沾水（雨天不能采收），放在通风良好的地方，2~3天就可以风干，太阳下面晒1~2天可以晒干，晒干后密封好，防止发霉。如果没有晴天，采取烘干。

（三）林下鹿茸菇栽培技术

1. 品种介绍

鹿茸菇，学名珊瑚菌。子实体直立，向上分叉成丛生的细枝，肉质，一般高数厘米至10余厘米，状如扫帚或珊瑚，又像幼小的鹿角，故名。鹿茸菇中含有丰富的蛋白质、维生素及其他营养成分，是一种味道鲜美的食用菌，有护肝解毒、补肾益精、强筋骨、抗衰老的功效。

林下种植鹿茸菇（白云区林业局供图）

2. 清理整地

选择地势较平整、排水良好的林下空地或坡地，土质为富含腐殖质的腐殖土或酸性红壤土，作为种植基地。食用菌病虫害防治最为重要，所以一般表层杂物要清理干净。第一年要将地深翻，有利于播种和土壤透气。在冬季选择晴天、土壤较干时翻耕，深耕 25cm 左右，翻耕时将土块打碎并拣去石块。每亩施放生石灰进行土壤消毒杀菌翻晒，平整挖沟，沟面宽 100cm、沟深 25cm，沟间隔 1.5m。沟要畅通，利于排水。

3. 种植前菌棒处理

种植前，菌棒需要进行去袋和搔菌处理，并清理受感染菌包，之后及时种植。

4. 种植数量和种植方法

开沟平行方向按行距 1.5m，开深 0.3m 的沟。菌棒垂直放入沟内，菌棒并排摆放整齐，不留间隙，覆土 20cm，搂平，再在面上盖一层厚 3~5cm 的松针，浇透水。搭建小拱棚保温，上遮阳网遮光，种植密度 12000 棒 / 亩。

5. 温湿管理

菌包埋好后，浇透水分，待床面出现白霜后，早晚浇水少量保湿为主，出菇时保持合适空气湿度。

6. 病虫害防治

病虫害的防治坚持预防为主、综合防治的植保方针，遵循以农业防治、物理防治、生物防治为主的原则。

（1）农业防治措施。选种去除感染菌包，场地清理除虫害，翻土消毒。

（2）物理防治。运用频振式杀虫灯、色板、粘虫板等。

7. 采收贮藏

（1）采收时间。种植 40 天后，在 11 月上旬至翌年 5 月，待菇长出，菇盖未长开前采收。

（2）采收方法。选择整丛收采。采收时尽量避免损伤菌菇，保证菌菇的完好。

（3）产地初加工。采收菌菇装框。在冷库打冷包装，等待运输。

（4）贮藏。不能及时销售的要选择烘干，将鲜菇分级分拣后按等级烘干后包装保存。

四 模式成效

（一）经济效益

2023 年，白云区林下经济全产业链产值达 4.1936 亿元。直接经济效益包括产品销售，主要产品包括冬荪、赤松茸、红托竹荪等；间接经济效益主要是生态旅游、自然教育等。

（二）社会效益

充分调动群众参与发展林下经济的积极性，让农户通过林地流转、劳务收入、效益分红等渠道增收致富。企业围绕基地生产，就地提升价值、吸纳就业、促进增收，每人每天务工收入不低于 100 元 / 天，对解决农村剩余劳动力就业作用明显，有效带动人民群众增收致富，社会效益显著。

（三）生态效益

通过林下种植，对林下植被进行适度清理，可减少林下可燃物数量，能有效地减少森林火灾隐患；同时，通过对林下枯枝落叶层的清理及消杀，可有效降低森林病、虫、鼠害的发生概率。通过林下种植，将地表杂灌、草清理掉，对表层土壤开挖种植沟，疏松表土，并植入菌种和种植基料，其主要成分是腐熟段木，出枝后将会腐烂变成有机肥，为林木提供额外的营养元素，促进林木快速生长，实现快速增加木材蓄积量。

五 经验启示

（一）典型示范带动，整体联动发力

根据不同乡镇森林资源特点、区域条件，引导乡镇、企业合作社等因地制宜、合理布局、科学规划，推动全区林下经济规模逐年扩大，经济效益逐步攀升，不断提升白云区森林资源“含绿度”“含金度”。一是 2023 年白云区结合集体林

权制度改革，大力推动食用菌等产业发展，盘活闲置林地，以做大做强林下种植产业项目作为产业振兴的突破口，将生态价值转化为经济价值。打通了绿水青山与金山银山的双向转换通道。二是白云区近年来以森林公园、自然保护地、乡村森林景点为载体，结合白云区旅游资源，推动“林下经济+森林旅游”融合，因地制宜发展休闲采摘、森林美食、生态旅游等不同模式的林下复合经营，打造石龙村红色旅游，瓦窑村、蓬莱村、上水村乡村民族特色旅游品牌。

（二）优化服务保障，提升服务效能

一是通过科技下乡方式，组织专业技术人员、企业技术员、“土专家”开展形式多样的技术培训，解决生产过程中的技术难题，不断提高经营主体专业技术、技能水平。二是通过现场技术指导，组织技术人员经常性到山头地块开展现场指导、现场操作，手把手地教经营主体管理技术，切实解决林下种植中存在的种植技术问题。三是通过“请进来、走出去”的方式。邀请各级专家来指导林下经济的种植管理技术，同时组织区经营主体外出参观学习林下经济种植管理经验，提高林农种植管理水平。四是积极为企业提供项目选址、林地流转等政策咨询服务，促进林下种植食用菌项目落地。五是建立各乡镇与林业、农业、电力、水利、交通等相关部门联动服务机制，及时协调解决企业土地流转、用工、用电、用水等问题，切实做好水、电、路等基础设施建设保障服务工作。

六 模式特点及适宜推广区域

白云区通过林下种植、养殖和森林景观利用融合发展，使得白云区林下经济的经济价值与生态价值实现协同提升，着力构建以林下种养业为抓手，林产品采集为关键，森林生态旅游康养业为支撑的发展模式。这种多元化发展模式需立足当地自然经济条件进行发展推广。

模式 44 荔波县林下经济发展模式

荔波县积极践行“两山”理念，牢牢守好发展和生态两条底线，坚持不懈地在“山增绿、林增效、民增收”上下功夫，因地制宜推进林下经济发展，有效地将生态优势转化成了经济优势，实现了森林资源保护利用与经济快速发展双赢。2016 年荣列“国家林下经济及绿色产业示范基地”，2021 年荣列“第五批国家林下经济示范基地”。

荔波县退耕还林林下种植南板蓝根（荔波县林业局供图）

一 模式地概况

荔波县位于贵州省南部，珠江流域上游，介于东经 107°37′~180°18′、北纬 25°7′~25°39′，总面积 2415.47km^2，辖 1 街道、5 镇、2 民族乡，92 个行政村、8 个城市社区居委会，总人口 18.6 万人，其中少数民族人口占 93.21%。地处贵州高原向广西丘陵的过渡地带，地势北高南低，地形起伏较大，高差明显，最高海拔 1468m，最低海拔 300m，平均海拔 758.8m。主要地貌类型为山地占71.63%，丘陵占18.2%，坝子占10.17%。是中亚热带湿润季风气候区，气候温热，四季分明，冬无严寒、夏无酷暑，夏长冬短，无霜期长，雨量充沛，日照尚足，雨热同季，灾害性天气少，全县年平均气温18.5℃，年平均无霜期283天，年平均降水量1211.9mm，80%的降水量集中在4~9月。土壤属黄壤—红壤地带，同时还有石灰土、紫色土和水稻土等土类，大部分是疏松肥沃，pH值在4.5~7.5，适生立地条件好。拥有“中国南方喀斯特”世界自然遗产地和“世界人与生物圈保护区”两张世界级品牌，被誉为“地球绿宝石”和“全球最美喀斯特”，成功列入国家首批创建全域旅游示范区、全省创建全域旅游示范县，先后荣获“国家卫生县城”“全国文明县城”“国家生态示范区”“中国十大森林”“中国森林氧吧”“中欧绿色和智慧城市”“国际王牌旅游目的地”以及“中国最具投资潜力的旅游目的地”等荣誉称号。

二　林下经济发展情况

荔波林地面积288.83万亩，森林覆盖率达76%，在有效保护好森林资源的基础上，引进优势企业进驻荔波，采取“公司＋合作社＋农户”发展模式，示范引领社会多方力量参与，利用退耕还林地块、“三园”（梅园、果园、公园）、国家储备林等林下空间发展林下经济产业47.14万亩。其中，发展林下石斛、板蓝根、灵芝等林下种植产业5.68万亩，发展林下养禽50万羽、养畜3.5万头、养蜂0.7万箱，利用林地13.51万亩，发展林下野菜、野生菌、野生中药材等林产品采集14.95万亩，发展森林康养旅游等景观利用13万亩，林下经济产业链产值达12.62亿元。全县从事林下经济经营的企业、合作社达26个，规模化种植390户，建成了石斛种苗培育基地2个，规模生产基地8个，加工企业2家，形成石斛闭合式产业链条，打造出“荔斛”“养珍谷”等系列乡土品牌，培育龙头企业3家，成功打造“定制药园”2个，带动1.8万户3.88万人实现增收。

三　栽培技术

以南板蓝根和灵芝为例介绍栽培技术。

（一）南板蓝根林下栽培技术

南板蓝根属于爵床科植物，多年生草本，其茎叶提取物称“靛蓝”，它广泛应用于医药、印染、食品等行业。

林下种植南板蓝根（荔波县林业局供图）

1. 林地选择和清理

南板蓝根对温度非常敏感，最宜在温度22~30℃及通风的自然环境中生长发育，南板蓝根在夏天土壤温度长时间超过35℃时其叶会枯黄、脱落。因此，南板蓝根种植选择在郁闭度为0.5~0.7的林下，选取土层深厚、背光向阳、排水良好、坡度平缓的地块。对林内种植南板蓝根的地块进行全面清理，清理林地内的灌木杂草、草根等，就地堆放腐化。

2. 整地

穴状整地。种植穴规格为15cm×15cm×15cm，行距为30cm×30cm，每亩整地3000~4000穴，整地时需要注意预防水土流失的风险。

3. 种苗选择

选择无病虫害、新鲜、色泽正常、生长健壮、充分木质化、无机械损伤、顶芽饱满、健壮、通直的母株，剪取18~20cm枝顶，剪口位于节下1.5~2cm。苗量需求大、苗源不足时，每一枝可剪两个插条，每一插条保证有两个以上节，插条长度在20~25cm。

4. 种植

南板蓝根种植在4~6月进行，在雨后1~2天之内进行定植，栽植时将南板蓝根种苗放在水桶里浸泡2小时左右，一边浸泡一边栽培，每穴栽2~4株扦插苗，栽种时根要深压，种苗3节压在土内，2节露在土外，这样有利于根系的生长和地上部分枝叶的抽发。

5. 抚育管理

（1）水分管理。南板蓝根宜旱不宜涝，种植后可以根据保墒情况，适时浇水，但前期不宜水分过多，以促进根部向下生长，后期可适当多浇水。雨季畦间加开深沟，以利及时排水，避免烂根。伏天可在早晚灌水，切勿在阳光下进行，以免高温烧伤叶片，影响植株生长。

（2）土壤管理。在南板蓝根苗长至50cm以上时，要对其培土壅蔸，以促进南板蓝根苗近地面的上部节位新根发生、根系的生长和养分吸收，同时有防高温、防倒伏的作用。培土壅蔸的方法是用锄头在南板蓝根苗行间结合除草，将土壤壅向南板蓝根苗基部，培土高度15~20cm。

（3）除草。一年要集中除草3次。第一次是在南板蓝根种植后生长期，进行人工除草；第二次是在大青叶采收前，进行人工除草，便于大青叶采收；第三次是在雨季，在杂草生长旺盛的时期，及时清除杂草。同时，根据杂草的生长状况，随时进行日常清理。

（4）追肥。一年要追施3次肥。第一次在南板蓝根定植后，追肥1次，每亩用有机肥200kg，促进苗木的生长；第二次是在苗木生长中期，大青叶采收前追肥，每亩用有机肥200kg；第三次是在大青叶采收后追肥，每亩用有机肥200kg进行撒播，促使根部生长粗大，提高产量。

6. 病虫害防治

（1）南板蓝根主要病害有白粉病、霜霉病、菌核病、根腐病、白锈病；主要虫害有菜粉蝶、蚜虫、菜青虫。

（2）防治方法：病虫害流行期要合理采用化学药物防治，如多菌灵、甲基托布津、波尔多液等。不宜使用剧毒或残效期长的农药，如DDT、氧化乐果等。同时，必须严格控制农药的用量、浓度、使用次数及安全间隔期，在种植苗木后的7月、9月、11月各喷洒一次，11月喷洒用药距采收的间隔期至少7天，在大青叶采收后喷洒一次。发生根腐病时，应立即拔除病株烧毁，并用石灰粉消毒病穴，以防止蔓延。

7. 采收

适时多次采收可以提高南板蓝根的产量和药材品质。当年种植的南板蓝根于年底采收，翌年开始一年可采收2次，第一次在7~8月，当南板蓝根长至80~100cm时采收；第二次在11~12月停止生长之后采收。采收时保留一个节（大约离地10cm）剪取地上部枝叶。3年后的冬季连根拔起采收，将根茎和枝叶分开分别晒干。

（二）灵芝林下种植技术

灵芝早期人工栽培主要用段木栽培，目前有段木栽培、袋料栽培及菌丝深层培养，广泛用于灵芝生产及其深加工产品的不同领域。一般栽培方法是向食用菌厂直接购买培育好的成品菌袋在项目区栽培出芝。

1. 栽培工艺

栽培期确定→脱袋→筑畦、搭阴棚→入畦→出芝管理→芝体采收（收集孢子）→烘干→贮藏。

2. 场地选择

选择树木资源丰富，水质优良，土质疏松，偏酸性，沙质土壤，朝东南、坐西北的疏林地。

3. 整地

栽培场地应在晴天翻深20cm，作畦开沟，畦高10~15cm，长度依地形决定，去除杂草、碎石，畦四周开好排水沟，沟深30cm。

4. 栽培季节选择

灵芝属高温结实性菌类。子实体原基分化的

最低温度为18℃，因而安排在平均气温稳定在18~23℃为栽培期，栽培期宜在开春至清明前后入畦覆土，5月中下旬陆续出芝。

5. 入土排场管理

选择晴天埋木，在整好的畦上先开沟，沟深20cm，最好在沟底撒些灭蚁药物，一种是菌袋全部脱去，另一种是菌袋下半部脱去，上半部保留，袋口张到瓶口大小，两种袋均应放于沟中，将段木直立（也可横放），填充干净表土或沙土，上断面露出土面1~2cm，覆盖稻草。稻草是防止喷水或下雨时水滴直接滴落在幼小的菌蕾上，或泥沙飞溅到子实体上。

6. 出芝管理

树林相对于大田温度、湿度稳定，风力较小，管理比较方便。根据天气状况适当进行喷水，晴天多喷，雨天少喷，气温高多喷，气温低少喷，表层覆土保持一定湿度。光线一般七分阳三分阴，光线不能太暗，否则只长菌柄不长盖或者长成鹿角芝，产生畸形。如果林冠破裂，光线过强，则用树枝适当遮盖。菌袋入场后一般40~50天就会长出子实体，如果在同一部位出现多个芝柄，即可以除小留大，选无虫害的一个芝柄。种植一次可生产灵芝3~4年。

7. 病虫害防治

当环境卫生差和高温高湿时杂菌主要有青霉、木霉、曲霉、毛霉、根霉等，虫害有螨类、菌蝇和跳虫等。防治方法是严格做好培养料的灭菌、环境的清洁卫生和栽培室消毒处理，栽培过程中注意温、湿和通气。当局部出现杂菌时，可用2%的甲醛或5%的石碳酸混合液注射感染部位，将严重污染杂菌及时搬出烧毁。害虫主要采用敌敌畏药液拌蜂蜜或糖醋麸皮进行诱杀，在防治病虫害时，不能使用六六六和甲胺磷等高残留或剧毒农药。

8. 采收

灵芝子实体菌盖黄白色生长圈消失，整个菌盖皮壳呈红褐色，并有咖啡色粉末状孢子散发时，即可用利刀以菌柄基部割下，要在子实体完全成熟前采收。若管理得当，7~10天后已修剪的断面上又重新出芝，一般可采收至11月，翌年5月又可出芝，一般每立方米段木可采收40~60kg干芝，从出原基至采收要30多天。采收后的灵芝置于竹帘上晒干，也可烘干，要求皮壳上保留孢子粉，一时不能烘烤或在雨天时，设法在较强的通风条件下阴干，否则会很快发霉，严重影响产品新鲜度。灵芝成熟时散发出孢子，采用套纸的办法收集孢子，将收集的孢子置于密封瓶内避光保存。

林下种植的灵芝（荔波县林业局供图）

四 模式成效分析

（一）生态效益

发展林下产业是在不破坏山林的生态情况下，将山林充分利用起来，提高林地的产能，真正成为人民发家致富的路径，转变了林农致富观念，从依靠山林产出木材变现，转向依靠林下经济谋发展，提升了林农护林育林的积极性，由被动管理转变为主动管理，使森林资源得到更加有效的保护。林下种植和采集通过间作、套种和保护林下珍稀动植物，增加人工林生物多样性，以耕代抚，间接抚育林木，促进林木健康生长。

（二）经济效益

1. 林下南板蓝根经济效益

林下南板蓝根种植一次可连续采收3年，种

植当年可采收茎叶1次，翌年开始一年可采收2次，平均每次采收的茎叶鲜产为1500kg/亩左右，按目前市场平均价0.5元/kg，每次采收的产值约为3000元/（亩·次），3年可采收茎叶5次产值共计15000元。第3年采收南板蓝根的地下根，地下根干货产量约200kg/亩，按2.5元/kg计算，地下根亩产值是2000元。种植3年综合产值为17000元，每亩可盈利7800元。

2. 林下黑灵芝经济效益

林下黑灵芝种植一次可连续采收3~4年，灵芝干品4年综合产能为240kg/亩，按照目前市场价格60元/kg干品计算，每亩综合产值57600元，每亩可盈利29600元。

（三）社会效益

发展林下经济，充分利用林地空间，不与粮争地，不与农争时，联结带动农村人口，可以大量增加就业增收机会，可带动本地的商业、种植业、运输业、医药保健等行业的发展，同时能够优化森林结构、改善森林景观、完善基础设施、产出绿色产品，不仅能提高林农整体素质，改善林农生活水平和居住环境，还能更好地满足人民日益增长的美好生活需要，对促民增收，推进乡村振兴有重要作用。

五 经验启示

（一）强化组织引领，建立健全发展体系

荔波县成立工作领导小组，负责统筹全县林下经济产业发展。各乡（镇、街道）、村相应成立工作领导小组，均明确由主要领导亲自抓、分管领导具体抓、相关部门协同抓，构建“县、乡、村”三级联动的组织体系。县级负责搭台子、压担子、结对子。结合森林资源分布，科学规划产业布局，合理分配乡镇任务。依托乡村振兴组织架构，落实常委包保乡镇、部门帮扶村组，让产业发展有方向、有干劲、有抓手。乡镇负责铺路子、解扣子、喊号子。通过集中连片流转林地，做好林权纠纷调处，强化宣传动员，提高群众参与支持力度，破解项目落地难、实施难等问题。村级负责跟着干、领着干、帮着干。采取村企合作，提升村集体经营能力，组织群众到基地务工增收，并大力支持指导农户独资发展，形成村村是主战场、人人当主攻手的浓厚氛围。

（二）聚焦资源禀赋，规划发展蓝图

荔波林地面积288.83万亩，适宜发展林下产业达56万亩，按照突出特色、长短结合的原则，结合国家储备林项目建设布局发展林下经济，制定出台《荔波县“十四五”林业发展规划》《荔波县加快林下经济高质量发展的实施意见（2021—2025年）的通知》，规划了点面带结合的林业产业布局，打造了一批短、平、快的林下经济产业。

（三）聚焦探索创新，做到因地制宜

大部分作物对种植区的土壤、气候有一定的要求，在其他县市种植成功的产业，在本县推广并不一定能成功，在扩大发展某个产业前，先小面积进行试种，有效益后再大力推广。如甲良镇石板村合作社曾用25亩林地试种了黑木耳、红托竹荪、黑皮鸡枞、香菇、灵芝等食用菌，发现该地区只有林下灵芝种植效益较好，翌年该村在林下重点发展灵芝产业，并获得了较好的收益。

（四）聚焦产业效益，立体融合发展

紧盯林上、林中、林下效益最大化，通过在树上采摘青梅、树中绑缚铁皮石斛、树下种植中药材或养殖禽畜，丰富林地利用，促进产业融合发展，打造了兰鼎山林上青梅果、林中石斛、林下灵芝的立体式产业示范基地和洞塘万亩梅原君子台梅兰石斛基地等一批独具特色的复合式、立体型林业产业基地，形成“林上有果摘、林中有石斛、林下有药采、林间有旅游、林农有收益”的发展模式。

（五）聚焦示范引领，培育龙头带动

按照“强龙头、创品牌、带农户”思路，培育了省级林业龙头企业3个，采取“公司+合作社+农户”发展模式，按照统一种苗供应、统一技术标准、统一回收加工“三统一”方式，引领社会多方力量参与，充分利用“三园”（梅园、果园、公园）、国家储备林等林下空间发展林下经济产业47.14万亩、林下经济产值达12.62亿元。2023年，全县从事林下经济经营的企业、合作社达26个，带动1.3万户5.2万群众实现增收，并荣获“国家林下经济示范基地”称号。

（六）聚焦利益联结，激活发展潜力

把经营企业、村级合作社与农户通过林地流转、参与实施、入股分红等方式将利益联结起来，引导群众将林地出租、林权入股，由村级合作社统一转租给企业集中连片发展，聘用群众就近务工，并依托群众对村委的信任和配合，引导村级合作社深度参与联营，在推动全县林业产业规模发展的同时增加村集体经济收入，农户则通过租金、劳动务工、入股分红等多种途径共享林业产业发展红利，全面激发群众支持参与林业产业发展。

六 模式特点及适宜推广区域

荔波“一强化、五聚焦”的发展模式，充分利用森林资源，积极引导各类社会主体参与，探索创新，因地制宜推动林下经济产业融合发展。这种发展模式呈现出产业成本投入与经营主体分化的现象，如林下石斛、灵芝等投入高、技术要求高的产业经营主体主要是企业与合作社；单位面积投资和技术要求不高的产业，如林下南板蓝根、传统林下养殖等产业才有一般农户与规模户参与。这种发展需因地制宜，结合当地实际情况进行科学谋划，提高林地附加值。

模式 45 瓮安县林下经济发展模式

瓮安县建中镇是林业大镇，森林覆盖率高，生态环境良好，具有发展林下经济的优势和潜力。自 2020 年以来，因地制宜发展以林下种植为重点的林下经济产业，同时积极开展低效林改造，促进森林资源提质增效，推动生态优势向经济优势转化，让林农在培育守护绿水青山的同时收获“金山银山”。

瓮安县退耕还林林下种植玄参（杨永艳摄）

一 模式地概况

瓮安县建中镇位于瓮安县西南部，与福泉市、开阳县交界，距县城 18km，距省会贵阳 56km。全镇辖 7 个行政村 164 个村民组，有 10011 户 38789 人。全镇总面积 232km^2，平均海拔 940m，属亚热带季风气候，冬无严寒，夏无酷暑，春迟多阴雨，秋早绵雨多，热量充足，雨热同季。年平均降水量 1100mm。多年平均气温 13.9℃，最热月（7 月）平均气温 23.1℃，最冷月（1 月）平均气温 2.9℃。森林覆盖率高，森林面积广，植物种类丰富、垂直结构复杂，野生菌、野生中药材繁多。

二 林下经济发展情况

瓮安县建中镇森林面积18万亩，林下经济可利用林地面积13万亩，占森林面积的72.22%。目前，镇内林下经济面积达30835亩，林下经济产业链产值约7451.554万元，林下经济企业12家、专业合作社2家，创建森林人家4处、森林村寨3个，培植国家林下经济示范基地1个，培育省级林业龙头企业1家，打造县级林下种植基地1个，其中采取“公司+农户”的发展模式发展林下种植茯苓1200亩、菌棒300余万棒、食用菌45亩、玄参200亩。

三 栽培技术

为快速推进林下经济高质量发展，以林下种植玄参和香菇为例，简要叙述部分中药材、食用菌的栽培技术。

（一）玄参林下栽培技术

玄参，又名元参、浙玄参、乌玄参，有滋阴降火、润燥生津、解毒利咽功效。玄参具有悠久的生产和使用历史，主产于贵州、四川、湖南等地。

1. 生长习性

玄参喜温暖湿润、雨量充沛、日照时数短等气候条件，能耐寒，忌高温、干旱。气温在30℃以下，植株生长随温度升高而加快，30℃以上则受到抑制。地下块根生长的适宜温度为20~25℃。5~7月地上部分生长旺盛，7月开始抽薹、开花，8~9月为块根膨大期，11月地上植株枯萎，生长周期约300天。

2. 栽培技术

（1）选地、整地。玄参是深根性植物，对土壤要求不严，平原、丘陵及低山坡地均可种植，但以土层深厚、疏松肥沃、排水良好的沙壤土为佳。排水不良的低洼地、黏重土不宜栽种。前茬以禾本科作物为好，忌连作，也不宜同白术等药材轮作。在前茬收获后，即深翻，同时施足基肥，适当增施磷肥、钾肥。整细耙平后，做成高25cm、宽130cm的畦。

（2）选种栽种。选择色乳白，大小适中，粗如拇指，无霉斑疤痕的芽头作种。剔除病、烂和呈紫红色先端似开花的芽头，以冬至前后种植为宜，种芽经过寒冬，使芽头老健，先发根后发芽，但立春后惊蛰前也可栽种。玄参种植时最好选择阴天进行，如有太阳须进行遮盖，以免晒坏。种植方法用开穴点播法，开穴深约10cm，穴口直径8~10cm，行株距相距40~50cm，种芽每穴1株，芽尖向上，种芽直者直栽，弯者弯摆，务必使芽尖向上，栽后施以腐熟的火土，每亩约1000kg，然后再覆盖细土，不要露出芽头。每亩栽种根35~40kg。

（3）田间管理。

①中耕除草。苗期应及时中耕除草，且不宜过深，以免伤根。6~7月植株封垄后，杂草不易生长，故不必再进行中耕除草。

②追肥、培土。植株封垄前追肥1~2次，肥种以磷肥、钾肥为主，并可掺入土杂肥在植株间开穴或开浅沟施入。结合追肥，把倒塌畦下的土培到植株基部，一则可保护子芽生长，利于根部膨大；二则可起到固定植株、防止倒伏的作用。此外，还有保湿抗旱和保肥作用。因此，培土是玄参田间管理工作中的一项重要措施。培土时间一般在6月中旬施肥后。

③排灌。如遇干旱严重应及时浇水。但雨季应及时排去积水，以减少烂根。

④除蘖打顶。春季幼苗出土，每株选留一个健旺的主茎，其余的芽应剪去。7~8月，植株长出花序时，应及时除去，以使养分集中，促进根部生长。

⑤病虫害防治。

斑枯病：4月中旬始发，高温多湿季节发病严重，先由植株下部叶片发病，出现褐色病斑，严重时叶片枯死。防治方法：清洁田园；轮作；发病初期喷 1:1:100 倍波尔多液。

白绢病：发病时间同上，危害根部。防治方法：轮作；拔除病株，并在病穴内用石灰水消毒；栽种时用 50% 退菌特 1000 倍液浸泡 5 分钟，晾后栽种。

（4）采收与加工。栽种当年 10~11 月地上部枯萎时采挖，收后去除残茎叶，抖掉泥土，暴晒 6~7 天待表皮皱缩后，堆积并盖上麻袋或草使其“发汗”，4~6 天后再暴晒，如此反复堆、晒，直至干燥、内部色黑为止。如遇雨天，可烘干，但温度应控制在 40~50℃，且需将根晒至四五成干时方可采用人工烘干。产品以肥大、皮细、外表灰白色、内部黑色、无油、无芦头者为佳。

（5）留种技术。收获时，严格挑选无病、健壮、白色，长 3~4cm 的子芽作种芽，子芽从根茎（芦头）上掰下来后，先在室内摊放 1~2 天，以后在室外选择干燥、排水良好的地方挖坑贮藏，坑深 30~40cm，北方可深些或直接贮放在地窖内。坑底先铺稻草，再将种芽放入坑中，厚 35~40cm，堆成馒头形，上盖土 7~8cm，以后随着气温下降逐渐加土或盖草，以防种芽受冻。一般每坑可贮 100~150kg 子芽。坑四周要注意开好排水沟，贮藏期要勤检查，发现霉烂、发芽或发须根，应及时翻坑，并剔除烂芽。

（二）香菇栽培技术

香菇作为我国特产之一，是一种食药同源的珍贵食用菌，具有很高的营养、药用和保健价值。多年来持续出口，是世界性消费的菇类。

1. 品种选择

根据当地气候、市场需求和种植条件，选择适合的香菇品种。

2. 准备菌袋

菌袋可用含有油脂性的木材制作，如松树、柏树等。木材需充分粉碎，木屑直径约 1.5cm。在木屑中加入一定比例的水、石膏、麸皮等原料，混合均匀。

3. 接种

将香菇菌种接种到准备好的菌袋中。接种方法有孢子接种、液体菌种接种等。接种后，将菌袋放入培养室，保持适宜的温度、湿度和通风条件。

4. 菌丝培养

接种后，将菌袋放置在适宜的环境中，让菌丝生长。菌丝生长适宜的温度为 15~25℃，湿度为 70%~80%，通风良好。培养过程中要保持环境卫生，防止污染。

5. 出菇管理

当菌丝长满菌袋后，进行出菇管理。首先，降低温度至 10~15℃，保持湿度在 90% 以上，提供充足的光照。同时，控制通风，保持空气新鲜。

6. 采摘

香菇成熟后，可根据市场需求及时采摘。采摘时，用剪刀剪下香菇，避免损坏菌盖。采摘后的香菇要妥善保存，保持新鲜。

7. 防治病虫害

在香菇栽培过程中，要注意防治病虫害。定期检查菌袋，发现病虫害及时处理。防治病虫害可采用生物防治和化学防治相结合的方法。

8. 环境卫生

保持栽培场所的清洁卫生，定期消毒，防止病菌和虫害的传播。

四 模式成效

（一）生态效益

建中镇结合营造林工程项目的实施，大力利用退耕还林地、疏林地、灌木林地、园地，因地制宜发展林下种植、养殖、森林景观等产业，使林地利用最优化、经济效益最大化，达到经济效益和生态效益兼收的目标。

（二）经济效益

建中镇结合营造林工程项目的实施，大力利用退耕还林、商品林因地制宜发展林下中药材、食用菌种植，使林地利用最优化、经济效益最大化。2023 年，瓮安县恒辉农业发展有限公司开展林下栽培食用菌 45 亩，其中栽培香菇 20 亩 12000 余棒，产量达 6000kg，产值 24 万元；林下种植赤松茸 25 亩，产量达 1400kg，产值达 70 万元；李子低效林提质增效嫁接绿萼梅 230 亩，盛花期产值达 184 万元。

（三）社会效益

瓮安县建中镇依托林地、湿地等资源条件，结合实际情况，积极争取中央财政科技推广、省级林业改革发展资金、东西部协作乡村振兴等项目补助资金发展林下养殖、林下种植、森林康养、林源中药等林下经济产业，通过扶持企业、合作社的发展，辐射带动农户助农增收。2023 年，瓮安县恒辉农业发展有限公司实施中央财政科技推广项目过程中，提供 1184 个劳工量，劳务用工 20 余人，发放务工工资 14.6 万元，人均收入达 7300 元；流转林地 300 亩，向农户支付林地流转费 9 万元。农户参与项目建设，不仅种植技术得到提高，收入增加，产业发展的信心也不断增强。

五　经验启示

（一）抢抓机遇，统筹谋划，因地制宜发展林下经济

在省、州、县推进林下经济高质量发展政策引领下，结合林下中药材、食用菌市场情况，统筹谋划，根据发展宜林下产业的地类、环境、林分等要求，因地制宜选择林下经济发展模式。瓮安县恒辉农业发展有限公司积极利用退耕还林幼林地大力发展林下中药材种植，利用马尾松林闲置林下空间仿野生种植马桑菌、赤松茸等食用菌，通过不断试验，认真探索，已建成规模化、集约化林下种植中药材、食用菌示范基地。

（二）打好产业基础，争取项目资金扶持

科学规划，统筹发展，加强政策宣传和技术指导，摸清企业的所需所求，积极组织产业基础良好的企业争取各级财政资金和帮扶资金，通过项目的实施推动基地建设。2022 年，瓮安县恒辉农业发展有限公司向省林业厅申报的中央财政科技推广项目获得批复，批复资金 80 万元，公司采取流转林地的方式在凤凰社区实施林下种植香菇 20 亩、赤松茸 25 亩，项目实施效益好，顺利通过省林业局检查验收。通过项目的实施，不仅提高企业和农户发展林下经济的积极性，而且也解决了企业周转资金不足、农户技术缺乏的问题，有效推进产业上台阶发展。

六　模式特点及适宜推广区域

瓮安县充分利用森林资源，结合当地气候条件，因地制宜发展以林下种植为重点的林下经济产业，同时积极开展低效林改造，创新提质增效模式，可以有效地改善低效林地的生态环境，提高林地的生产力和经济效益。这种发展需因地制宜，结合当地实际情况进行科学谋划，提高林地附加值。

模式46 福泉市林下经济发展模式

福泉市坚定不移贯彻落实“两山”理念，充分发挥福泉市森林资源优势，利用退耕还林工程和国家储备林项目建设契机，因地制宜、突出特色，大力发展林下经济，实现了生态建设和经济发展“双赢”，为助力乡村振兴，推动林业现代化发展和生态文明建设奠定坚实基础。

福泉市退耕还林林下种植板蓝根（福泉市林业局供图）

一 模式地概况

福泉市位于贵州省中部、黔南州北部，介于东经107°14′24″~107°45′35″、北纬26°32′29″~27°02′23″，东邻凯里市和黄平县，南与麻江县接壤，西邻贵定、龙里、开阳三县，北和瓮安县相连，市区距贵阳市100km，是南下通道的咽喉要地。全市总面积为1688km^2，占贵州省总面积0.96%，占黔南州总面积的6.44%。全市辖2个街道办事处、5个镇、1个乡，16个居委会、60个行政村。

福泉市地处云贵高原左斜坡，境内地貌类型以山地为主，丘陵次之，坝地较少，地势西部和北部较高，东部次之，中部和南部较低，最高海拔 1715.8m，最低海拔 614m，大部分海拔在 900~1400m，平均海拔 1020m。福泉市属亚热带季风湿润气候区。年平均气温 14.7℃，极端最低气温 -8.8℃，极端最高气温 36.4℃，不低于 10℃的活动积温为 5378℃，年平均无霜期 271 天，年降水量 1033~1220mm，降雨季节多集中在 4~9 月，占全年降水量的 75%。具有冬无严寒，夏无酷暑，气候温和，雨量充沛，雨热同季的特点，适宜多种农作物生长发育。

二　林下经济发展情况

福泉市自 2002 年启动退耕还林工程以来，共完成造林 18.04 万亩，其中 2002—2013 年完成上一轮退耕还林任务共 12.23 万亩，2014—2017 年完成新一轮退耕还林任务共 5.81 万亩，涉及全市 60 个行政村 2.5 万户，国家投入资金 2.2 亿元。福泉市利用退耕还林工程和国家储备林建设项目累计发展林下经济面积 31.55 万亩，全产业链年产值达 7.46 亿元，其中林下种植完成 4.5 万亩，林下养殖完成 6.98 万亩，林下产品采集加工 9.39 万亩，森林景观利用 10.68 万亩。

三　栽培技术

（一）树种选择

板蓝根为十字花科二年生草本植物，以根和叶入药，根称“板蓝根”，叶叫“大青叶”，有清热解毒、凉血功效，主治流行性感冒、流行性腮腺炎、流行性乙型脑炎、急性传染性肝炎及咽喉肿痛等症，鲜叶还可以做成青黛染料的原料，需求量大。板蓝根适应性强，对气候和土壤环境条件要求不严，能耐寒，但喜温暖，怕水涝，属深根类作物，适宜在土层深厚、疏松肥沃的沙质壤土栽培。

（二）清理整地

深耕整地、施足基肥，选择排水良好、疏松肥沃的沙质壤土。2 月底，先深耕 25cm 左右，种前再浅耕 1 次，耕前要施足基肥或有机肥。播种期以 3~5 月为宜，播种越早，生长期越长，产量越高。一般采用条播，按行距 25cm 左右种植，开 15cm 浅沟用于排水，将板蓝根种苗均匀种植，盖土 2cm，稍加镇压。

（三）抚育管护

板蓝根种植完成后要及时浇水，注意中耕除草，种植 30 天后板蓝根苗长出新芽或者新叶时进行松土除草，并追施 1 次氮肥或尿素使幼苗茁壮生长。一般生长前期浇水不宜过多，宜干不宜湿，以促进根部向下生长。后期可适当多浇水，保持土壤湿润，特别是在每次收割叶后，都要及时追肥和浇水，此时追肥以氮肥为主，可促进叶片再生，施用人粪尿的浓度应加大，也可施农家肥、尿素等。雨季要注意排水，防止引起烂根。板蓝根生长至 80~100cm 时收割，割叶时应留茬 10cm，以利再生。

福泉市林下种植板蓝根（福泉市林业局供图）

四　模式成效

（一）生态效益

退耕还林工程实施的主要目标是解决水土流失和土地沙化问题，改善生态环境，退耕还林在福泉市实施后，直接治理该市水土流失坡耕地11.54万亩，增加森林面积18.04万亩，提高森林覆盖率6.8%。水土流失得到有效遏制，改善了福泉市的生态环境。已实施退耕还林地块的径流量、泥沙流量及径流系数均大幅减少，平均土壤侵蚀模数、土壤侵蚀量均明显下降，土壤有机质增加，提升了土壤肥力。林草植被和生物多样性恢复迅速，一些原来山高、坡陡、洪灾频繁的工程区生态状况明显得到改善。

（二）经济效益

退耕还林实施以来，国家向福泉市投入资金累计达2.2亿元，从而促进和带动了全市经济的发展。退耕还林使农民人均纯收入由退耕前的1837.2元上升到4800元。福泉市共营造了5.02万亩经济林，按第7年进入收获期，收获周期20年，每年每亩纯收入500元计算，则每年可使农民增收500多万元。项目共营造生态防护林13.02万亩，按每年每亩增加值100元，则20年后其价值可达3亿多元。另外，由于工程的实施，农村劳动力出现剩余并转向其他行业，带动了种植业、养殖业、运输业及其他服务业的发展。

（三）社会效益

1. 推动生态环境建设走上科学发展道路

长期以来，土地利用不合理已对福泉市生态脆弱地区的可持续发展构成严重威胁。过去山区群众在陡坡耕地广种薄收，对生态环境造成极大破坏。现在退耕还林的实施为农村产业结构及科学合理利用土地、走上全面协调可持续发展道路提供了契机。由于上一轮退耕还林有5年和8年的钱粮补助期，新一轮退耕还林分5年3次兑现政策补助，这为退耕户调整农业产业结构解除了后顾之忧，使他们积极地加快结构调整的步伐。

2. 改变了农民意识，为农民致富提供了良好的基础

退耕还林工程使农民尝到了甜头，得到了实惠，提高了福泉市广大群众的生态环保意识，对促进该市经济的可持续发展将产生积极、深远的影响。农民的思想发生较大转变，由原来不愿意退耕变为积极退耕甚至主动争取退耕，由原来不能富、富不起来转变为现在的多方寻求致富路从而富裕起来。可以说，现在很多农民富起来是得益于退耕还林工程在实施过程中对其思想意识的改变。

五 经验启示

福泉市初步实现退耕还林工程“退得下、稳得住、能致富”的目标，并形成了“资源有人管、产品有人买、森林有人游”的良性循环经济发展态势。其主要启示有：

（一）因地制宜选准产业

产业选择，不是一时兴起随意宣传，更不是“跟风式”选择产业，产业的选择需要有“地利”、看“天时”、创“人和”。有“地利”，即选择产业要适合在当地生产，符合当地经济社会发展的战略。陆坪镇是福泉市森林资源面积最大的乡镇，全镇森林面积高达33万亩。近年来，陆坪镇抢抓国家储备林项目建设机遇，依托丰富的森林资源，大力推进“国家储备林+林下中药材”产业发展，并引进4家企业，采取“公司+合作社+基地+农户”的模式，通过种植管理返租倒包给林户，并支付一定的劳动报酬的方式，以公司占比70%、林农占比20%、镇级占比5%、村合作社占比5%来分成，进行国家储备林建设以及淫羊藿、松茯苓、黄精、板蓝根等林下中药材的种植，通过长短结合、以短养长的方式，盘活林地空间，辐射带动当地村民就业增收，将资源优势有效转化为经济优势，提高国家储备林项目发展经济效益，助推国家储备林建设和壮大村集体经济。

（二）立足长远做全产业

“一个产业，如果群众不能增收、企业不能

获利，政府不见成效、社会不见效益，就不是一个优质产业”。事实证明，福泉市选择的绿色发展的林下经济产业，把资源培育与产业发展密切结合起来，对资源进行多层次综合利用。通过“公司＋基地＋农户（大户）”模式等方式，将资源、市场、林农有机地结合在一起，形成多方共赢的合作机制。广大群众，特别是贫困群众的利益在一二三产业相互融合的发展过程中得到了持续有力保障，企业综合实力不断增强，环境得到持续改善，地方经济社会得到很好发展，让群众、政府和企业凝聚发展共识、聚集发展合力，实现了人与自然、人与人、人与自然和谐共生、全面发展、持续繁荣，为脱贫攻坚与乡村振兴有机结合打下坚实的产业基础。

六　模式特点及适宜推广区域

福泉市采取“公司＋基地＋农户（大户）”模式，引导专业合作社 6 个、农户（大户）35 户与公司合作发展林下经济，不仅为当地群众提供了弹性就业岗位，还通过一定比例在公司、乡镇、村合作社及农户中进行利益分配，达到多重收益的效果。开发利用好森林资源，既节约了土地资源，又降低了流转成本，还促进了生态文明建设，推动了绿色发展，将绿水青山变成金山银山，为全市产业发展拓展了更大空间。如今，穿行在福泉市的山间林地，随处都可以看到一座座绿意盎然、生机勃勃的高山产业基地，成为当地一道道引人注目的亮丽风景线。在山岭上建起了一条条色彩斑斓的高山产业带，展现出一幅活力四射的绿色生态经济画卷，为所有群众创造持续稳定的发展收益，让他们的幸福之路走得更加稳健。福泉市也将持续向山要地，发展林下经济，让林业发展和林下经济有机融合，产生效益。该模式的推广需结合当地林地情况，选择适宜的林下经济产业，使生态效益和经济效益同效提升。

福泉市林下种植板蓝根（福泉市林业局供图）

模式 47 盘州市林下经济发展模式

自实施新一轮退耕还林、国家储备林等项目以来，盘州市委、市政府认真践行“两山”理念，创新发展模式，因地制宜，多措并举盘活林业资源，充分利用林荫空间，培育林下种养殖产业、森林康养等林文旅联动融合发展新模式。

盘州市退耕还林林下种植姬松茸（盘州市自然资源局供图）

一 模式地概况

胜境街道位于盘州市西部，东邻红果街道办事处，北接亦资街道办事处，南连石桥镇，西抵云南省富源县大河镇，是“盘州西大门”。辖区总面积 155.2km^2，森林覆盖率 61.7%，现辖 18 个居委会 155 个网格，户籍人口 17813 户 48779 人。辖区土地属于山地黄棕壤、山地灌丛草甸土等，土质下层坚硬，表层疏松肥沃。地处低纬度高海拔区域，属亚热带季风湿润气候区，平均海拔 2035.6m，冬无严寒，夏无酷暑，年平均气温 13.5℃，年平均降水量 1350mm，年平均无霜期 300 天，年平均日照数 1758 小时，是低纬度地区罕见的避暑胜地。有效积温 4491.3℃，相对湿度 60%~85%，雨热基本同季。辖区山地面积大，垂直差异明显，生态环境优异，生物资源比较丰富，具有气温适宜、日照时数长、降水适量、紫外线辐射适中、空气湿度适合等特征，非常适宜于动植物的繁衍生长，是名副其实的“天然大空调”“生态大氧吧”，是食用菌种植的天然胜地。

姬松茸（盘州市自然资源局供图）

二　林下经济发展情况

截至2023年，按照林业“三权”分置改革有关政策，累计流转组集体林地经营权2600亩，用于“林下绿色姬松茸种植基地”及“林下姬松茸‘林—菌—旅’立体生态循环示范基地”建设，规范化建设林下姬松茸、黑鳞菇、滑子菇、段木香菇、羊肚菌、红托竹荪、中药材等仿生栽培示范基地，打造立体生态循环农业。今后，将结合胜境古镇生态及旅游资源，开展“劳动教育实践基地”“休闲旅游集散”“研学教育实践”“电商运营平台”等场景式主体活动，打造“林—菌”“林—菌—旅”复合型产业发展。

三　栽培技术

姬松茸是夏秋间发生在有畜粪的草地上的腐生菌，要求高温、潮湿和通风的环境条件。

（1）营养需求。姬松茸主要分解利用农作物秸秆，如稻草、蔗叶、麦秸、玉米秆、甘蔗渣等和木屑作碳源；豆饼、花生饼、麸皮、玉米粉、畜禽粪和尿素、硫酸铵等作氮源。

（2）温度。菌丝发育温度范围10~37℃，适温23~27℃。子实体发生温度范围17~33℃，适温20~25℃。

（3）水分。培养料最适含水量55%~60%［料水比为1:（1.3~1.4）］，覆土层最适含水量60%~65%，菇房空气湿度75%~85%。

（4）光线。菌丝生长不需要光线，少量的微光有助于子实体的形成。

（5）空气。姬松茸是一种好氧性真菌，菌丝生长和子实体生长发育都需要大量新鲜空气。

（6）酸碱度。培养料的pH值在6~11范围内皆可生长，最适pH值8.0。

（一）林地选择

绿色高产姬松茸宜选择海拔为1600~2500m，常年积温4491.3℃左右区域，以及湿度55%~80%范围的交通方便、水电便捷、环境干净、通风透光良好、氧气充足的松林区域内。

（二）合理栽培

1. 林下菇房的建造

菇房要选择在地质坚硬，地表土质疏松，肥沃、排水良好、坡度小于25°相对平整的松树林地，为姬松茸获得优质高产创造适宜的环境条件。

（1）林地整理。清除杂草灌木，按照与缓坡横截面的走向间伐树木，树木间预留2.5~3m的行距，林地整体保持40%的透光度，便于后期恶劣气候搭建临时遮雨膜或遮阳网。

（2）起垄排沟。按垄宽60cm、沟距15cm，沟长根据地形充分利用的方式预留排水口。

（3）喷淋安装。根据林地直截面走向，安装主管道，根据垄宽预留分管道接口，按垄宽60cm，安装两条滴灌带的方式建设。

2. 种植季节选择

姬松茸的种植季节一般安排在春末夏初和秋季。春季种植在清明前后（3~5月），秋季种植在立秋之后（9~11月）。盘州海拔1600~2500m地区可延长至5~6月播种，7~10月收菇。总之，要掌握播种后，经40~50天开始出菇时，气温能达18~23℃为好。各地气候条件不同，播种期应灵活掌握。

3. 菌种制作

姬松茸菌种分为母种、原种、栽培种 3 级。

（1）母种。一般采用 PDA 培养基（去皮马铃薯 200g、葡萄糖 20g、琼脂 18~20g、水 1L）。

（2）原种。一般采用木屑米糠培养基（木屑 77.5%、米糠 20%、糖 1%、石膏 1%、石灰 0.5%，另加水 120%~130%）。

（3）栽培种。一般采用谷粒培养基（小麦、黑麦、高粱、小米等均可作为谷粒）。由于母种及原种的生产工序以及对环境的要求都非常严格，因此，母种及原种的生产都是在食用珍菌研究所内进行的，栽培地所需的 3 级栽培种统一从制种企业引进。

4. 培养料选配

绿色高产姬松茸栽培以杂木屑（不含油）、蔗糖渣（果渣）、竹粉、玉米芯、谷壳、麦麸、石膏、石灰等为原料，可用麦秆、玉米秆等原料进行辅助栽培，也可任选一种或几种配比混合，可以辅以牛粪、马粪、羊粪、禽粪及少量化肥。所用的原料一般要求晒干和新鲜料（没有霉变的）。

5. 建堆发酵

（1）建堆。将杂木屑、竹粉、玉米芯等配料浸透水，预湿后与谷壳、蔗糖渣等辅料分区建堆，堆高 80~100cm。

（2）翻堆。木屑预堆 13~15 天，其他配料预堆 7 天左右，料温上升至 70~75℃开始进行第一次翻堆，翻堆时可在培养料中加入牛马粪、麦麸、石膏、石灰粉或少量尿素等原材料充分搅拌。通过充分发酵形成姬松茸可利用氮源。在预堆期间，料堆中层发酵较好，料温较高，但四周的培养料没有充分发酵。翻堆时要充分翻拌，把中层培养料翻放在外周，把外周培养料堆到料堆中央。5 天后进行第二次翻堆，再按 4 天、4 天、3 天的时间间隔进行翻堆（共翻堆 5 次，发酵时间 23~25 天）。为了使料堆内外发酵均匀，翻堆时应把中间的培养料翻堆在外，把外层的培养料堆到中间。发酵后培养料变成棕褐色，手拉纤维容易拉断，发酵就完成了。堆制发酵后培养料的含水量为 60%~75%。pH 值为 9 左右，偏高或偏低时可用过磷酸钙或消石灰进行调节。为了制作均匀、完全成熟、高质量的培养料，翻堆非常重要，这是姬松茸产量高低的先决条件。

6. 进料铺床及二次发酵

姬松茸室内、室外均可种植。室内种植时可搭架床 4~6 层，也可以利用空闲的蘑菇房、架床，将完全成熟的培养料均匀地、不松不紧地铺菇床，厚度以 12~15cm 为宜，每平方米 17~25kg（含水 20%~30%），每亩 8~9t，床面呈龟背形。培养料上床后，进行二次发酵，即将菇房的出入口、通风口关闭，把菇房的温度升高至 55~60℃，保持 2 天左右，待料温降到 25℃时再播种。野外种植在阴棚下进行，畦宽 1.3m，长根据地形而作。阴棚高度 2~2.3m，棚顶和四周用草帘、遮阴网遮阴，畦床整成龟背形，中间比四周略高，并挖好排水沟。如果在山地种植，还要开防洪沟。畦床表面用低毒高效农药喷洒，杀灭害虫，再将完全成熟的培养料铺入畦床上面，厚度一般为 12~15cm（按干料计算，每平方米需 16~20kg 培养料）。

7. 播种及管理

培养料整平后，菇房中没有刺鼻的氨味，经发酵的培养料呈咖啡色，pH 值 7~8，含水量 65%~75%，料温稳定在 28℃以下，25~26℃最为适宜，即进行播种。其方法是把菌种掰成拇指大小，均匀地撒于培养料表面上，每平方米面积需要 2~3 袋菌种，播种后用木板轻轻抹平。播种后第 4 天，开始通风，同时注意林内的温度变化，白天控制在 25~26℃，夜间不低于 12℃，昼夜温差利于菌丝生长。注意保湿，空气相对湿度控制在 75%~85%，二氧化碳浓度控制在 40% 以内，以人进入林下时不感到气闷为宜。室外种植播种后要用地膜覆盖畦床，保温保湿。播种后 5 天内一般不必揭开地膜，也不用喷水，第 6 天揭膜通风。空气相对湿度以 85%~90% 为宜，若料面干燥应喷水保湿。正常情况下，每 2 天通风一次。室内种植也要注意菇房内温湿度的变化，做好保温保湿，并使新鲜空气多通入菇房之内，菇房内不感到闷热为宜。

8. 覆土

覆土是栽培上非常重要的一环，覆土土质的好坏直接影响姬松茸的产量和质量，分两次覆盖。第一次：播种后18~20天，菌丝长到底时开始覆粗土，覆盖厚度2~3cm。第二次：覆粗土后10~15天菌丝90%扭结成子实体时覆盖细土，覆盖厚度1~1.5cm。姬松茸不覆土不出菇，要求选用保水通气性能较好的土粒用作覆土材料，不能用太坚硬的沙土。一般采用田底土、泥炭土或人造土（取河泥、塘泥并加入牛粪粉和石灰粉进行堆沤，1个月后即可使用），pH值9左右，覆土前一天将土调至含水量为70%~75%。

（三）出菇管理

姬松茸在条件适宜的情况下，从播种至出菇需要50~60天。出菇期管理的目的是创造更好的生态条件，提高姬松茸的质量和产量，因此要因地制宜，灵活掌握，尽量注意“听、看、摸、嗅、查”。当菇床土面涌现白色粒状的菇蕾，继而长至黄豆大小，大约3天后菇蕾发育生长至直径2~3cm时，应停止喷水，避免造成死菇和畸形菇。此时要消耗大量的氧气，并排出二氧化碳，在通风的同时注意林地土层的湿度，确保林下内空气湿度在85%~95%，这是姬松茸水分管理过程中最关键的一环。姬松茸每潮菇历时约一周，每潮结束后需要9天的养菌时间。各潮菇采收后要清理，补足覆土及水分，为下一次出菇做好准备。姬松茸出菇期可持续5个多月（必须3月堆料），采收10潮。年鲜菇产量可达约9t/棚，纯收入达万元。

（四）病虫害防治

姬松茸有抗杂菌的能力，一般情况下不受杂菌的侵害，关键是在实际操作过程中高度重视，严把质量关，消好毒，灭好菌，时时做好清洁卫生，还要十分注意通风换气，勿使菇房内或畦床面长期过湿。杂菌和病虫害一般在覆土前后发现，刚出现时可用喷灯灼烧。若菇房内发现菇蝇、螨类、红蜘蛛、线虫等，可用菇虫净二号等高效低毒药物杀灭。

（五）采收与加工

姬松茸以菌盖尚未开伞、表面淡黄色、有纤维状鳞片及菌幕尚未破裂时采收为宜。若过熟采收，菌褶会变黑，降低商品价值。采收后的鲜菇可通过保鲜、盐渍、脱水、烘干等方法加工销售。

姬松茸采收（盘州市自然资源局供图）

四 模式成效

（一）生态效益

发展林下经济有效地开发利用自然资源，保护生态环境，效益显著。林下发展食用菌本身是一项优化环境的产业，能有效利用农作物秸秆、森林废弃物、果林枝条、加工果渣及牛、马、羊粪便等资源。鲜菇采摘后的废料可作为无公害蔬菜、粮油的栽培基质，改良污染土地，减少过量使用农药、化肥带来的土壤板结，促进生态粮油循环生产。

（二）经济效益

姬松茸产量达1.5t/亩，每千克按市场最低价15.2元计算，每亩销售收入2.28万元，年纯利润达 0.41 万元 / 亩。

（三）社会效益

一是按林地经营权协议约定，林地经营权流转费 60 元 /（亩·年），流转年限 20 年。截至目前，累计支付流转 7.2 万元。二是增加农户就近务工岗位，基地抚育期间，平均 25 人 / 天，采菇旺季平均 100 元 /（人·天），直接覆盖带动农户共 494 户 1718 人（其中脱贫 140 户 546 人）就业。劳动力在基地务工收入人均 2.4 万元，大大加快了基地周边农民脱贫致富奔小康的步伐，推进科技兴农的进程，助力乡村振兴产业高质量发展。

五 经验启示

（一）注重招商，引资注入

通过市投资促进局搭桥，引导企业外出，以企招企、项目招商等方式，按照“本地企业＋外地企业＋基地＋农户”联动发展，着力建设食药用材基地。

（二）充分利用，有效衔接

盘州市利用实施新一轮退耕还林、国家储备林项目的契机，通过积极探索、多措并举申报林下种植项目，加快基地建设。

（三）产研合作，确保质量

目前，食用菌企业与贵州大学等科研院所开展产学研合作，邀请学院专家深入基地问诊把脉，大大提高了林下食用菌发展的质量和效益。

（四）多措并举，保障要素

一是积极谋划和申报林下经济项目。二是充分利用人工商品林林地林木资源，加大适宜林地林木流转，鼓励农户以林地林木折价入股参加项目实施，为林下经济产业发展提供用地保障。

六 模式特点及适宜推广区域

（一）模式特点

盘州市胜境街道依托境内森林资源优势，通过“基地＋企业＋种植户”模式，因地制宜发展林下姬松茸种植，由公司统一生产菌种，基地规模化种植示范，带动农户参与种植，销售以“电商＋直播＋批发”为主，辐射带动周边村民就业，有力推动了当地农村经济发展。

（二）适宜推广区域

姬松茸是夏秋间生长的腐生菌，生活在高温、多湿、通风的环境中，对生长环境要求严苛，不能有虫。姬松茸是一种中温性菇类，菌丝生长温度为 15~32℃，最适温度 22~23℃，子实体最适宜温度为 18~21℃。pH 值在 6.5~7.5 较适宜。我国自 1992 年福建从日本引入菌种后，逐渐推广至华北、西南地区，目前主要产地在云南、四川、黑龙江、吉林、福建等地，其中四川是最主要的产地。

模式 48 正安县林下经济发展模式

正安县全力依托林下空间优势，因地制宜发展林下经济，积极开展森林复合经营，大力发展林下种植和养殖，通过产业基地建设、科技投入和招商引资等，不断延伸林业产业链，带动林药、林菌、林禽、林蜂等快速发展，走出一条“山地增绿、林农增收、林业增效”的绿色可持续发展之路，真正实现绿水青山就是金山银山。

正安县退耕还林林下发展马桑菌（杨永艳摄）

一 模式地概况

正安县位于贵州省遵义市东北部和重庆市南部的中心地带，是贵州襟联重庆的前沿，是渝南、黔北经济文化的重要交汇区域，素有“黔北门户”之称。位于东经 107°4′~107°41′、北纬 28°9′~28°51′，全县面积 2595km²。正安县属中亚热带湿润季风气候，气候温和，四季分明，雨量充沛，无霜期长。年平均气温为 16.14℃，极端最高气温 38.8℃，极端最低气温 -6.2℃。年平均降水量 1076mm，年平均无霜期 290 天。境内最高海拔 1838m，最低海拔 448m，平均海拔 1200m。境内辖 19 个乡镇 152 个村（社区、居委会）65 万人，是国家扶贫开发重点扶持县。

二 林下经济发展情况

正安县共有林地面积 243 万亩。2022 年，正安县林下经济产业利用林地面积 59.27 万亩（林地面积综合利用率为 24.39%），实现综合产值 49010 万元。具体产业情况如下：

（一）林下方竹产业

正安县共有方竹面积 48 万亩，2022 年林下经济产业综合利用面积达 22 万亩，利用率 45.8%，完成方竹采收 1.65 万 t，实现综合产值 1.90 亿元。

（二）林下中药材产业

2022 年，利用林地发展林下中药材 0.5 万亩，完成林下中药材采收 0.5 万 t，实现综合产值 2 亿元。

（三）林下茶产业

2022 年，利用林地发展林下茶产业 0.5 万亩，完成林下茶叶采收 0.015 万 t，实现综合产值 0.9 亿元。

（四）林下养殖业

2022 年，利用林地发展林下养殖业 5.1 万亩，其中养殖林下鸡 10 万羽、养殖蜜蜂 5000 箱、养殖家畜 8000 头，完成生态鸡出栏 8 万羽、采蜜 100t、蜂群销售 350 群、家畜出栏 7000 头，实现综合产值 0.62 亿元。

（五）林下马桑菌种植

2022 年，利用林地发展林下马桑菌种植 500 亩，完成林下马桑菌采收 110t，实现综合产值 0.11 亿元。

（六）森林景观旅游利用

2022 年，利用林地发展森林景观旅游 3 万亩（其中市坪桃花源景区 0.42 万亩、九道水景区 2 万亩、林家乐和森林人家等 0.58 万亩），完成森林景观观光旅游综合收益 12 亿元。

三 栽培技术

为快速推进林下经济高质量发展，正安县主要栽培了以马桑菌、天麻、白及、黄精、前胡为林下种植的主要品种，此处简要叙述马桑菌栽培技术。

正安县林下种植马桑菌（正安县林业局供图）

（一）培育条件

（1）栽培场地。马桑菌栽培场地宜选海拔 700~1200m 的山坡，坡度 15°~30°，要求七分阴三分阳，林分树种选择要求常绿树种。

（2）温度。马桑菌在 5~25℃均可生长，最适温度为 10~20℃。

（3）湿度。马桑菌对土壤湿度和空气湿度均无要求，因为是往菌棒内人工注水。

（4）光照。马桑菌菌丝不喜欢强光照射。因此，在培养过程中应该选择较为遮光的环境。

（二）菌种准备

菌丝是经人工纯培养的马桑菌菌丝，菌丝母种用组织分离法分得，但最好用试管制种，方法是将8~9kg的鲜菌核置盛水容器上，离水约2cm，室温24~26℃，空气湿度85%以上，光线明亮，仅7天后菌核近水面就出现白色蜂窝状子实体，20天后子实体可大量弹射孢子，此时即可无菌操作。

（三）装袋接种

（1）栽培备料。备料于头年秋季（薄膜、塑料条、竹片），清理林地（清除杂草、枯枝），使其充分干燥，修建人行道，挖排水沟。

（2）接种。将菌棒摆放至树木、果林等植物下方，可以按照7~10cm的间距进行摆放，在菌棒中间安装洒水装置，每天早晚向马桑菌喷洒水雾，使其旺盛生长，培育过程中需要注意保持基质的湿度和通风，以防止病虫害的发生。

（四）采收加工

马桑菌的生长周期一般为30~40天，当菌盖变成淡黄色或者淡褐色时，即可进行采摘。采摘时需要注意保持基质的湿度和清洁，以免影响下一季的生长。

马桑菌（正安县林业局供图）

四　模式成效

（一）生态效益

林下经济是一种典型的良性循环经济和低碳经济模式，它通过“不砍树也能致富”的方式，带来了经济效益，促进了农民经营维护森林的积极性，同时能够促进森林生态系统的健康发展，维护生物多样性，改善生态环境，提高森林资源的生态效益。

（二）经济效益

通过整合林地等资源及个人资金量化入股，在解决产业发展资金难题的同时，进行保底分红，让贫困户共享林下菌药产业发展红利。同时紧盯种植、采摘等环节用工需求，开展技术培训及专项技能培训，重点组织易地搬迁群众务工，每人每天务工收入不低于100元。近年来，全县林下菌药产业带动0.15万人次就业增收。

（三）社会效益

林下经济不仅促进林区农民增收，还为农民带来了低门槛、劳力密集型就业，让农民不出乡也能致富，实现幸福指数高的绿色就业，进一步减少了大城市的压力，带来不可估量的社会效益。而有一批返乡农民工还具备比较高的文化素质和一定的资金积累，他们带回了资本、技术等，为繁荣农村经济作出贡献。

五　经验启示

（一）明确发展方向，强化组织保障

为抓好正安县林下经济高质量发展，加快推进青山变金山步伐，正安县制定了《关于加快推进正安县林下经济高质量发展的意见》，明确了2021—2025年发展林下经济目标任务，成立了由县委副书记任组长、县人民政府常务副县长、分管副县长任副组长、县直部门和乡镇（街道）主要领导为成员的林下经济高质量发展领导小组，乡镇（街道）也成立相应的组织机构，并明确专人负责林下经济高质量发展统筹协调等工作，做到专人专抓，为发展林下经济提供有力保障。

（二）创新发展模式，力推经济发展

正安县按照“生态产业化、产业生态化”思路，依托优质森林资源，根据不同林地类型科学谋划，开发引领创新模式，大力推进林下经济发展。一是利用较为稀疏的林地发展林茶、林药、林菌及采取林下种草的方式发展大牲畜养殖。二是利用较为集中的地块种植枇杷、桃等果树，并结合野生蜜源植物较为丰富的区域发展林下养蜂。三是利用森林景观景点探索“森林康养＋”产业的发展模式，大力发展集观光、休闲、养生、体验、理疗等为一体的综合体系，提高森林综合效益，不断实现林业产业高质量发展。四是采取吸纳社会资本参与发展的方式，通过招商引资引进有经营实力的企业，采用“公司＋基地＋农户”的发展模式，建设示范点带动农户发展，采取流转的方式把农户土地流转给企业，创新发展思路，带动农户发展林下经济，增加农户收入，提高农户经济收益。

（三）用好产业优势，抓好品牌建设

借助正安县“贵州省中药材种植大县”“中国道地药材之乡”等称号，用好产业优势，打造地方特色，抓好品牌建设，以创建品牌推动林下经济发展。一是充分利用丰富的森林资源发展林农种植林下黄精、白及、天麻、重楼等中药材。现有规模在100亩以上的中药材种植点5个。二是引导合作社和农户充分利用丰富的蜜源植物和林中空地发展林下养蜂、家禽养殖等。到目前为止，全县有100亩以上养蜂基地10个，林下养鸡示范点1个。三是以打造地方特色产品为引领，着力在培育林下经济品牌、申报森林生态标志产品和地理标志上下功夫，努力将规模大、品牌优的产品做大做强做优。

六 模式特点及适宜推广区域

正安县充分利用森林资源，结合当地气候条件，对不同的林地进行科学谋划，创新经营模式。发展林下种养殖、森林景观等产业，使土地利用最优化，经济效益最大化，推动林下经济的高质量发展。这种多元化的发展模式更需因地制宜，需结合当地实际情况进行科学谋划，提高林地附加值。该模式的推广需结合当地林地情况，选择适宜的林下经济产业。

模式 49 大方县林下发展天麻模式

天麻有息风止痉、平肝潜阳、祛风通络的功效，素以“滋补之王”的称号而驰名。大方县是贵州省中药材主产县，中药材资源十分丰富，是中国天麻的主产区。大方天麻的天麻素含量高、微量元素丰富，深受消费者欢迎。在明朝时期就是进贡皇室的珍品，拥有 600 多年的进贡历史，素有“天麻佳品出贵州，贵州天麻数大方”的美誉。2008 年，大方县被中国食品工业协会授予“中国天麻之乡”称号，同年，大方天麻获得国家地理标志产品保护认证。

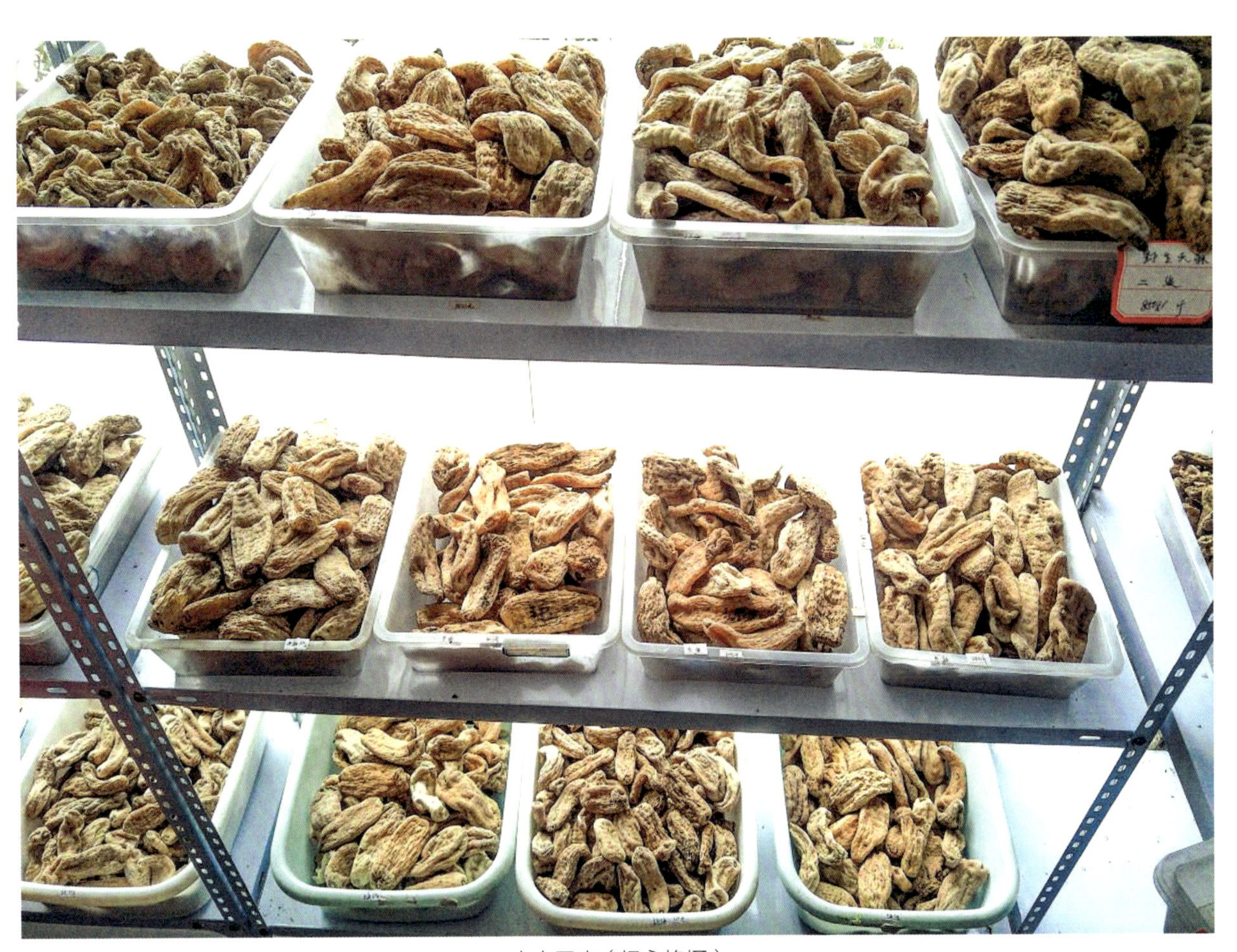

大方天麻（杨永艳摄）

一 模式地概况

大方县位于贵州省西北部，毕节市中部，乌江支流六冲河北岸，地处东经 105°15′47″~106°08′04″、北纬 26°50′02″~27°36′04″，东与黔西市毗邻，东北抵金沙县，南以六圭河与织金县为界，西南与纳雍县隔河相望，西部和西北部与七星关区接壤。全县总面积为 2646.38km^2，耕地面积 946km^2。

辖29个乡（镇、街道）161个行政村128个社区。大方县地貌类型复杂多变，地形破碎，山地、丘陵、盆地、洼地交错分布，山峦重叠，沟谷纵横，切割较深，最高海拔2325m，最低海拔720m，相对高差1605m，县城海拔1700m，具有地势高、地形起伏大、山大坡陡、沟多谷深的高原山地特点。由于相对海拔相差较大，积温差异大，土壤类型多样。全县地处低纬度高海拔地区，属亚热带季风湿润气候，暖温带湿润季风气候较为明显，雨量充沛，年平均降水量1180.8mm，年平均日照数1335.5小时，年平均气温11.8℃，最热月（7月）平均气温20.7℃，最冷月（1月）平均气温1.6℃，大于10℃的积温3340℃，年平均无霜期254天，年平均相对湿度84%，水热同季，适宜林木生长。

二 退耕还林林下种植仿野生天麻概况

自2000年实施退耕还林工程以来，在县委、县政府的领导下，大力争取实施退耕还林工程，共计实施退耕还林面积53.69万亩，其中，上一轮退耕还林面积13.59万亩，新一轮退耕还林面积40.1万亩，分布在全县29个乡（镇、街道）。上一轮退耕还林于2000—2006年实施，种植的树种主要是柳杉、楸树、梓木、板栗、漆树等，目前均已成林成材，成为全县国土绿化的主体部分。新一轮退耕还林于2014—2020年实施，种植的树种主要是皂角、李子、板栗、樱桃、刺梨、猕猴桃等。

退耕还林为发展林下种植、林下养殖、景观利用等林下经济业态提供了广阔的空间，林下种植仿野生天麻就是大方县比较普遍的一种林下种植模式，依托良好的生态环境，倾力打造大方天麻，带动林业经济规模化、规范化和特色化发展，闯出“生态+扶贫”新模式，实现农民持续增收，是大方县发展林下经济的一大工作亮点。

近两年来，大方县林下种植仿野生天麻面积年均在3万亩左右，有发展天麻产业的龙头企业5个、农民专业合作社128个，为发展天麻种植和促进“三产”融合发展奠定了坚实的基础。

三 栽培技术

（一）选地

选择地块要求以荒山林地或退耕地块为宜，郁闭度0.5或者覆盖度50%左右，坡度5°~25°，林下阴湿，土壤土层深厚，疏松透气，排水良好的沙壤土或腐殖质较厚的土壤，以阳山或半阳山坡地块为宜。

（二）栽培所需材料准备

栽培材料主要包括天麻种子、木材、蜜环菌、萌发菌、树叶等。

（1）木材。所用木材以青冈、桦树、毛栗、板栗、山樱桃、漆树、化香、马桑等阔叶类不含油脂和芳香类树种的木材为主。栽培所需木材规格：大木材（即底材直径6~10cm，长度20cm左右）、小木材（直径3~5cm，锯成5cm长的小段）。大木材用量为20kg/m^2、小木材为5~10kg/m^2，具体用量根据实际操作而定。

（2）蜜环菌。蜜环菌是为种植的天麻提供营养，天麻不是绿色植物，无根无叶，自身不能制造营养，蜜环菌一端缠绕并深入木材分解木材，另一端缠绕在天麻上为天麻提供营养。取长势良好的蜜环菌种，用刀切成直径约为4cm大小的块状备用，平均用量2袋/m^2，2~2.5斤/袋，无性种植天麻和有性种植天麻都需要使用蜜环菌，一般在种植天麻前3~6个月提前培植蜜环菌床，菌床培植季节一般在8~10月和3~5月，确保天麻播种后尽快通过蜜环菌汲取营养物质。

（3）萌发菌。萌发菌是用于有性繁殖的天麻必备材料，用于打破天麻花粉种子的休眠、促进天麻种子的萌发，无性繁殖的天麻则无需使用萌发菌。取长势良好无感染的萌发菌菌种，用手掰成直径2~3cm大小的小块，不宜过于碎小，用量一般1袋萌发菌拌和13~15个天麻蒴果的种子，萌发菌拌合天麻花粉种子的季节一般在6月前后。

（4）树叶。青冈树或毛栗树等不含油脂性的树叶（要求新鲜枯叶，无腐烂、霉变），用量2~5kg/m^2。

（三）固定菌床的制作方法

1. 挖坑

根据贵州乌蒙山区地形的特点，最适宜采用林下仿野生栽培的栽培模式，挖坑要求：每窝面积1m^2，深约18cm，将坑底挖平整，用锄头将底层土壤挖松（为了方便摆放并固定底材），保持坑底土层有3~5cm厚的松散泥土。

2. 铺材及放置蜜环菌

在挖好的坑内摆放加工好的大木材，要求摆放时尽量保持一段整齐，选材尽量选择长度一致的木材，木材与木材之间相距3~4cm，即两指宽，然后用棒槌敲打严实，用新土填实木材之间的空隙（避免有空隙导致杂菌滋生、熟土杂菌较多），最后在每根木材两端和中间各放一块处理好的蜜环菌菌种（中间那块蜜环菌尽可能靠着两根靠在一起的木材），要求每颗蜜环菌都必须紧靠着底材，制作好的菌床木材表面看起来齐整为佳。

3. 固定菌床

铺好底材并放好蜜环菌后，在底材表面均匀覆盖一层5cm左右厚的新鲜泥土，人为地踩实，然后再在表层覆盖10cm左右的泥土即可完成固定菌床制作。固定菌床既可以用作天麻的有性繁殖，也可用于天麻的无性繁殖。一般情况下：有性繁殖的固定菌床制作时间为当年的11月至翌年2月；无性繁殖的固定菌床制作时间以当年的2~5月初为佳。固定菌床的制作最好选择在气温较低的季节进行，注意防范在高温条件下引起蜜环菌菌包烧包现象。一般情况下，从固定菌床至用作天麻栽培需经历5~6个月时间。菌床的好坏直接影响到天麻栽培的产量与质量，只有长势良好的菌床才能栽培出高产优质的天麻。

（四）天麻无性繁殖栽培技术

（1）时间。当年12月至翌年3月。

（2）材料。天麻麻种、小木材（长度5~6cm）、蜜环菌（每平方米2袋），必备工具。

（3）麻种。一般以天麻的零代种为佳，也可以选择一代种。

（4）技术流程。选麻种→整理固定菌床、播种→田间管理→采收→初加工。

1. 选择优质麻种

麻种的质量好坏直接影响到栽培后天麻的产量。有性繁殖产出的麻种以及栽后1~2代繁殖的麻种均是优质麻种。因此，应每年都进行有性繁殖育种，使麻种保持持久优良种性，是天麻夺取高产和持续健康发展的技术保证。在栽培前应对种麻进行严格的挑选：

（1）颜色黄白，前端1/3为白色，形体长圆略呈锥形，且有多数潜伏芽。

（2）种麻不宜太小，一般以拇指粗细，重量在7~15g为宜，将个头大小相对一致的种麻分别装起来，方便栽培时使用。

（3）种麻表面无蜜环菌缠绕侵染。

（4）无腐烂病斑和虫害咬伤，注意检查有无虫危害。

（5）生长锥（白头）饱满，生长点及麻体无撞伤断损情况，凡有断裂及伤口的不能作种麻，因为有断裂及伤口的麻在栽培后首先形成色斑，继而全部腐烂，且相互传染。

（6）凡是麻种生长点（白头）已经萌发生长者即将形成箭麻，不能种麻，因为这种麻种植后即抽薹开花、麻体空心至死亡。

（7）有条件的地方采用现采挖现栽培的模式。

2. 整理固定菌床及播种

栽培时间一般选择在冬季，天麻有性繁殖采收的季节。栽培天麻时，将预先培养了5~6个月的菌床挖开，用锄头将上层泥土整理干净，不能翻动底材，挖开固定菌床上层表土，取出第一层菌材，刨开泥土露出下层菌材约1/3。

播种：在底层菌材两侧的鱼鳞口处及其两端

及两根菌材之间的空隙处分别摆放麻种，然后将小木材有序的摆放在底材的间隙处，要求种麻必须紧靠小木材。小木材摆放完毕后，盖上一层3~5cm厚的腐殖土或细土，再按底层菌材的排列方法摆上所取出的菌材，按照第一层方法摆放麻种及覆土，最后盖上10cm厚的种植土及10cm厚的杂草、枯枝落叶即可，窝表面呈垄状。每平方用麻种量0.6~0.8kg。

3. 后续管理

（1）防旱、防涝。根据天麻生长习性，春季天麻刚萌动生长需水量小。6~8月是天麻生长旺盛时期，需水量大。9月下旬以后天麻生长减慢逐步趋向定型，处于养分积累阶段，不需要大量水分，这时所需要的是昼夜温差大，天麻个体迅速膨大，阴雨连绵、低温高湿，是造成天麻腐烂多、产量低的主要原因。

（2）防冻害。骤然低温，当栽培层温度降到 –10℃以下时，就会发生冻害，生长点变黑进而腐烂。

4. 防治病虫害

（1）病害。天麻病害多为不良环境和粗放管理造成的生理性病害。主要是块茎腐烂、干腐或湿腐，气味腥臭。防治方法：对生理性病害应采取综合防治措施，加强科学管理，尤其是温度、湿度及水分管理，贯彻以防为主，为天麻创造一个适宜生存的环境，减少病害的发生。杂菌防治，首先是杜绝菌材、菌枝带菌，采用纯菌种播种和新菌材栽培是重要措施。

（2）虫害。主要有蚜虫、红蜘蛛、蛴螬、介壳虫、白蚁及平菇厉眼蕈蚊幼虫等。主要防治方法是以物理防治为主，可安装杀虫灯、黄板等。

（五）天麻有性繁殖栽培

时间：有性繁殖当年5~7月。

栽培所需材料：萌发菌、天麻蒴果、木材、木叶、制作好的固定菌床及必要的工具等。

流程：拌种→整理固定菌床、播种→田间管理→采收种麻。

1. 拌种

取萌发菌，将其掰成直径2~3cm大小，每平方米用萌发菌1袋，再取天麻蒴果，按照每平方米13~15个天麻蒴果将其均匀撒播在掰好的萌发菌上，轻轻搅拌均匀，装入塑料袋扎紧袋口，放阴凉的车间、房间养菌3~5天，促进天麻种植萌发。

2. 播种

挖开制作好的固定菌床，从菌床四周用锄头轻轻刨开土壤，直至看见底材，清理底材表层泥土，取出第一层菌材，刨开泥土露出下层菌材约1/3，保持底材不动。清理干净菌床后，将拌好的带有天麻花粉种子的萌发菌均匀地撒在细木叶上。将取出的菌材放回，然后再均匀撒上一层腐殖土，最后覆盖10cm厚的新鲜土壤，浇透水，穴顶盖一层10cm左右的杂草或树枝叶保湿即可。

3. 后续管理

有性繁殖主要防涝防旱、避免牲畜踩踏及防控虫害等，做到经常查看种植基地，发现问题及时解决。

（六）采收

采用无性繁殖的天麻，其商品麻（箭麻）是在1年之内长大，栽种后1年即可收挖。冬季栽种的第2年冬季或第3年早春收；春季栽种的当年冬季或第2年春季采收。有性繁殖播种的天麻，一般播种一年半收获。冬季休眠期时进行检查。天麻一般在块茎进入休眠采挖（即冬挖）较适宜，其加工成品质量好。过早块茎发育不完全，过迟块茎养分消耗，均会影响产量和质量。一般采收与栽种可同步进行。

收获一般在晴天进行，收获方法是慢慢扒开表土，揭起菌材，即露出天麻，小心将天麻取出，防止撞伤，然后向四周挖掘，以搜索更深土层中的天麻。将挖起的商品麻、麻种、米麻分开盛放，麻种作种，商品麻加工入药。

采收的天麻应及时加工，长时间堆放容易引

起腐烂，影响质量。加工后的天麻，以个大肥厚，完整饱满，明亮，质坚实，无空心、虫蛀、霉变者为佳品。

四　模式成效

近年来，大方县深入践行“两山”理念，充分发挥林业资源优势和生态区域优势，大力发展林下经济，不断向森林要效益，努力实现生态效益、经济效益、社会效益相统一。

（一）生态效益

在林下种天麻，构建起林农复合经营系统，可以明显提高林地资源的利用效率。同时，林下复合经营所形成的“乔木层—灌木层—草本植物—动物—微生物”的林层结构，可以进一步提高森林生态系统的稳定性和生物多样性。

（二）经济效益

发展林下经济，对缩短林业经济周期、增加林业附加值、促进林业可持续发展、促进农民增收具有重要意义。大方天麻主要以鲜品和初加工产品进行销售，一般鲜品通过公司、合作社、农户自有渠道销售，鲜品销售价格在 10 元 /kg 左右，平均亩产 200kg 左右（林下种植算一亩），每亩收益在 8000 元左右。其余鲜品通过企业、初加工基地加工成天麻酒、天麻胶囊、天麻粉、天麻片等保健产品或药用系列产品进行销售。2022 年，大方县天麻种植面积稳定在 3 万亩左右，产量 7500t 左右，种植端产值 1.77 亿元以上。

（三）社会效益

大方县立足自身资源优势，积极引导群众发展林下经济，优化农业产业结构，改变以往单一、传统的种植模式，大力发展特色林下种植产业，为和美乡村建设打下坚实基础。近年来，大方县通过“公司 + 合作社 + 基地 + 农户”“合作社 + 基地 + 农户”“合作社 + 基地”“公司 + 农户”等发展模式促进全县天麻种植向规模化、规范化发展。引进贵州九龙天麻有限公司、贵州乌蒙腾菌业有限公司、贵州同威生物科技有限公司三家企业。注册了“奢香”“九龙腾”“乌蒙腾”商标，主要产品有天麻胶囊、天麻饮片、天麻粉、天麻酒等系列产品。通过天麻良种繁育提升、深加工产业链延伸、流通体系建设、品牌体系建设等举措，全面提升大方天麻在全国的影响力。

五　经验启示

大方天麻种植历史悠久，产品质量优良，大方县进一步发展壮大天麻产业，助力乡村振兴。对此，大方县制定了《大方天麻高质量发展三年攻坚行动方案（2023—2025 年）》，明确了六大重点工作方向，致力于把大方天麻打造为“一个品牌、立足大方、涵盖毕节、辐射贵州、引领西南、走向全国”的发展定位。

（一）实施国家级区域性良种繁育基地提升行动

一是加大大方天麻优质种质资源保护和开发利用，建设原生境保护区 3 个、野生抚育区 3 个、基因库 1 个。二是加快种质资源鉴定评价，筛选优良种质 5 个，选育认定天麻专用（药、食）品种 2 个以上，建设全国天麻新品种、新技术展示基地。三是制定良种集约化生产操作规程和质量标准，打造全国“两菌一种”生产中心和质量标准的输出中心。

（二）实施全国优质天麻核心产区建设行动

一是规划布局以东片区和北片区为核心的产业带，到 2025 年，实现仿野生高品质天麻种植 4 万亩、生态高产高效天麻种植 4 万亩。二是加强与全国天麻科研单位合作，制定林下仿野生天麻质量标准。三是全面提高天麻单产水平，提升菌材转化率达 30%，以乌杆天麻为主导的天麻品种平均产量达 6kg/m^2。四是积极申请林业项目资金培育商品菌材林 18 万亩，保障菌材可持续供应。

（三）实施大方天麻“药食同源”精深加工行动

一是按照 GAP 要求，加大“定制药园”建设力度，积极建设质量追溯体系。二是推动“市场换产业，资源换投资”，招引领军企业 1 家以上，培育省级专精特新企业 5 家，谋划实施大方天麻“药食同源”精深加工产业园区项目。三是与国内权威单位合作，建设天麻产品研发中心，挖掘天麻在食用、保健、医用等领域上的独特应用价值，开发一批营养均衡、老少适宜、养生保健的产品。四是培育一批精深加工企业，推动天麻产品科研成果转化，提高产品附加值。

（四）实施中国天麻产地交易市场流通体系建设行动

一是推进大方天麻仓储物流体系建设，积极向上争取建设中国天麻产地交易市场，打造集天麻收储、清洗分级、产地初加工、展示销售和质量检测为一体的集配中心，构建大方天麻仓储物流服务网络。二是实施“大方天麻”出山行动，拓宽市场销售渠道，推动天麻向粤港澳大湾区等全国高端消费市场进军。三是打造“互联网 +”综合性服务平台，建设全国天麻网络交易中心。

（五）实施天麻产业新业态培育行动

一是充分挖掘大方天麻药用价值，收集全国含天麻的经典名方，开展院内制剂研究与生产应用。二是打造天麻饮食文化中心，将奢香古镇打造为旅游及天麻美食品尝为一体的新型天麻小镇，推进种植基地乡村旅游、文化推广、生态建设、健康养生、药膳餐饮等产业纵深融合发展。

（六）实施“大方天麻”区域公用品牌共建行动

一是建立品牌管理机制，建立“大方天麻 + 区域品牌 + 企业品牌”的品牌体系，提升“大方天麻”区域品牌知名度、美誉度和影响力。二是强化执法监管，切实保护“大方天麻”区域公用品牌。三是建设线上线下“大方天麻”博物馆，策划实施中国天麻节、博览会、推介会等，提升品牌知名度和影响力。

六　模式特点及适宜推广区域

（一）模式特点

发挥大方县自然气候、优质品种、林地资源等多种优势，因地制宜、突出特色、紧盯关键，强力实施国家级区域性良种繁育基地提升行动、全国优质天麻核心产区建设行动、大方天麻“药食同源”精深加工行动、中国天麻产地交易市场流通体系建设行动、天麻产业新业态培育行动、“大方天麻”区域公用品牌共建行动“六大行动”，建成全国“两菌一种”及质量标准输出中心、天麻研发中心、天麻院内制剂示范中心、天麻饮食文化中心和全国天麻交易中心，建立健全联农带农利益联结机制，有效促进农民经营性增收，积极打造天麻产业强县，推动中药材产业向现代化、生态化、集聚化、国际化方向发展。

（二）适宜推广区域

天麻喜凉爽、温润，其生长适温为 10~25℃，当腐殖土的含水量为 50%~60% 时，天麻生长良好。蜜环菌和天麻都适合在疏松的沙质土壤中生长，土壤富含腐殖质、疏松肥沃、排水良好，pH 值为 5.5~6.0 的微酸性沙质土壤更佳。天麻种植宜选择海拔 1200~1800m 的林下阴湿、腐殖质较厚的地方。

模式 50 石阡县林下发展花卉、绿化苗木模式

石阡县通过多年的退耕还林工程推进，退耕还林在助推产业发展特别是经济林产业发展方面已经有了成熟的多种模式。如何进一步拓展退耕还林在深入落实“生态建设产业化，产业建设生态化”的作用空间，石阡县国荣乡在葛宋村走出了一条利用退耕还林政策，采用苗林一体化的模式，建设花卉苗木农旅园区助推花卉苗木产业大发展的新路。

葛宋村苗林一体化模式实景（石阡县林业局供图）

一 模式地概况

石阡县位于贵州省东北部，铜仁市西南部，沿榕高速公路纵贯县境南北、安江高速公路横穿县境东西。全县面积 2173km^2，森林覆盖率达 69.74%，年平均气温 15.3℃，最热月（7 月）平均气温为 24.0℃，极端最高气温 39.5℃；最冷月（1 月）平均气温为 4.9℃，极端最低气温 -9.5℃，年平均降水量 1174.7mm，雨热同季，相对湿度约 74%，年平均无霜期 280 天。全县总人口 46 万，仡佬族、侗族、苗族、土家族等 12 个少数民族占总人口的 74%。石阡县是

国家重点生态功能区、国家生态保护与建设示范县、国家生态文明建设示范工程试点县。

国荣乡葛宋村距离石阡县城14km，交通便利，平均海拔700m，年降水量1100~1200mm，年平均气温16.8℃，最低温度-6.9℃，无霜期292~306天，不低于10℃积温5410~5457℃，年平均日照时数1230小时，年总辐射量0.36MJ/km^2，日照百分率为28%，相对湿度78%，适合花卉苗木生长。

葛宋村林下育苗成效（石阡县林业局供图）

二 退耕还林概况

石阡县上一轮退耕还林工程完成面积31.99万亩，其中耕地造林11.59万亩（生态林11.27506万亩、经济林0.31494万亩）；荒山造林20.4万亩。2014—2017年，完成新一轮退耕还林还草总任务数为13.45万亩（经济林11.6万亩、生态林1.85万亩），涉及43161户174704人，其中贫困户1135户贫困人口4316人。

国荣乡葛宋村2017年建设苗林一体化基地950余亩，其中退耕还林工程覆盖745.7亩。其主要做法如下：

（一）组织架构

针对农户劳动力、资金及技术短缺等问题，通过招商引资引进全国知名苗木企业湖南长浏集团与国荣乡人民政府合资成立石阡县长荣联合投资开发有限公司，并引导群众依法自愿有偿流转土地经营权，形成“龙头企业+专业合作社+农民”的组织形式，形成“入股合作、利益保底、盈余返还、佣工付酬”的利益联结机制，将新一轮退耕还林工程与产业发展、精准扶贫和生态建设有机结合，依托新一轮退耕还林政策拉动，多渠道带动其他资金投入，在国荣乡葛宋村、新阳村建设苗林一体化的产业园区。

（二）技术方略

采用“苗林一体化”的技术路线。2017年，栽植当年，即按（1~1.5）m×（1.5~2）m的株行距栽植胸径3~10cm的乔木大苗成林，在乔木大苗行间再按（0.3~0.5）m×（0.5~1）m株行距栽培乔木小苗及花卉，土地空间复合利用。第2年开始出售乔木大苗，乔木大苗间苗移出销售的同时不断将小苗培育成大苗递补，圃地郁闭度一直保持在0.8以上，形成梯度递进培育的持续循环。园区规划面积3200亩，现已完成核心区建设1200亩，培育楠木、红榉、红枫、紫薇、紫荆等60余个品种2100余万株苗木。

三 模式成效

（一）生态效益凸显

以葛宋村为中心的新阳村、代山村等多为25°以上的坡耕地，传统的玉米、红薯、马铃薯种植导致水土流失严重。现通过退耕还林苗林一体化模式循环发展，并带动多渠道投入，已覆盖相邻新阳、代山村等，面积达1200余亩，水土流失程度不断减轻，生态环境极大改善。

（二）经济效益显著

园区基地每年可实现苗木销售收入400余万元，支付农户土地租金45.21万元，新增就业岗位300个，每日务工人数少时几十人，多时几百人，当地及周边农户劳务工资超过200万元，周边贫困人口经济收入增加7000元/人。项目利益联结国荣乡新阳、葛宋、代山等5个行政村289户1149个贫困人口。

（三）社会效益显现

通过实施退耕还林助推园区发展、农旅一体融合、第三产业兴起、农民就业门路扩大。部分农民在退耕还林后通过发展种植业、养殖业、农副产品加工业、农家乐等进一步增加了收入，有效促成当地贫困人口快速脱贫并实现脱贫不返贫，巩固脱贫成果，实现贫困人口扶贫脱贫的长效机制，真正在源头上解决贫困人口脱贫致富问题，实现生态美、百姓富的大美格局。

葛宋村退耕还林种花卉（石阡县林业局供图）

四 经验启示

（一）政策推动，政府引导，创新模式

将退耕还林政策紧密结合林业产业发展需要和国家储备林建设等重点工程建设的种苗需要，综合考虑交通、土壤、气候、水利等因素布局产业，创新退耕还林“苗林一体化模式”出新路。

（二）整合资源，产业协同，借力前行

充分利用退耕还林等政策红利带动其他部门政策资金，形成合力，聚力发展。结合农旅观光园区建设、美丽新农村建设，推进林业产业与其他产业共生共荣、相互促进、共同发展。鉴于石阡县退耕还林助推花卉苗木产业大发展的成功范例，2020 年贵州省全省林木种苗工作会在石阡县召开，并在国荣乡葛宋村现场观摩了长荣花卉苗木园区。

（三）培育扶持龙头企业做大做强，带动群众增收致富

着力扶持龙头企业，充分发挥其规模优势、技术优势、资金优势、销售优势，采取“龙头企业＋村级集体经济组织＋农户”的组织形式，除土地租金、务工收入外另按照一定比例实行年终分红，既保障了农户的利益，又使企业有能力扩大再生产，充分调动了集体经济合作社的内生动力，带领群众脱贫致富。

五 模式的特点及适宜推广区域

苗林一体化模式有别于传统的退耕还林实施模式，传统退耕还林模式苗木栽植后不再移动流通，是静止的林，林是那片林，树还是那些树。苗林一体化模式下林还是那片林，树不再是那些树，“铁打的林子流水的树”，进一步拓展了退耕还林的应用领域，进一步促进了林业特色产业的大发展，该模式适合在花卉、园林绿化树种，乡土珍稀珍贵树种上推广。

参考文献

第一篇：退耕还林工程发展特色经果林绩优模式

模式1：镇宁县六马蜂糖李模式

敖艳飞，宋生懿，宋贞富，等，2020. 蜂糖李幼树期管理技术 [J]. 农技服务，37（9）：66–67.

韩威，2020. 贵州蜂糖李栽培管理技术规程 [J]. 现代园艺，43（15）：71–72.

王恩胜，2022. 蜂糖李栽培管理 [J]. 云南农业（1）：60–62.

吴寿才，2022. 黄平县蜂糖李栽培技术要点及病虫害防治 [J]. 农技服务，39（5）：75–77.

张毅，李用奇，肖祎，等，2018. 李新品种“蜂糖李”的选育及栽培技术 [J]. 中国南方果树，47（6）：146–148.

张毅，李用奇，张领，等，2023. 蜂糖李栽培技术规范 [J]. 果树资源学报，4（1）：49–52.

钟思玲，宋贞富，陈红艳，等，2019. 蜂糖李品种特性及栽培技术要点 [J]. 现代园艺（8）：11–12.

模式2：威宁县糖心苹果模式

冯建文，陈祖瑶，李顺雨，等，2023. 威宁山地苹果栽培管理技术月历 [J]. 农技服务，40（8）：75–79.

冯建文，吴亚维，宋莎，等，2018. 贵州山地苹果高效栽培技术 [J]. 农技服务，35（6）：8–18.

李顺雨，谢江，马检，等，2017. 威宁苹果整形修剪技术要点 [J]. 农业科技通讯（4）：249–251.

马检，李顺雨，吴超，等，2021. 威宁苹果病虫害绿色防控技术应用 [J]. 农技服务，38（2）：89–90.

文爽颖，赵庆炼，何超，等，2023. 威宁苹果病虫害综合防治技术 [J]. 数字农业与智能农机（3）：74–76.

张克俊，1996. 矮化密植苹果园的丰产指标及其调节 [J]. 农业知识（3）：10–11.

模式3：赫章县核桃模式

阿衣木古·热孜克，2021. 核桃修剪整形技术 [J]. 农家参谋（29）：163–164.

艾尼瓦尔·买买提，2010. 核桃施肥方法 [J]. 农村科技（7）：19.

陈占祥，2017. 核桃施肥技术 [J]. 河北果树（5）：54.

黄梅，2014. 核桃优质丰产栽培措施 [J]. 宁夏农林科技，55（3）：22–23.

彭剑，2021. 核桃种植关键技术分析——以赫章县为例 [J]. 花卉（12）：3–4.

唐志玲，胡友志，2007. 核桃施肥技术概述 [J]. 现代农业科技（18）：53.

王晓霞，2022. 核桃主要病虫害综合防控技术应用——以赫章县为例 [J]. 河北农机（15）：166–168.

模式4：水城区红心猕猴桃模式

廖鑫，2022. 红心猕猴桃种植管理技术 [J]. 数字农业与智能农机（17）：51–53.

罗惠引，2022. 贵州山地红心猕猴桃种植关键因素及处理建议 [J]. 农村科学实验（8）：96–98.

潘治华，2017. 猕猴桃人工种植管理技术分析 [J]. 农村科学实验（4）：75+73.
彭秀华，2020. 红心猕猴桃栽培管理技术 [J]. 安徽农学通报，26（19）：53–54.
吴水美，2021. 红心猕猴桃种植与病虫害防治技术 [J]. 农业工程技术，41（11）：88+90.
杨永艳，宋林，王庆荣，等，2022. 贵州省退耕还林工程绩优模式——水城区红心猕猴桃模式 [J]. 贵州林业科技，50（1）：40–44.
郑国一，郭冬梅，徐庆沙，等，2021. 红心猕猴桃主要病害绿色防控技术及推广应用 [J]. 农家参谋（23）：121–122.

模式5：织金县玛瑙红樱桃模式

陈祖瑶，郑元红，葛琴，等，2013. ‘玛瑙红’樱桃幼树促花修剪技术研究初报 [J]. 中国园艺文摘（8）：60+139.
陈祖瑶，郑元红，徐富军，等，2013. 贵州省高海拔山区玛瑙红樱桃栽培技术规程 [J]. 园艺与种苗（4）：3–5.
费义鹏，2017. 大樱桃病虫害防治要点 [J]. 农民致富之友（7）：101.
何翠芬，2015. 论玛瑙红樱桃丰产栽培技术 [J]. 农家顾问（6）：96.
刘玉倩，杨家干，2017. 遵义地区玛瑙红樱桃栽培技术 [J]. 南方农机，48（12）：68–69.
罗春香，何永波，柯晓伟，等，2015. 樱桃流胶病的发生原因及防控措施 [J]. 山西果树（4）：51–52.
孙云，胡方彩，倪萍，2013. 玛瑙红樱桃丰产栽培技术 [J]. 农业与技术（2）：110–110.

模式6：关岭县五星枇杷模式

陈蓉，2023. 枇杷常见病虫害及防治措施 [J]. 农村科学实验（17）：148–150.
陈维忠，2006. 大五星枇杷栽培管理技术要点 [J]. 现代园艺（8）：49–50.
陈远兴，2015. 大五星枇杷无公害栽培管理技术 [J]. 现代园艺（24）：46.
高健，2015. 浅谈大五星枇杷的丰产栽培技术 [J]. 农业与技术（2）：108.
郭和卫，2017. 枇杷的种植与管理技术 [J]. 现代园艺（9）：28–29.
李艳芳，2014. “大五星”枇杷引种高产栽培技术 [J]. 现代园艺（20）：33–33.
宋林，杜前程，杨永艳，等，2021. 贵州省退耕还林工程绩优模式——以关岭县花江镇白泥村五星枇杷模式为例 [J]. 现代农业科技（18）：163–165.
王永和，林紫钦，段凤萍，等，2005. 陇川枇杷种植与优质丰产栽培技术 [J]. 热带农业科技，28（3）：46–49.
于斌，尹克林，2013. 枇杷套袋技术及应用 [J]. 中国园艺文摘（8）：200–201.

模式7：麻江县蓝莓模式

董克锋，岳清华，高勇，等，2016. 有机蓝莓栽培技术 [J]. 农业科技通讯（12）：271–273.
李灿，于强，沙玉芬，2006. 蓝莓苗木繁育技术 [J]. 烟台果树（4）：47.
李坤，2013. 蓝莓成就富民之路——麻江县宣威镇发展特色农业纪实 [J]. 当代贵州（1）：32–33.
娄锋，宋开彬，刘兆锋，2012. 蓝莓栽培管理技术 [J]. 农业科技通讯（8）：272–275.
苏常团，彭淑芹，2015. 蓝莓种植技术 [J]. 乡村科技（18）：32–33.

孙斌，王杰，李佳琦，2022. 有机蓝莓优质丰产栽培技术 [J]. 农业科技通讯（2）：303-304.
孙林，杨丰，2019. 麻江县有机蓝莓的病虫害防控技术 [J]. 农技服务，36（9）：78-80+115.
王媛媛，2018. 蓝莓整形修剪与病虫害防治技术探讨 [J]. 绿色科技（9）：72-73.
吴文和，谌金吾，2017. 有机蓝莓栽培技术 [J]. 耕作与栽培（6）：78+71.

模式8：修文县猕猴桃模式

蔡雪健，2023. 贵长猕猴桃栽培管理技术 [J]. 农业技术与装备（1）：177-179.
黄玫，和岳，刘通，2022. 修文猕猴桃种植及品质提升技术研究 [J]. 耕作与栽培，42（4）：135-136.
鲁毅，2021. 修文猕猴桃的“金果路”[J]. 当代贵州（1）：20.
唐合均，付贵明，陈尚洪，等，2015. 猕猴桃病虫害绿色防控技术 [J]. 四川农业科技（2）：46-47.
张云贤，2016. 猕猴桃 T 形小棚架栽培技术 [J]. 农技服务，33（2）：205+216.
周艳，2022. 修文县贵长猕猴桃高产高效栽培技术 [J]. 耕作与栽培，42（3）：131-133.
朱有嘉，2014. 修文县猕猴桃病虫害发生规律与对策 [J]. 耕作与栽培（1）：50-51.

模式9：兴义市澳洲坚果模式

陈棉，2023. 澳洲坚果种植技术探析 [J]. 种子科技，41（8）：96-98.
范建新，韩树全，何凤平，等，2018. 贵州山地澳洲坚果生态栽培技术 [J]. 农技服务（5）：30-32.
李明灿，刘鸿骄，李林霞，等，2023. 临沧地区澳洲坚果虫害调查及防治 [J]. 云南农业科技（3）：40-42.
林玉虹，陈显国，石兰蓉，等，2006. 澳洲坚果的整形修剪技术 [J]. 广西热带农业（2）：11-12.
周立娟，2022. 澳洲坚果丰产栽培 [J]. 云南农业（2）：54-55.

模式10：沿河县沙子空心李模式

李岩，2001. 李树栽培管理要点 [J]. 河北果树（1）：30-31.
彭兴智，2022. 李树栽培及病虫害综合防治策略分析 [J]. 农村百事通（3）：43-45.
谢军，王正坤，何腊珍，2017. 沙子空心李李小食心虫防治技术 [J]. 植物医生，30（4）：57-58.
许梦琴，张繻，张裴裴，2023. 乡村振兴视角下沿河县沙子空心李品牌建设现状及策略 [J]. 南方农业，17（4）：202-204.
杨磊，2012. 沿河县沙子空心李栽培技术 [J]. 农技服务，29（5）：586-587.
周晓明，2012. 沿河县沙子空心李与气候条件浅析 [J]. 新农村（黑龙江）（4）：31.

模式11：乌当区荸荠杨梅模式

陈锦翠，2006. 杨梅无公害栽培管理技术实践总结 [J]. 浙江柑橘，23（1）：30-32.
房永安，2008. 杨梅速生丰产栽培技术 [J]. 现代农业科技（21）：42+45.
简光禄，2010. 荸荠杨梅高产栽培技术 [J]. 农技服务，27（10）：1345.
秦世敏，许待祥，来芬，等，2007. 贵阳地区“荸荠”杨梅丰产栽培技术 [J]. 贵州农业科学，35（6）：126-127.
苏世建，叶起祥，2010. 杨梅高产栽培技术 [J]. 现代农业科技（17）：138+144.
姚敦云，简光禄，2006. 玉屏县荸荠杨梅繁殖技术研究 [J]. 耕作与栽培（3）：48.

张敏，2007. 杨梅树栽培新技术 [J]. 农技服务，24（7）：94+98.

模式12：望谟县芒果模式

杜小珍，谢岳昌，钟进良，等，2006. 台湾金煌芒引种及栽培要点 [J]. 福建果树（2）：55–56.
范顺民，2019. 南盘江沿江低热河谷区芒果栽培技术 [J]. 农技服务，36（3）：75–76.
黄永亮，2019. 试论芒果高产种植技术的要点 [J]. 现代园艺（14）：19–20.
蒲金基，张贺，周文忠，2015. 芒果病害综合防治技术 [J]. 中国热带农业（3）：38–42.
阮正林，孔庆芬，2023. 望谟县南北盘江低热河谷地区芒果栽培管理技术 [J]. 农村科学实验（14）：67–69.
喻良，2014. 元阳县芒果栽培管理技术 [J]. 云南农业科技（5）：38–39.
张正学，刘清国，刘荣，等，2021. 不同芒果品种在望谟县的适应性评价 [J]. 贵州农业科学，49（10）：83–88.

模式13：兴义市板栗模式

曹雯，2012. 板栗丰产栽培技术 [J]. 现代农业科技（9）：136+140.
陈鹏，朱家祥，赵书有，2009. 板栗无公害高产栽培技术 [J]. 陕西农业科学（1）：218–220.
葛勤像，2011. 板栗栽培管理技术 [J]. 现代农业科技（16）：112–113.
姜培坤，徐秋芳，周国模，等，2007. 种植绿肥对板栗林土壤养分和生物学性质的影响 [J]. 北京林业大学学报，29（3）：120–123.
李贤碧，2014. 板栗林整形修剪与病虫害防治措施 [J]. 中国科技纵横（11）：263.
马家骅，2022. 板栗栽培技术要点探讨 [J]. 种子科技（4）：79–81.
钱张，徐厚像，2007. 板栗丰产栽培技术 [J]. 现代农业科技（17）：33–34+36.
王国伟，王国宏，侯方，2012. 退耕还林板栗园林农间作模式初探 [J]. 中国林副特产（2）：96–98.
赵全树，2011. 板栗采收及采后管理技术要点 [J]. 河北果树（5）：48–49.

模式14：赤水市红心蜜柚模式

李福生，2022. 红心柚增产提质栽培技术研究 [J]. 现代农业科技（18）：37–40.
毛太华，2017. 红心柚树的栽培高产技术与病虫害防治 [J]. 农业与技术，37（10）：162+168.
莫熙礼，魏秀竹，武华文，等，2021. 兴仁市红心柚主要病虫种类 [J]. 农技服务，38（2）：49–50.
潘红桃，2019. 红心柚高产栽培技术 [J]. 现代农业科技（8）：69+74.
田青，2023. 红心柚高产栽培和病虫害防治 [J]. 农业技术与装备（8）：165–166+169.
赵奎，2019. 红心柚的高产栽培与病虫害防治 [J]. 农家参谋（3）：62.

模式15：开阳县富硒甜柿模式

杜登科，邓正春，吴仁明，等，2015. 柿富硒生产关键技术 [J]. 作物研究，29（S1）：794–795+798.
龚榜初，2021. 柿的生态高效栽培技术 [J]. 浙江林业，（2）：22.
蒋炳会，2020. 甜柿高产优质栽培技术研究 [J]. 农村实用技术，（9）：93–94.
于晓丽，赵玲玲，李鹏，等，2023. 柿树病虫害周年防治技术规程 [J]. 烟台果树，（3）：54–55.

第二篇：退耕还林工程助力林业产业发展绩优模式

模式16：湄潭县茶产业模式

陈正芳，匡模，廖家鸿，2016. 湄潭茶产业现状与发展思路 [J]. 中国果菜，36（11）：45–47.
程道南，2013. 茶叶采摘标准及技术 [J]. 现代农业科技（23）：93+95.
韩文炎，李强，2002. 茶园施肥现状与无公害茶园高效施肥技术 [J]. 中国茶叶，24（6）：29–31.
李巡溢，2014. 山地幼龄茶园管理技术 [J]. 农技服务，31（7）：262+254.
梁远发，2009. 贵州茶树栽培研究主要成就与展望 [J]. 贵州农业科学（2）：1–4.
吴愈锋，2019. 基于 RS 与 GIS 的茶叶种植生态地质环境适宜性评价研究——以湄潭县为例 [D]. 贵阳：贵州大学 .
徐丽敏，王恒叶，钟素梅，等，2011. 有机茶园常规管理 [J]. 安徽农学通报，17（4）：112–126.
许婧，王永彬，2018. 浅议茶树修剪及管理技术 [J]. 种子科技，36（8）：79+83.
杨玲，2009. 贵州茶树栽培管理技术 [J]. 现代农业科技（20）：40–41.

模式17：赤水市竹产业模式

陈钰，邹雪梅，2014. 绵竹丰产栽培技术 [J]. 四川农业科技（5）：26–27.
笪志祥，2007. 赤水退耕还林中梁山慈竹生态效益的研究 [D]. 北京：中国林业科学研究院 .
邝先松，谢再成，2007. 黄竹丰产栽培技术 [J]. 中国林副特产（2）：43–44.
林长春，2003. 毛竹枯梢病的研究进展 [J]. 竹子研究汇刊，22（2）：25–29.
罗健勋，罗丹，2015. 竹子栽培技术应用与推广改进措施探讨 [J]. 现代园艺（14）：50–51.
沈晓君，胡敏铸，陈林，2008. 贵州省赤水市竹类病虫害调查初报 [J]. 世界竹藤通讯，6（1）：34–37.
涂林念，2023. 赤水：生态“富竹”带来生活富足 [N]. 遵义日报，07–08（002）.
杨静，郭燃，何生永，等，2014. 散生楠竹种植技术 [J]. 农民致富之友（24）：144.

模式18：思南县油茶产业模式

陈永忠，陈隆升，孙建一，等，2011. 油茶修剪技术 [J]. 湖南林业科技，38（6）：91–94.
程志国，吴孝元，李苏青，等，2008. 油茶栽培技术 [J]. 科技资讯（32）：186.
董云，赵春莲，2022. 浅析油茶栽培抚育技术 [J]. 南方农机，53（10）：86–88.
董云，赵春莲，2022. 浅析油茶栽培抚育技术 [J]. 南方农机，53（10）：86–88.
佘文祥，2021. 油茶低产林整形修剪与施肥技术研究 [J]. 绿色科技，23（17）：113–116.
田开慧，2022. 油茶主要病虫害无公害防治措施 [J]. 河南农业（2）：21–22.
吴云，2020. 油茶病虫害的无公害防治方法 [J]. 江西农业（12）：28，30.
张期榕，2023. 油茶种植技术及油茶产业发展前景探究 [J]. 江西农业（10）：23–25.

模式19：仁怀市毛叶山桐子产业模式

陈家声，2020. 毛叶山桐子栽培管理技术 [J]. 农家致富顾问（6）：8.
邓运川，王文军，2017. 毛叶山桐子栽培技术 [J]. 中国花卉园艺（2）：42–43.
姬军永，陈光玲，2023. 山桐子育苗及造林技术 [J]. 安徽林业科技，49（2）：45–48.

王婷，2023. 贵州印江山桐子病虫害防治方法 [J]. 林业勘查设计，52（5）：50–53.
徐阳，龚榜初，吴开云，等，2019. 山桐子栽培管理技术 [J]. 现代林业科技（12）：121–122.
赵立君，杨帆，王楠，等，2021. 基于生态足迹模型的贵州省仁怀市可持续发展及其影响因素研究 [J]. 生态与农村环境学报，37（7）：870–876.
曾克勇，2022. 山桐子树种的栽培管理技术要点研究 [J]. 种子世界（12）：192–194.

模式20：龙里县刺梨产业模式

樊卫国，安华明，刘国琴，等，2004. 刺梨的生物学特性与栽培技术 [J]. 林业科技开发，18（4）：45–48.
樊卫国，夏广礼，1997. 贵州省刺梨资源开发利用及对策 [J]. 西南农业学报，10（3）：109–115.
高贵龙，李月季，2016. 龙里县刺梨产业发展经验做法 [J]. 科学与财富（10）：758–758.
刘秀培，宋云，高贵龙，2013. 刺梨园的周年管理技术 [J]. 农技服务，30（10）：1083+1085.
覃德峰，1994. 刺梨栽培技术要点 [J]. 耕作与栽培（1）：30–32.
谭丽娟，2013. 龙里县茶香村“一村一品”刺梨产业发展调研 [J]. 农技服务，30（10）：1086.
杨锦，2019. 浅谈刺梨丰产栽培技术及病虫害防治 [J]. 农家科技：中旬刊（1）：1.
杨晓梅，侯海兵，张玉武，等，2011. 贵州刺梨产业化发展对策及其在退耕还林中的应用——以龙里县为例 [J]. 贵州科学，29（4）：89–96.
张季，苟惠荣，蔡卫东，等，2018. 贵州刺梨栽培技术 [J]. 植物医生，31（12）：46–47.

模式21：贞丰县花椒产业模式

冯志伟，段兆尧，2006. 滇东北金沙江河谷区花椒种植园管理技术 [J]. 西部林业科学，35（2）：128–131.
吕祖云，2018. 谈贞丰县顶坛花椒主要病虫害的发生及防治技术 [J]. 农家科技：48.
王程，韦昌盛，2019. 贞丰县顶坛花椒种植现状及改造技术要点 [J]. 南方农业，13（6）：35–36+38.
王宏，2018. 贞丰县花椒产业发展的优势、困难及其对策探究 [J]. 南方农业，12（23）：112–114.
王尧钰，左德川，2011. 贵州顶坛花椒的特征特性及配套栽培技术 [J]. 现代农业科技（6）：125–126.
杨晓凤，程全民，李强，等，2007. 花淑树主要病虫害及其防治 [J]. 北方园艺（3）：200.

模式22：织金县皂角产业模式

李因东，2020. 皂角树繁殖及栽培管理技术探讨 [J]. 农民致富之友（23）：43.
马艳秋，2021. 刍议皂角苗木繁育技术与病虫害防治路径 [J]. 现代园艺，44（16）：19–20.
王军，朱向光，2023. 织金县皂荚产业发展探究 [J]. 农村科学实验（7）：70–72.
王茂春，谢宏，吴德昌，2022. 织金皂角产业发展的实践 [J]. 当代贵州（14）：56–57.
魏耀远，2015. 皂角树繁殖及栽培管理技术 [J]. 现代园艺（3）：42–43.
熊琴，2023. 皂角种植技术与病虫害防治刍议 [J]. 山东农机化（3）：31–33.
张向红，2012. 皂角种植技术 [J]. 现代园艺（23）：30.
赵晓斌，何山林，李灵会，2012. 药用皂荚树的栽培管理技术 [J]. 现代园艺（22）：45–47.

模式23：桐梓县方竹产业模式

陈永锋，2008. 金佛山方竹的育苗技术 [J]. 世界竹藤通讯，6（4）：24–26.

丁兴萃，1998. 竹笋保鲜技术与生产实践（Ⅱ）[J]. 竹子研究汇刊（1）：14–17.
冯洪宇，李森，马义华，2006. 金佛山方竹笋的采收加工技术 [J]. 世界竹藤通讯，4（3）：27–28.
蒋位宏，2021. 方竹培育管理技术与应用成效 [J]. 乡村科技，12（21）：98–99.
李奎，2019. 桐梓县金佛山方竹产业可持续经营对策 [J]. 农业开发与装备（5）：3–4.
刘常骏，林建荣，李少华，2011. 方竹丰产栽培技术要点 [J]. 安徽农学通报，17（8）：123+172.
冉启明，2005. 金佛山方竹栽培技术 [J]. 贵州林业科技，33（4）：47–48.
项俊，2013. 正安县方竹的栽培与管理研究 [J]. 绿色科技（9）：135–136.
张遂，贺祥，蒋焕洲，2014. 贵州省桐梓县方竹笋开发利用的调查研究 [J]. 安徽农学通报（17）：61–64.
张喜，张佐玉，徐来富，等，1998. 金佛山方竹竹笋幼竹生长节律 [J]. 竹子研究汇刊（1）：53–59.
郑先蓉，仇德昌，文级强，2007. 金佛山方竹种子育苗技术初探 [J]. 种子，26（7）：108–109.

模式24：雷山县雷茶产业模式

韩进，2023. 高海拔山区茶苗快速成园栽培管理技术 [J]. 江西农业（8）：20–22.
韩文炎，李强，2002. 茶园施肥现状与无公害茶园高效施肥技术 [J]. 中国茶叶，24（6）：29–31.
李帆羽，唐邦权，2006. 雷山县茶园栽培管理技术 [J]. 特种经济动植物，9（5）：20–22.
龙家仁，2023. 茶树病虫害发生与防治措施 [J]. 农村科学实验（15）：148–150.
唐邦权，李帆羽，2006. 雷山县茶叶主要病虫害的发生及防治 [J]. 特种经济动植物，9（7）：37–38.
谢应南，2005. 浅谈茶树修剪技术 [J]. 茶叶学报（4）：37.
徐丽敏，王恒叶，钟素梅，等，2011. 有机茶园常规管理 [J]. 安徽农学通报，17（4）：112–126.
许婧，王永彬，2018. 浅议茶树修剪及管理技术 [J]. 种子科技，36（8）：79+83.
杨玲，2009. 贵州茶树栽培管理技术 [J]. 现代农业科技（20）：40–41.
佚名，2011. 贵州高产优质茶园栽培技术规程 [J]. 贵州茶叶（3）：22–28.

模式25：习水县厚朴产业模式

陈绍军，叶秉友，2002. 厚朴栽培技术 [J]. 安徽林业（1）：23.
楚毛德，2012. 厚朴丰产栽培技术 [J]. 陕西林业科技（3）：114–115+118.
胡凤莲，2012. 厚朴的栽培管理技术及应用 [J]. 陕西农业科学，58（4）：257–259.
龙永荣，2019. 厚朴丰产栽培技术研究 [J]. 农村实用技术（6）：47–48.
马建烈，2016. 厚朴栽培及采收加工技术 [J]. 特种经济动植物（3）：34–36.
王洪强，2006. 厚朴规范化种植技术研究 [J]. 中国现代中药，8（2）：32–34.
张洪，康明芬，2010. 习水厚朴规范化种植研究初报 [J]. 遵义科技，38（5）：3.
张强，2013. 厚朴标准化栽培技术 [J]. 现代农业科技（23）：128–128+131.

模式26：湄潭县黄柏产业模式

孙鹏，张继福，李立才，等，2013. 黄柏的栽培技术与方法 [J]. 人参研究，25（3）：59–61.
王艳红，周涛，郭兰萍，等，2020. 以生态农业指导理论为基础探讨黄柏间套作药用植物种植模式分析 [J]. 中国中药杂志，45（9）：2046–2049.
向敏，2014. 湄潭县黄柏栽培技术 [J]. 现代园艺（12）：39–40.

薛传贵，李爱民，2004. 黄柏规范化栽培与加工技术 [J]. 特种经济动植物（12）：23.
燕魁，王振月，孙文军，等，2013. 关黄柏规范化种植标准操作规程 [J]. 中国林副特产（6）：43-46.
杨志勤，2018. 黄柏种植技术及病虫害防治研究 [J]. 种子科技，36（8）：105+108.
叶萌，徐义君，秦朝东，2006. 黄柏规范化种植技术 [J]. 四川林业科技，27（1）：89-92.

模式27：兴义市无患子产业模式

兰文菊，2014. 油料作物无患子的种植条件及应用前景 [J]. 中国科技投资（3）：510.
罗会生，2016. 无患子病虫害防治 [J]. 中国花卉园艺（2）：48-50.
田坤，李春苹，罗筱韩，等，2022. 无患子属研究现状综述 [J]. 安徽农学通报，28（7）：65-69.
王海燕，张建强，2011. 无患子种植栽培技术 [J]. 农业科技与信息（8）：31.
吴建华，2014. 无患子果用林丰产栽培技术探究 [J]. 建材发展导向（上）（7）：322-323.
徐启定，2010. 无患子的生态功效和利用价值 [J]. 安徽林业（3）：64.

模式28：石阡县楠木产业模式

陈强，2021. 楠木栽培管理技术 [J]. 江西农业（12）：69-70.
范剑明，谢金兰，2007. 楠木栽培技术 [J]. 广东林业科技，23（6）：94-96.
李云松，2020. 楠木管护中病虫防护及种植技术分析 [J]. 农村实用技术（7）：81-82.
宋萍，邓莹莹，2020. 楠木栽培技术 [J]. 现代农业科技（15）：163+165.
苏红军，2022. 楠木栽培及病虫害防治技术研究 [J]. 农业灾害研究，12（3）：21-23.
袁政和，2008. 浅析黔东南州的楠木栽培技术及其保护措施 [J]. 农业科技与信息（12）：26-28.
张振展，2023. 楠木管护中病虫防护及种植技术分析 [J]. 农家科技（下旬刊）（5）：97-99.

模式29：黎平县推广良种产业模式

敖礼林，2011. 油茶果实的采收和茶籽的储藏 [J]. 农村百事通（18）：26-27.
陈永忠，陈隆升，孙建一，等，2011. 油茶修剪技术 [J]. 湖南林业科技，38（6）：91-94.
程志国，吴孝元，李苏青，等，2008. 油茶栽培技术 [J]. 科技资讯（32）：186.
刘应珍，邹天才，郭嫚，等，2009. 不同配方施肥对油茶生长发育及其生理特性的影响 [J]. 贵州科学，27（2）：61-66.
莫宗恒，王斌，杨建佳，等，2022. 杉木种植密度对杉木生长的影响 [J]. 农村科学实验（19）：149-151.
冉光新，2020. 杉木栽培管理技术与病虫害防治措施 [J]. 乡村科技，11（25）：62-63.
宋登有，2003. 龙井 43 速生栽培技术 [J]. 中国茶叶，25（4）：21.
宋静，2008. 浅议杉木生长与环境条件的关系 [J]. 中国西部科技，7（11）：54-55.
唐木花，2020. 福鼎大白的种植加工技术 [J]. 农家科技（下旬刊）（6）：244.
韦昌玉，2023. 黔东南州油茶种植技术要点 [J]. 南方农业，17（8）：5-7.
文森，罗韦艳，2023. 杉木栽培技术与抚育管理探讨 [J]. 农家科技（上旬刊）（3）：103-104.
周必豪，2011. 油茶栽培技术 [J]. 现代农业科技（12）：75+77.
周莉，2023. 生态茶园病虫害绿色防控技术研究 [J]. 中国农业文摘—农业工程，35（1）：65-68.

第三篇：退耕还林工程石漠化治理绩优模式

模式30：黔西市藏柏治理石漠化模式

李运兴，2005. 藏柏引种试验研究初报 [J]. 广西林业科学，34（3）：137–139.
宋亚新，2011. 藏柏引种造林研究 [J]. 毕节学院学报：综合版，29（4）：116–119.
王中兵，陈光海，张犀，等，2013. 藏柏林营造试验初报 [J]. 中国园艺文摘，29（11）：216–217.
杨汉华，2015. 毕节试验区“三大主题”试验——以古胜村为例 [J]. 理论与当代（3）：11–12.
岳小鹏，2022. 柏木栽培及病虫害防治技术 [J]. 乡村科技，13（24）：94–96.
郑光继，2018. 柏木播种育苗及造林技术 [J]. 现代农村科技（4）：46.
钟延峰，2019. 柏木育苗造林技术 [J]. 现代农业科技（3）：120–121.

模式31：普定县梭筛桃治理石漠化模式

谌贵璇，陈岗，2014. 石漠化深处的“花果山”——普定县城关镇陈堡村梭筛组桃产业发展纪实 [J]. 当代贵州（21）：50–51.
刘应伦，2015. 普定县现代山地高效农业初探 [J]. 农民致富之友（11）：56.
施永斌，刘洪梅，陆晓娟，等，2018. 普定县山地现代高效农业发展的实践与思考 [J]. 产业与科技论坛，17（9）：29–30.

模式32：印江县石漠化公园建设模式

陈晨 . 印江朗溪镇：大石山区的“致富果”. 国际在线生态中国频道 [OL]，2017–06–15.
秦璐露，卢文远，李奇松 . 贵州生态修复前沿成果与典型案例解析⑫— 印江县石漠化治理 [OL]. 贵州省自然资源厅，2022–06–15.
吴松，2013. 生态富民路正宽 [J]. 当代贵州（23）：48.

模式33：播州区杜仲治理石漠化模式

李大荣，李小玲，李云飞，等，2024. 杜仲生产栽培技术 [J]. 耕作与栽培，44（1）：143–145+147.
亓宗美，亓继红，2022. 浅谈杜仲引种栽培及造林技术 [J]. 特种经济动植物，25（3）：50–51.
苏斌，2021. 杜仲育苗及栽培技术要点 [J]. 南方农业，15（27）：21–22.
吴德涛，赵盈盈，汤建华，等，2024. 遵义地区杜仲矮化密植栽培研究 [J]. 农技服务，41（3）：25–28.
张颖，2023. 基于矮化密植技术的杜仲栽培模式研究 [J]. 现代园艺，46（11）：41–43.

模式34：关岭县滇柏治理石漠化模式

白彩勇，2015. 柏木种植技术及病虫害防治措施 [J]. 农民致富之友（8）：125.
石胜璋，刘玉成，朱韦，2007. 云阳人工柏木林的物种多样性及其森林管护对策研究 [J]. 西南大学学报（自然科学版），29（4）：54–58.
王登高，李鹤，罗美术，2023. 关岭县林木种质资源调查及保护利用研究 [J]. 绿色科技，25（9）：202–206.
岳小鹏，2022. 柏木栽培及病虫害防治技术 [J]. 乡村科技（24）：94–96.

张明星，2023. 金沙县赤水河区域柏木容器苗培育及造林技术 [J]. 乡村科技，14（2）：134–137.
郑光继，2018. 柏木播种育苗及造林技术 [J]. 现代农村科技（4）：46.
钟延峰，2019. 柏木育苗造林技术 [J]. 现代农业科技（3）：120–121.

模式35：惠水县马尾松治理石漠化模式

陈伟琴，2019. 马尾松的栽培技术及常见病虫害的有效防治 [J]. 现代园艺，42（23）：75–76.
覃云，2022. 马尾松种植技术与栽培管理要点探究 [J]. 中国林业产业（1）：50–52.
谢洪义，2023. 马尾松丰产栽培管理技术要点 [J]. 特种经济动植物，26（3）：137–139.
张红兵，2023. 马尾松育苗造林管理探究 [J]. 河南农业（23）：39–41.

模式36：务川县脐橙治理石漠化模式

陈琳，2020. 探究脐橙标准化栽培技术 [J]. 河南农业（20）：34–35.
胡活，2022. 脐橙绿色优质栽培 [J]. 云南农业（12）：57–59.
练福林，2022. 脐橙密植高产栽培技术 [J]. 现代化农业（4）：44–45.
毛春凤，2021. 脐橙优质高效栽培关键技术及经济效益分析 [J]. 乡村科技，12（26）：57–59.
于欠武，2023. 脐橙种植栽培管理技术与主要病虫害防治方法 [J]. 果农之友（8）：38–40.

模式37：盘州市柳杉治理石漠化模式

邓化虹，2012. 柳杉——桂北高寒山区造林绿化先锋树种 [J]. 农业与技术，32（9）：104–105.
董伦鲜，2015. 闽东地区柳杉人工林栽培管理技术 [J]. 安徽农学通报，21（10）：113–115.
黎丽珍，2020. 杉木种植管理技术及病虫害防治措施探讨 [J]. 南方农业，14（18）：65–66.
梁康，颜凤霞，2022. 盘州市主要用材树种资源调查研究 [J]. 贵州科学，40（5）：40–44.
凌菱，2018. 柳杉繁育及栽培关键技术探究 [J]. 农家科技（上旬刊）（11）：83.
阮兴盛，2004. 柳杉的生态学特性及栽培技术 [J]. 林业勘察设计（1）：12–13.
周训先，2011. 柳杉种植和管理技术研究 [J]. 绿色科技（7）：60–61.
祝仕文，2013. 湄潭县柳杉繁育及栽培技术初探 [J]. 现代园艺（14）：37.

模式38：花溪区刺槐治理石漠化模式

李井利，2023. 刺槐造林技术及病虫害防治方法 [J]. 世界热带农业信息（7）：47–48.
马艳芬，贾晓光，2020. 刺槐的主要生长特征特性及栽培技术 [J]. 现代农业（5）：106–107.
王尚雄，张生鹏，2022. 刺槐的应用价值及栽培技术探究 [J]. 农家参谋（21）：126–128.
张琛，2022. 浅谈刺槐育苗及栽培技术 [J]. 河南农业（26）：7–9.

模式39：紫云县杉木治理石漠化模式

黄华艺，2023. 杉木栽培及病虫害防治技术 [J]. 乡村科技，14（22）：107–109.
陆海业，2024. 杉木良种速生育苗及造林技术分析 [J]. 农村科学实验（1）：126–128.
韦文海，2024. 杉木速生丰产林栽培技术及抚育管理措施 [J]. 当代农机（1）：65–67.
张劲山，2021. 杉木高效栽培技术推广与示范策略 [J]. 南方农业，15（2）：113–114.

模式40：七星关区柳杉、云南樟混交生态修复模式

程学延，2009. 香樟栽培及病虫害防治技术 [J]. 安徽农学通报，15（19）：155-157.
豆俊波，2023. 香樟栽培技术 [J]. 乡村科技，14（15）：107-110.
方惠兰，1980，廉月琰 . 樟蚕生活史及生活习性初步观察 [J]. 浙江林业科技（2）：69-71.
阮兴盛，2004. 柳杉的生态学特性及栽培技术 [J]. 林业勘察设计（1）：12-13.
尹安亮，张家胜，赵俊林，等，2008. 樟蚕生物学特性及防治方法 [J]. 中国森林病虫，27（1）：18-20.
余林，2019. 柳杉的生态学特性与栽培方法探讨 [J]. 林业勘查设计，48（4）：106-107+111.
周训先，2011. 柳杉种植和管理技术研究 [J]. 绿色科技（7）：60-61.
祝仕文，2013. 湄潭县柳杉繁育及栽培技术初探 [J]. 现代园艺（14）：37-37.

第四篇：退耕还林工程发展林下经济绩优模式

模式41：锦屏县林下经济发展模式

成群，2018. 茯苓人工栽培技术 [J]. 陕西农业科学，64（6）：99-100.
李达武，2015. 解析林下种植中草药 [J]. 现代园艺（4）：200.
李京润，2015. 锦屏县种子植物资源调查研究 [D]. 贵阳：贵州大学 .
孟雪，朱志国，王韬远，等，2022. 茯苓育种和栽培技术的研究进展 [J]. 芜湖职业技术学院学报，24（4）：62-66.
谈洪英，熊源新，曹威，等，2017. 锦屏县苔藓植物物种组成与区系研究 [J]. 山地农业生物学报，36（1）：76-78.
王国定，李光华，杨长群，等，2019. 马尾松林下套种茯苓栽培技术 [J]. 现代农业科技（21）：91-92.
邢康康，刘艳，贺宗毅，等，2020. 茯苓栽培技术研究进展 [J]. 安徽农业科学，48（22）：7-9+13.
杨道春，2022. 浅谈林下袋料种植茯苓技术及利用 [J]. 广东蚕业，56（5）：63-65.
杨章平，吴孝渊，2014. 浅析锦屏低碳经济下的林业发展 [J]. 大科技（5）：236-237.
张含波，臧萍，2007. 百部的栽培技术 [J]. 特种经济动植物，10（3）：42.

模式42：兴仁市林下经济发展模式

姜丽琼，李文俊，肖前刚，等，2017. 白及炼苗与林下种植实用技术 [J]. 林业科技通讯（6）：62-64.
刘大伟，2023. 黄精林下仿野生栽培技术研究 [J]. 当代农机（2）：69-71.
门桂荣，2018. 黄精林下栽培技术 [J]. 现代农业科技（12）：89-90.
潘仕忠，2019. 白及的高产栽培技术 [J]. 农民致富之友（14）：28.
强播晋，2019. 林下黄精复合经营模式初探 [J]. 安徽林业科技，45（4）：52-53.
朱洪升，2016. 珍稀药用植物林下栽培技术 [J]. 现代农业科技（2）：131-132.
邹晖，李海明，王伟英，等，2017. 白及栽培管理技术 [J]. 福建农业科技（1）：37-38.

模式43：白云区林下经济发展模式

陈明军，2016. 把冬荪种植打造成致富产业 [J]. 乡村科技（34）：15.

冯胜赋，苟雪，2023. 黔中地区林下仿野生冬荪栽培技术与推广 [J]. 林业科技通讯（7）：103–104
万美钰，刘琳琳，曲扬，等，2023. 黑参的化学成分及药理作用研究进展与展望 [J]. 沈阳药科大学学报，40（4）：518–528+538.
肖艳，侯俊，王彩云，等，2022. 林下种植冬荪的丰产栽培技术 [J]. 新农业（6）：27–29.
谢龙安，翟晓岚，谢鹏程，等，2024. 冬荪不同栽培方式经济效益分析 [J]. 南方农机，55（5）：49–52+61.

模式44：荔波县林下经济发展模式

陈跃志，2024. 南板蓝根的高产栽培与加工 [J]. 新农民（7）：91–93.
高丽华，2023. 板蓝根高产规范化栽培技术研究 [J]. 农业开发与装备（7）：170–171.
韩金龙，单成钢，朱京斌，等，2015. 板蓝根林下种植技术 [J]. 现代农业科技（21）：89+91.
梁秀凤，胡海冰，庞启亮，等，2023. 松杉灵芝仿野生栽培技术 [J]. 食用菌，45（6）：46–47+50.
龙巡，2020. 板蓝根的栽培管理及病虫害防治技术 [J]. 江西农业（10）：28–29.
杨岳霖，2024. 灵芝高产优质代料栽培模式科普 [J]. 农业知识，（5）：16–18.
张维瑞，刘盛荣，陈爱靖，等，2024. 灵芝林下栽培主要害虫防治技术 [J]. 现代园艺，47（3）：79–81.
周宇，贺尔奇，腾谦，等，2022. 林下灵芝栽培技术 [J]. 热带农业科学，42（3）：20–23.

模式45：瓮安县林下经济发展模式

崔国梅，路风银，王安建，等，2023. 香菇生长条件及新型栽培基质研究进展 [J]. 中国瓜菜，36（1）：6–12.
韩丰，韩晓华，李乾碧，等，2010. 地产中药材玄参栽培及加工关键技术 [J]. 农技服务，27（12）：1641+1644.
刘先华，2011. 玄参栽培管理技术 [J]. 南方农业（园林花卉版），5（5）：79–80.
祁海登，李娜，2023. 无公害香菇生长环境及栽培技术要点 [J]. 世界热带农业信息（9）：7–8.
韦满棋，2021. 林下栽培香菇技术要点 [J]. 现代农村科技（5）：22.
魏斌，蒋笑丽，章建红，等，2017. 玄参药理作用及栽培加工技术研究进展 [J]. 安徽农业科学，45（28）：127–128.
薛琴芬，李红梅，许家隆，等，2009. 玄参栽培管理及病虫害防治 [J]. 特种经济动植物，12（4）：37–38.

模式46：福泉市林下经济发展模式

韩金龙，单成钢，朱京斌，等，2015. 板蓝根林下种植技术 [J]. 现代农业科技（21）：89+91.
李沛洪，谢元贵，郭倩，等，2021. 贵州省福泉市森林资源现状分析 [J]. 绿色科技，23（9）：148–150.
魏长征，2021. 板蓝根标准化栽培技术 [J]. 农业科技与信息（20）：32–33.
于薇，2010. 板蓝根种植技术 [J]. 农村实用技术（8）：37.
张鹏，2021. 浅谈板蓝根种植技术 [J]. 农民致富之友（19）：37.

模式47：盘州市林下经济发展模式

胡齐艳，2024. 姬松茸高产栽培技术 [J]. 农村新技术（2）：20–22.

黄美华，2022. 新型基质栽培高品质富硒姬松茸技术 [J]. 食用菌，44（5）：57–59.

马传贵，张志秀，宁伟剑，等，2021. 姬松茸的栽培技术与保鲜研究进展 [J]. 中国果菜，41（11）：73–78.

马晓青，2024. 姬松茸针叶林下种植栽培技术研究 [J]. 种子科技，42（5）：70–72.

张雄森，2021. 姬松茸高产栽培技术及病虫害防治措施 [J]. 河南农业（2）：14–15.

模式48：正安县林下经济发展模式

徐彦军，肖军，李昌俊，等，2020. 不同配方培养基对马桑菌菌株农艺性状及经济指标的影响 [J]. 北方园艺（10）：133–137.

佚名，2022. 小小马桑菌撑起致富伞 [J]. 农村新技术（12）：49.

模式49：大方县林下发展天麻模式

李永荷，2021. 毕节市林下仿野生栽培天麻关键技术研究及产业发展分析 [D]. 贵阳：贵州大学.

刘威，2015. 天麻仿野生栽培关键技术研究 [D]. 贵阳：贵州大学.

王艳红，周涛，江维克，等，2018. 天麻林下仿野生种植的生态模式探讨 [J]. 中国现代中药，20（10）：1195–1198.

王永生，2020. 高寒山区林下天麻种植技术 [J]. 乡村科技（1）：100–101.

吴树东，2008. 天麻无性繁殖栽培技术 [J]. 农村科学实验（7）：15.

杨启东，杨恒，李振东，等，2023. 黎平县林下仿野生天麻种植技术 [J]. 现代农业科技（16）：78–81.

杨先义，李永荷，罗永猛，等，2015. 天麻规范化采收、加工及分级 [J]. 中国林副特产（4）：47–48.

张世林，2004. 天麻无性繁殖栽培技术 [J]. 食用菌，26（4）：34–35.

张伟，2017. 林下天麻人工栽培丰产技术 [J]. 防护林科技（3）：124–125.

模式50：石阡县林下发展花卉、绿化苗木模式

安绍红，2012. 石阡县退耕还林工作取得的成果及成功经验 [J]. 青海农林科技（1）：68–70.

何舜平，2010. 对林苗一体化新型造林绿化模式的实践与探索 [J]. 林业资源管理（3）：6–9.

李淑艳，2015. 国有林场林苗两用林培育技术 [J]. 现代农业科技（22）：167–168.

廖先金，2015. 试论国有林场林苗两用林培育与经营 [J]. 绿色科技（12）：158–159.

王秀钧，杜婷，2013. 林苗两用林发展探析 [J]. 绿色科技（8）：131–132.

线士成，2016. 林苗一体化新型造林绿化模式的实践研究 [J]. 科学与财富（6）：154.

张木金，2023. 楠木育苗及造林技术 [J]. 乡村科技，14（12）：125–127.

周常国，2018. 林苗一体化造林技术 [J]. 现代农村科技（7）：48.